国家社会科学基金艺术学重大招标项目

"绿色设计与可持续发展研究"

项目编号：13ZD03

绿色设计与可持续发展经典译丛

整体可持续设计：

INTEGRAL SUSTAINABLE
DESIGN:
TRANSFORMATIVE PERSPECTIVES

[美]马克·迪凯（MARK DEKAY） 著

马 敏 肖 红 译

转换的视角

重庆大学出版社

序

　　在全球生态危机和资源枯竭的严峻形势下，世界上多数国家都意识到面向未来人类必须理性地以人、自然、社会的和谐共生思路制订生产和消费行为准则。唯有这样，人类生存的条件才能可持续，人类社会才能有序、持久、和平地发展，这就是被世界各国所认可和推行的可持续发展。作为世界最大的新兴经济体和最大的能源消费国与碳排放国，中国能否有效推进可持续发展对全球经济与环境资源的影响举足轻重。设计是生产和建设的前端，污染排放的增加，源头往往就是设计产品的"生态缺陷"，设计的"好坏"直接决定产品在生产、营销、使用、回收、再利用等方面的品质。因此，设计是促进人、自然、社会和谐共生大有作为的阶段，也是促进可持续发展的重要行动措施。

　　正是在这个意义上，将功能、环境、资源统筹考虑的绿色设计蓬勃兴起。四川美术学院从2003年开始建立绿色设计教学体系，探讨作为生产生活前端的设计专业应该如何参与可持续发展的历史潮流，在培养绿色设计人才和社会应用方面起到示范带动作用。随着我国生态文明建设的推进和可持续发展的迫切需要，2013年，国家社会科学基金艺术学以重大招标项目形式对"绿色设计与可持续发展研究"项目进行公开招标，以四川美术学院为责任单位的课题组获得了该项目立项。

　　人类如何才能可持续发展是一个全球性课题。在中国，基于可持续发展的绿色设计需要以当代世界视野为参照，以解决中国现实问题为中心，将生态价值理念嵌入设计本体论，从生产与消费、生活与生态、环保与发展的角度，营建出适合中国国情，涵盖不同领域的绿色设计生态链条，进而建构起基于可持续发展的中国绿色设计体系，为世界贡献中国的智慧与经验。

世界一些国家关于可持续发展的研究工作以及有关绿色设计学说的讨论与实践已经历了较长时间。尤其近年来，海外绿色设计与可持续研究不断取得进步。为了更全面、立体地展现海外设计界和设计学术研究领域对绿色设计与可持续发展的最新研究成果，以便为中国的可持续设计实践提供有益的参考，有利于绿色设计与可持续发展研究起步相对较晚的我国在较短时间内能迎头赶上并实现超越，在跟随先行者脚步的同时针对我国的传统文化背景与现实国情探寻我国绿色设计的发展之路。项目课题组经过反复甄选书目，组织翻译了近年国际设计界出版的绿色与可持续研究的几部重要著作，内容围绕绿色设计价值与伦理、视野与思维、类型与方法等领域。这套译丛共包括 11 本译著，在满足本项目课题组研究需要的同时，也具有为中国的可持续设计实践提供借鉴的意义，可供国内高校、研究机构和设计工作者参考。

"绿色设计与可持续发展研究"

项目首席专家：

目录

前　言

　　本书的写作旨在助力可持续设计运动实现突破，从而在人与自然的关系上，发挥更切实、更强大、更富于意义和更积极的影响力。

　　本书也许不同于你之前见过的许多讨论可持续设计的书目。这些书目绝大多数都采纳了可持续设计的技术性视角，其中性能是主要的关注点。本书则在讨论技术性的同时，从更深更广的视野出发，首次以一种更全面，也更为有效的整体理论来定义可持续设计。

> ### 实质上，模式是关键所在。

　　过去几十年来，设计的原则一直在诸如"艺术与科学""设计与技术"以及"分析与创造"等相对立的旋涡中挣扎。也许是基于经验的可持续视角的主导，以及我们大多数人所带有的文化倾向，设计师们通常将可持续性与技术等同起来，将可持续技术与可量化的能效或如光伏集热器等可见的硬件设备相提并论。当然，在将可持续设计简化为客观价值范畴或性能的这一倾向之外，也有一些值得注意的例外。总体而言，当可持续设计与性能测评的关联越来越紧密时，更大范围的专业领域却在思想观念上越来越多元化。尽管存在着这种多元性，设计领域尤其是可持续设计，似乎仍然缺乏一种集成性框架，可以引领我们超越目前学术与实践领域根深蒂固的碎片化现状，超越各种知识阵营纷争不断的局面，设计业界的大多数人仍然处于无休止的困惑之中。

图 i.1
马德里太阳能十项全能竞赛项目：由技术定义的性能所驱动的可持续设计
来源：马德里理工大学学生

> 在如何创造美的体验，如何创造或适应生
> 态秩序，以及如何让人与自然建构富于象
> 征的关系方面，LEED 都缺乏评价指标。

　　许多可持续或绿色设计，如由美国绿色建筑协会（USGBC）发起的能源与环境设计先
锋奖（LEED）项目，究其性质，是奠基于一种纯客观的评价方法之上的，主体性的视角几
乎被忽略。例如，在如何创造美的体验，如何创造或适应生态秩序，以及如何让人与自然
建构富于象征的关系方面，LEED 都缺乏评价指标，品质与主体性尚未出现在其视野中。
在此并非刻意贬低这一评价体系，可持续设计的技术性视角在使我们意识到资源有限与环
境恶化，以及它们与建筑之间的关系上都做出了巨大的贡献。然而，我们既不能否认建筑
设计中高性能绿色方法不可或缺这一事实，也不能回避这一主流观点的片面性。

　　就本书探讨的更为广泛的可持续理念而言，这一方法还远远不够。

同样，基于科学理性主义的环境保护主义也并不十分奏效。它传达着这样的信息："看，我们所面临的事实……灭顶之灾即将到来，我们正在耗尽生存所需的一切，气候越来越反复无常，阿尔·戈尔（Al Gore）手里的极地冰盖照片会让所有人惊吓不已。"如果说诸如此类的信息并不能促使公众采取行动，那关于建筑在垃圾填埋、耗水量，以及碳排放中所"贡献"的数据可能也不会太奏效，尤其是当这些成为我们的唯一论点的时候。

通过将整体模型应用于可持续设计之中，本书提出了一种可持续设计的整体理论。这一理论认为，当我们考虑多种层级的发展复杂性时，可持续的整体设计就可以在自我、文化与自然的交叉领域中实现。整体理论本身是一个元理论，一种从多个知识领域的有效理论中集合而成的网状结构。其核心在于，视角不同，世界就会以不同的方式显现。要对这个世界达成一种整体而深刻的理解，哪怕是完全地捕捉任何一个特定的瞬间，都必须采取多样化视角。鉴于此，我们应用了两种主要框架（稍后会在前言中展开）：[1]

1　**四种视角**，来自语言中所发现的价值观的根本差异（I, We, It/Its），由此提出了艺术、人文、基础科学以及复杂科学的不同方法。[2]

2　**复杂性层级**，来自人类个人、文化与身体系统中所展开的发展序列，体现为价值观、认知、生物演化、经济系统与世界观等发展序列。

> **困难而危险的领域需要更精密的地图与高度发展的读图器。**

本书提出了一种全面深入的理论与实践方法来理解可持续设计。尽管这一理论涵盖了从初级到完全成熟的可持续设计，但仍然可能会对读者形成挑战。本书的目的不在于深化可持续技术范畴内的专门知识，相反，我们将**技术上的可持续性**（如 LEED）放置于**生态的可持续性、体验的可持续性以及文化的可持续性**这一更大的语境中，从而帮助读者更好地理解可持续性的技术视角与非技术视角。由此，也为可持续设计的实践者们与设计团队中并未从事纯技术工作的其他成员之间进行更好的沟通与理解提供新的可能。

本书包含了所有与可持续设计相关的主要方法类别，我们将通过一个整体镜头，从以下四个基础视角来理解可持续设计：

·行为视角（个体部分如何）；

·系统视角（复杂的整体如何运作）；

· 体验视角（谁在策划、感觉与思考）；

· 文化视角（集体性的我们为什么会如此）。

由此，整体方法为设计师理解可持续设计领域更为全面的地图提供了可能。

整体理论的简要入门

当代的整体理论，尤其是肯·威尔伯（Ken Wilber, 2000a, 2000b）著作中提出的理论，试图创造出一种包罗万象的框架来帮助我们理解所有人类知识领域中矛盾复杂而多元的理论、方法与成果。它开始于这样的假设，即每个人都是对的——至少就部分而言——由此形成一种超越并包容所有差异性的思维框架。简而言之，一种整体综合的设计（或其他）方法要求我们同时掌握多元视角，能回应每一个主要价值领域的进展，这些领域涵盖了横跨人类发展谱系不同层级的意识。整体理论这一模式有助于设计教育者与实践者重新思考可持续性的范围、广度与多元性。它建立在人类知识、经验与探索的跨文化比较的基础上（Wilber, 2000a, 2000b）。

图 i.2
整体理论的四大象限

整体理论倡导一种兼容并包的方法，通常称为全象限全层级，或者简称为 AQAL。这意味着在任何情况下都将下列各因素考虑在内（Wilber, n.d.）：

1 **所有象限**（四个主要价值范畴的矩阵：体验、意义、行为与系统），包含任一象限。

2 **所有层级**的发展深度与复杂性（如人类意识的发展，有机体、政治结构以及文化世界观的演化等）。

3 **所有发展路线**（如认知、脑生理学、工程结构、组织伦理等路线的发展）。

4 **所有存在状态**（如人的正常状态与变化状态、物质的相与热力学状态、天气系统与森林演替状态、集体意识状态等）。

5 **所有类型**（如人类的男女类型、生物形态学、生态系统与生物群落类型、文化语境类型等）。

尽管上述理论听起来极为复杂，但也许这是能够阐释或描绘人类及其宇宙复杂性的最简单的模型了。整体理论的各要素旨在创造一个"定位归纳"（orienting generalization）的普遍地图。

象限：四种基础性视角

在最本质的层面上，整体理论将任何问题的变量都容纳于一种象限的矩阵中，这一矩阵将个人与集体现象，以及主观与客观知识贯穿。这些组合的变量体现了以下思考：

1 体验：自我与意识；

2 行为：科学、技术与性能；

3 文化：意义、世界观与象征性；

4 系统：社会与自然生态及环境（见图 i.2）。

这四大象限，即任何情形下的四种基础性视角（或看待一切事物的四种基本方式）实际上相当简单：它们是**个人**与**集体**的**内在**与**外在**（Wilber, n.d., p25）。

这四大象限不是各自独立的现象，而是任何事件中同时出现的四种视角。基于这一点及本书稍后将会提及的其他原因，我用术语**"视角"**代替**"象限"**。现实中的每个象限或维度无时无刻不与其他象限或维度同时出现。从整合的观点出发，我们有必要更彻底地理解这一论述。

哲学家迈克尔·齐默尔曼（Michael Zimmerman）提到：

> 总体而言，象限视角与大学体系中划分出的四种研究方法（即确证真理的实践或模式）相吻合：艺术（UL）、人文（LL）、自然科学（UR）、社会与系统性自然科学（LR）（Zimmerman, 2004）。

右侧的两大象限同为客观的，我们往往以一种简化的方式合二为一，由此形成**三大价值范畴：自我**（UL）、**文化**（LL）与**自然**（UR/LR），或者替换为**艺术、道德与科学**。威尔伯称之为"三大领域"，并指出每个领域都与基础语言中的 I、We 以及 It/Its，或者第一人称、第二人称与第三人称视角之间的区别相关（见图 i.4）。由此说明这些视角不是观点或者假设性的推论，而是根植于自然语言之中的根本性范畴。三大领域即是经典的真、善、美的价值领域。

理解的关键在于，显性世界中的任一事件都包含了上述三个维度。你可以从"我"的角度（我个人对这一事件是如何看待的，感受如何），从"我们"的角度（不仅是我，还包括其他人如何看待这一事件），以及"它"的角度（事件的客观事实）来看待任何事件（Wilber,n.d., p24）。

状态与层级（结构）

作为人类存在的一个基本事实是，我们可以体验到各种丰富的意识状态，它们浮沉升降，各种状态之间不断融合、切换。在每天的日常生活中，我们能够意识和体验到的三种主要状态是清醒、梦境与深睡，也包括冥想及其类似状态，以及每一类状态中的一系列变量，诸如情感状态、高峰体验以及高度创造力、洞察力与觉察力的状态等，每一种都是典型的暂时性体验。然而，意识的层级（结构）则是一种永久性的习得。在任何结构阶段都会有各种状态出现，但仅就状态本身而言，并不足以反映其智识如何。整体理论将状态与阶段之间的差异标识为"暂时性状态与永久性特征"[3]。以设计为例，我们的状态包括创造状态、流动状态、沉思状态、与设计项目"一体"的状态等。

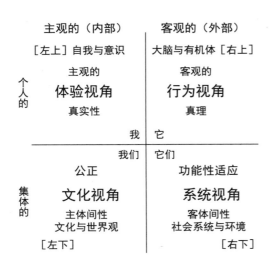

图 i.3　整体理论的四大象限，以及它们的关注点与价值标准

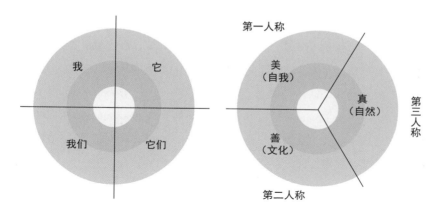

图 i.4
整体理论的四大象限简化为"三大领域"
来源：整合协会

　　随着时间的推移，人类通过一系列可预见有次序的阶段或结构性的发展层级，在各个生命领域中得以成长发展。而一旦达到某种层级，除非身体的认知性器官遭到破坏或衰竭，否则那一阶段的认知力与能力都不会消失。这一主张已在各个领域众多的发展理论研究者那里得到了证实：生物演化中日益增长的复杂性，亚伯拉罕·马斯洛（Abraham Maslow）的需要层级理论，吉恩·吉布塞尔（Jean Gebser）的阶段性世界观，唐·贝克（Don Beck）的"螺旋动力说"，货币兑换系统的渐进式发展，奥罗宾多（Aurobindo）的精神阶梯，有机体的生命周期，阿利斯泰尔·泰勒（Alistair Taylor）的社会组织阶梯等。

　　发展阶段概念中的几个特征似乎对所有系统都是适用的：

　　·同一种发展特征，可以利用不同的比例尺或分类方式来进行测量，正如建筑师的比例尺是基于 12 的倍数，而工程师的比例尺是基于 10 的倍数，两者都是场地规划中应用的测量方式。

　　·每个更高的层级都超越并涵盖了它的前一个层级。它不一定更好，但一定更包容、更深入、更接纳，同时对个体而言，认知度更广。

　　·较低层级是较高层级的基础，阶段是无法跳过的。

　　·较高层级可以将较低层级组织起来，增强其复杂性。

　　·阶段就像层叠的波浪或"概率云"一般，并非像建筑一样层次分明。

　　·每个层级都有**光明面**与**阴暗面**，也都有健康与不健康的表现。

　　·理论上，任何状态都可能在任何层级出现。

每一个结构阶段都代表了一种更为复杂的层级，这是其自身中可辨识的新生特质所带来的。在生物学中（原子、分子、细胞、器官与有机体的序列），每一个新层级都比前一个层级更为复杂，并将其涵括在内，同时展现出了在较低的层级中从未出现过的新特征与新行为。整体理论往往运用以下阶段性概念，如由罗伯特·凯根（Robert Kegan）提出的**意识秩序**，简·洛文格（Jane Lovinger）与苏珊·库克-格鲁特（Susanne Cook-Greuter）提出的**自我发展**，以及唐·贝克与克里斯托弗·考恩（Christopher Cowan）提出的**螺旋动力系统的价值观**。我们将会在第二部分中更深入地探讨上述内容。

整体理论中的层级与路线

层级总是沿着某种特定的发展路线而形成的。人各有所长，其发展也不同步，有自己擅长的，也有自己欠缺的。目前通过各种研究反复观测到的人类潜力，体现为二十多种或更多的发展路线，比如世界观、自我概念、道德、价值观、认知、数学、音乐路线等。每一种路线都有其阶段或层级。这些阶段在一种可预知的跨越不同文化的单向序列中逐渐显现。人类的发展由此得以展开。霍华德·加德纳（Howard Gardner）的**多元智能**研究就是一个很好的例子，他研究了多种路线中的层级，发现其中有音乐智能、动觉智能、情感智能等。心理发展图（图 i.5）是一种将其视觉化的简化形式。

以四大象限视角与阶梯状的层级发展路线为基础，整体理论认为，四大象限展示出的如同海浪一般显现的阶段或层级，体现了生长、发展与进化。每一象限的复杂性与深度都是层层递进的。例如，每个象限中我们都可以看到一种带有三层级复杂性的发展系统，在众多可能的发展路线中沿着其中的一条路线延伸。在行为（UR）象限中，身体结构从粗放到精微再到自性发展。在系统象限（LR）中，社会系统从简单组织向复杂系统再向全球系统发展。在文化象限（LL）中，群体价值观从自我中心向种族中心再向世界中心发展。在体验象限（UL）中，个人的自我意识从身体到心智再到精神逐步打开。当这种三层级的发展在四个象限中铺展开来时，我们就得出了这张整合协会的图表（图 i.6）。

由于象限的共同作用形成了对同一事物或事件的多元化视角，因此，任一象限的发展都与其他象限密切相关。例如，位于左下象限的吉布塞尔关于世界观发展的路线，与左上象限中个人意识的渐进结构，以及右下象限中社会、经济系统的发展序列密切相关，如采集的、种植的、农业的、工业的、信息的。

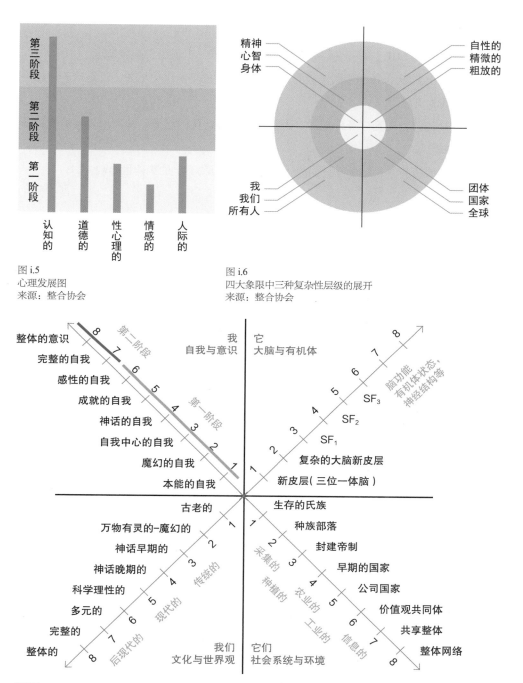

图 i.5
心理发展图
来源：整合协会

图 i.6
四大象限中三种复杂性层级的展开
来源：整合协会

图 i.7
相互关联的四大象限中复杂性逐步升级的人类路线
来源：整合协会

作为例子，图 i.7 体现了四大象限中个人与集体的相关性：

·在左上象限（UL）的发展层级 2 中，概念性思维上升到魔幻自我阶段。

·这与右上象限（UR）中人类较为复杂的新大脑皮层的进化相关，正是这一进化使得上述思维成为可能。

·当这样的能力得到广泛体现时，人们便形成社会化的组织，从而出现族群性的部落与村庄（LR）。

·在这样的社会中人们倾向于形成一种魔幻式的万物有灵的集体世界观（LL）。

类型

类型是"水平式"的分类法，在类型划分中，并不区分发展层级，却要对多种多样的可见模式加以归纳。诸如男性、女性、阴、阳以及迈尔斯-布里格斯（Myers-Briggs）的人格类型等。类型出现在每一个层级中。例如，在人类自我意识发展路线的任何一个层级中，都可以区分出男性与女性类型。在更高层级中，自我会更加关注类型，也更有能力整合它们，体现出越来越多的将男性、女性的特质与表现相结合的趋势。在设计中，整体理论对类型的理解为我们提供了一种关于性别问题、男性与女性空间、建筑类型与设计类型学的不同视野。本书暂不对类型作深入讨论。

> 整体设计是涵盖四大象限中所有复杂性层级设计现象的理论与实践。

整体理论与设计

整体设计方法是一种结合了美—设计艺术、善—设计伦理以及真—设计科学的方法。我们也可以把设计视为四种主要维度的融合（四大象限视角），每一种维度都提示了设计实践与结果中的不同视角：

1 系统视角：将生态与社会关系秩序化的形式模型；

2 行为视角：个体部分或成员的性能、活动与功能；

3 体验视角：系统成员所具有的（人类与非人类）各种形式的知觉、感觉与意识；

4　文化视角：在个体成员的交融互动中形成的，涉及各种复杂性层级的共享意义与理解。

在本书中，我发现绝大多数的当代可持续设计都聚焦于行为视角的问题与方法，形成了一种趋于"平面"的简化。高性能设计（high performance）非常典型地将任何事物消解为上象限。绿色、生态方法则消解为右下象限或四象限矩阵（生命之网）中的右侧部分，尔伯称之为**微妙简化**，以区别于右上象限的**粗略简化**。但是，内部何在呢？本书的目的就在于解析出可持续设计任一视角的根本价值所在，并尝试创造出一种更为整体的、全象限的可持续设计方法。

如果将四大象限中任一视角的系统性发展层级相贯穿，那么，一种更为综合的设计地图便出现了。整体设计因此成为涵盖四大象限所有复杂性层级的设计现象的理论与实践。在第二部分中，这种相贯穿的图景体现为，从任一层级与视角的交叉点出发的可持续设计都完全不同。如果没有其他视角中那一层级的图景出现，那么，任何层级的图景都不会出现。每一层级的四种图景都是同时出现的，因为一个层级中的任一图景都是同一现象的不同层面。当它们出现时，每一种图景都需要使用不同的调查方法，以及不同的设计、分析与评价方法。

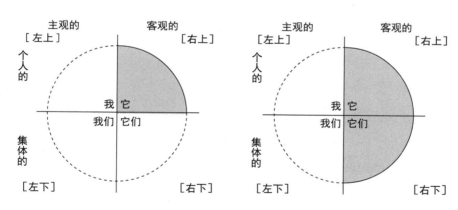

图 i.8
粗略简化（左）与微妙简化（右）

本书开头的这些内容，听起来或许让人疑惑，而这些逻辑如何应用于设计中，将会在余下章节中逐步展开。当我们能看到并有意识地区分出看待世界的不同方式时，我们才有可能真正实现换位思考。就像佩戴一副新的眼镜会改变我们的视野一样，整体设计者也会越来越得心应手地应用他人的视角与知识，并将这些视角中的重要内容纳入设计中。从整体入手，并不意味着你必须成为全知全能、无所不晓的超级天才。它只是意味着，至少你不会武断地排斥或忽视其他潜在的可能性看法。你会在设计实践中积极寻求理解并探索不同视角的真理所在。

作者的视角

我确信，在实践中应用整体可持续设计理念，将会对你与他人分享可持续设计有所助益。我是在不久前接触到肯·威尔伯著作中所表述的整体理论的。

这种结合了发展层级与多元视角的宽广的整体性视野，已经成为本书的基础。本书所提出的观点并非就是可持续设计的真理，毋宁说，这是一种多元的视野。保守地说，阅读本书至少能拓宽你的视角，我鼓励你在本书余下的章节中"转换思维不断尝试"。

图 i.9
《太阳、风与光：建筑设计策略》封面

图 i.10
"流水别墅"，埃德加·J.考夫曼，熊跑溪，宾夕法尼亚州，1936，建筑师：弗兰克·劳埃德·赖特

我并非哲学专业出身，在我建筑职业生涯的前 25 年中，一直是以一种高度客观化与技术性的视角来从事可持续设计。我在研究生院花了三年时间，学习如何利用主动和被动的环境技术设计高性能建筑。后来，我用了四年时间撰写（与 G.Z. 布朗一起）《太阳、风与光：建筑设计策略》第二版，这是关于气候设计的：日光照明、太阳能供暖、被动制冷与高效节能（Brown and Dekay, 2001）。当本书完成后，我们即将开始第三版的《太阳、风与光：建筑设计策略》。从这一性能驱动的视角从事可持续设计，我发现自己在如何让他人理解、接受和欣赏可持续技术的理念方面，并不如自己曾经希望的那样有效。

与不同的视角沟通

我的第一个发现是，许多设计师与学设计的学生更多是由美学体验驱动的（左上体验视角），而不是从环境性能和资源节约（右上行为视角）出发的。当我从这些设计师更关注的层面切入技术性问题时，他们显然更感兴趣。当节能需要一种形式创造，或者说有机会创造一种更具美感与表现力的作品时，他们会更愿意去掌握技术。

我并不仅限于传播我个人的可持续设计观点来使那些不关心技术，更侧重美学价值取向的人接受他们关注范畴之外的理念；我同样也意识到我的工作局限于效能观。我还发现，还有一类设计师，他们更关心设计意味着什么，如何讲故事（左下文化视角），而不是它看起来如何或者如何运作。因此我必须拓宽我工作与交流的方法，以一种对这类侧重文化的听众有吸引力的方式来阐释可持续设计。我开始关注可持续技术以及"设计结合自然"如何在用户与自然之间建立联系。我不断学习为世上万物讲故事的方式。密斯、柯布和赖特都通过他们的建筑讲述了关于自然的故事，当然也包括弗雷德里克·劳·奥姆斯特德（Frederick Law Olmstead）、帕特里克·格迪斯（Patrick Geddes）以及伊恩·麦克哈格（Ian McHarg）。

> 整体理论为我提供了一种在今天的设计领域中理解各种观点的极为有效的框架。

作为多年来一直将可持续设计视为一种空间问题（右下系统视角）与量化问题来思考的人，以及在资源节约设计方面致力于开发技术手段的人（UR），我意识到以上两类人往往被排斥于对话之外，以至于他们根本无法听到我在说什么。实际上，我也根本没有对他们说话。

与不同的价值观沟通

我发现自己不仅与左上视角的人沟通有困难，而且与那些喜欢讨论各种世界观与价值观的人在沟通上也有一定的困难。由于以性能为主的设计方法基本上是一种现代方法，我喜欢以技术来作决定的问题解决方式。但我也意识到，有些人并不喜欢由现代的技术性建筑所限定的生活方式，他们对于什么是生活、工作或礼拜的理想场所有自己固有的看法，而这两者往往是相互冲突的。如同大多数公众一样，他们在设计价值观上更为传统。

图 i.11
零住宅（未建成），2005，建筑师：施佩希特·哈普曼

同时，我也注意到其他更为多元或激进的、更倾向于后现代价值观的团体，他们对新的理念更感兴趣。他们往往被社会性的动机所驱动，更向往自由。在他们看来，我的这种技术取向只是一种现代世界中遗留下来的问题而已，属于在 20 世纪的设计中就已经被淘汰的部分。对这两类人而言，我这种可持续设计的理性辩论，即使基于事实、逻辑完

美，也根本无济于事！这两类人都把可持续设计视为一种问题，一种囿于人类的认知而尚在迷途中的短视的技术性思维。我并不总是与他们看法一致，但显而易见的是，一些极具见识的人其视角也与此几无二致。我一直致力于在设计行业中推动对待可持续设计的严肃态度。如果我试图将这一努力最大化，那我必须不断提升自己的理解力与表达力，同时深入这些对立性的观点中。这样的困境，正如我们将在第二部分中所看到的，在整体理论中得到了很好的阐释。从某种程度上说，今天在我们的客户、用户与公众中所体现的多元的当代世界观，在整体可持续设计中得到了充分的尊重与关注。

不舒服的价值

绝大多数人，包括我在内，都习惯于在多种方式中找到一种自己更为熟悉的视角来看待这个世界。对我而言，要通过朋友或同事看待设计与可持续性的那些不同视角去思考，是一项具有挑战性的、不怎么让人舒服的工作。或许有时候，你们也会认为我走得太远，或者我们在讨论中使用的理念与语言听起来过于学术、不切实际，近乎抽象。但我仍然邀请你们参与进来，发现更多的未知与精彩。

> 你可以拓宽自身的视野，理解并尝试采纳其他几种看待这个世界的主要方式，这样你就可以透过不同的镜头来全面看待可持续设计了。

我已经逐渐意识到需克服自己这种不舒服的感觉，尊重自己以前从未理解过的视角的价值所在。对我而言，它使我从一叶障目中解放出来，发现更多有价值的感知世界的方式。以整体的视角来工作，使我在面对今天的设计世界中所遭遇的各种不同甚而对立的观点时，获得了一种能够理解这一切的有效框架。这为我的工作带来了有力的转化。在工作中，我们的确需要一些严肃的努力，也需要思想的灵活性，以及随时准备接受新事物，甚至往往是让人不快的观念的意愿，但其回报也是很可观的。

也许在阅读本书的过程中，你就会逐渐掌握那些目前还觉得较为生疏的重要观念与语言。也许你是以技术为中心的，或者以艺术家的眼光来看待世界，或者像生态学家那样以整体系统来思考，或者认为建筑富于叙事与象征。关键在于，无论你最初的观点是什么，你都可以拓宽自身的视野，理解并尝试采纳其他几种看待这个世界的主要方式，这样你就可以透过不同的镜头来全面看待可持续设计了。当你这样做的时候，你也许会发现与他人连接的新的灵感、方法与有效方式、新的沟通语言，而最重要的是，你或许会发现（我肯定你会）更多让你的观念易于他人接受的有效方式。这样，你就可以为可持续设计做出更大的贡献，而你卓有成效的贡献正是这项工作所迫切需要的。

可能的结论

以上做法所带来的益处也许并不足以促使我们马上行动。毕竟，为了能够胜出，我们中的许多人不得不选择将所有的注意力与资源倾注到一个视角中。而从不同的角度采纳更为宽广和长远的视角，或许会给我们带来如下价值：

·使你成为可持续设计团队中更有影响力的成员；

·使你能够更加用心地倾听他人关于可持续设计的理念并接收到他们的信息（尤其是那些与你不同的人）；

·将你所认为的设计意义与越出你个人视角之外的设计目的相关联。

这样，你就可以通过更有效的方式来为可持续设计做出更多的贡献：更具创造性、更加整体也更令人满意。一旦你掌握了这种观念性的技术，将会带来多大的变化呢？我相信，你会觉得付出的努力都是值得的。

注释

1 更全面地说，整体理论运用了五个主要的特定术语：象限、层级、路线、状态与类型。在本书中，我们将主要谈论象限（视角）与层级。而次一级的内容——路线、状态与类型，将留待这些概念与可持续设计有进一步关联后再作讨论。

2 基于"四象限图表"，视角通常指象限。

3 尽管一些需要练习的状态，如高度冥想的状态也是阶段性发展的，但我们并不能无限地体验所有状态。另一方面，在阶段中呈现的发展结构一旦建构完成，就会在实质上形成一种永久状态。有关这一方面的更多内容，请参见 Wilber，2006。

参考文献

Brown, G.Z. and DeKay, Mark (2001) *Sun, Wind & Light: Architectural Design Strategies*, 2nd edition, John Wiley & Sons, New York.

Wilber, Ken (2000a) *A Theory of Everything: An Integral Vision for Business, Politics Science, and Spirituality*, Shambhala, Boston, MA.

Wilber, Ken (2000b) *Sex, Ecology, Spirituality: The Spirit of Evolution*, Shambhala, Boston.

Wilber, Ken (2006) *Integral Spirituality: A Startling New Role for Religion in the Modern and Postmodern World*, Integral Books, Boston, MA.

Wilber, Ken (n.d.) 'Introduction to Integral Theory & Practice: IOS Basic & the AQAL Map'.

Zimmerman, Michael (2004) *Integral Ecology: A Perspectival, Developmental, and Coordinating Approach to Environmental Problems*, unpublished.

第一部分

整体可持续设计的四种视角：
可持续设计世界的全面探析

引言

我常常喜欢在演讲前以一座教堂穹窿拱肋交叉处的装饰图像——《绿人》作为开头并做出某些提示。在这个例子中，自然、人性与神圣的灵感通过建筑合为了一体。这件艺术品在展现一种结构功能的同时，也激发了一种美学体验，传达了丰富的文化含义，还契合其集体性人类活动的社会语境，这是在今天极其少见但越来越需要的一种融合。

> **每一种主要的视角对于可持续设计最终的成功都至关重要。排斥其中任何一种都会削弱其成效，并很可能导致失败。**

第一部分介绍了一种看见、倾听、阐释与重构的方法，作为一位建筑师、教师以及今天这个星球上人类的一圆，这样的方法为我的工作带来了巨大的帮助。这是一张地图，并非由我发明，但我却日复一日地利用它来解析纷繁复杂的知识与现象之流，为它们赋予意义，使它们在这个需要理解的世界中各得其所，这就是整体理论（Wilber, 2000b, 2000c; Esbjörn-Hargens and Zimmerman, 2008）。我将透过这个镜头与你们对话，我也邀请你们来关注它。

图 I.1
绿人

图 I.2
LEED 金奖努埃瓦学校，希尔斯伯勒，加州，2007，建筑师：莱迪·梅塔恩·斯泰西

图 I.3
第一座 LEED 铂金奖建筑，切萨皮克湾基金会，菲利普·梅里尔环境中心，安纳波利斯，马里兰州，建筑师：史密斯集团

图 I.4
可持续设计的样板?

这一理论的基础在于先预设一个前提，即假设任何人在任何时间都没有错，或者换句话说，每个人都是对的——就某种程度而言。第一部分将整体可持续设计理念视为一种多元视角、多元价值观的方法，利用多元视角来创造一个整体的充满活力的场所，以保持并重新激活人类与自然的生态系统。

本书将会对各种被称为绿色、可持续、生态、环境以及再生设计的理念与方法进行探讨与梳理。透过一个新的整合镜头——整体镜头来看待一个复杂的新兴知识领域。

在开始之前，先通过以下这三个单词的溯源来勾勒出"整体可持续设计"的领域。

"设计"（Design）既是名词也是动词，源于拉丁语 designare，意思是"标记、指出、指定或指明"。词根是 signare，"标记"。除了作为指定的最初含义，设计的诸多定义还包括以下几个：

·形成某种计划或方案，头脑中的安排；

·意图或试图成为某事，为某种目的而酝酿（某事）；

·深思熟虑的想法；

·为（建筑）建造制订必要的计划或绘制草图。

设计同样也是行动的目标或产品。

单词**"可持续"**（Sustainable）出现在**牛津英语词典**（2001）中，当我们在设计中运用它时意味着：

> 利用和开发自然资源的方式，应与为了后代人而维持资源、保护环境的方式相协调。

因此，我们可以将可持续设计视为如下过程：

· 计划、意图、思考、创造。

以这样的方式：

· 为后代人维持资源并保护环境。

单词**"整体"**（Integral）源于拉丁语 integralis，词根是 integer，意味着"未经触碰的、完整的、全体的"，而后者的词根是 -tag，意思是"触碰"。整体的主要含义是：

· 由部分构成整体；

· 没有分离或缺失的部分或元素；

· 未经破坏的、统一的、完整的、全部的、彻底的。

现在我们可以就对"整体可持续设计"的理解，将其重新定义为：

> 为后代人保存自然环境而形成完整、统一、彻底的计划与方案。

图 I.5
彻底完整的

这里有必要在开始时做一些更进一步的说明。在关于自然环境的讨论中有个观点已经获得了普遍认同，那就是仅以减少资源用量的方式来保护环境，对可持续性而言是不够的。资源的维持需要在循环中思考，同时考虑到来源（资源）与废物输出（污染），以及它们被吸收到环境管道中（如大气层或河流）的可能性。这促使我们直接考虑自然生态系统的过程，而这对于"环境保护"而言是一个极为关键的视角。这是我第一步的思维扩展，从"性能唯一"转变到"性能加生态模式"。这是一种从更线性的思维到更整体思维的逻辑演进。然而，有一点必须注意，这并不意味着我们要放弃可持续领域中很有价值的"测量—评估"的技术性视角。

> 如何在满足生态性能的同时接受生态过程的复杂性，并包容个人与文化内在层面杂乱无章的主观性，将会是我们的首要任务。

　　正如在前言中提到的，整体理论认为，我们可以在任何时候应用这四大视角：行为、系统、体验与文化。我们可以从四大视角中的任一视角出发来考虑可持续设计。以下是简要的概述。

　　第一，从行为视角来看，可持续设计的意义包括：

　　·减少我们的资源消耗（到一个再生资源可持续的比率上）；

　　·在建筑经济中创造更多的内部循环（尤其是不可再生资源）；

　　·减少我们的废物与污染（不可再生资源实现零消耗，再生资源达到可吸收的比率）；

　　"少即是多"和"多即是多"（更少的消耗更绿色，更多的循环更绿色）。这是设计环境策略最令人熟悉的内容，正如在 LEED、绿色环球（Green Globes）与地球家园（EarthCraft Homes）等绿色建筑评级系统中所体现的那样。

　　第二，从系统视角来看，环境是一个生命系统，甚至是生命系统中的系统。可持续性即是使这个星球上的生命系统——当地的、区域的和全球的——都能为后代的生存保持健康的运行。可持续设计要求我们思虑、求索，利用我们的智慧找出适合人类生态环境的居住模式（从家具到城市）。这些模式不可能像我们计算千瓦和加仑那样被量化。它需要新的高层级的创造性与意识。好在相较于众多的职业而言，擅长模式设计正是设计师的优势所在。

第三，从体验视角来看，整体可持续设计要求我们更进一步人性化，不仅要考虑建成环境与自然环境的外部（我们可以看到的物理层面），还要考虑以"艺术性的技巧"进行设计，将生态与美学协调一体。

这样一来，情形就变得复杂了：性能＋生态模式＋美。这样做也许很困难，但这不正是设计的迷人之处吗？我可以说早就知道这一点，但我以往并未接受过生态思维的训练，因此对第四大象限也并没有完全做好准备。

第四，从文化视角来看，一种整体的方法意味着其所有部分都是完整、统一和彻底的，这就要求我们在设计建成环境时既要在自然环境系统中运作，同时又要超越这一系统观，考虑更大范围的建筑社区与文化等语境：性能＋模式＋美＋文化意义。如果没有足够深入的洞察，文化往往会被我们所忽略！然而，语言、故事、意义在任何时候都围绕着我们，正如事实所证明的，建筑是现存最为恒久的文化载体之一。因此问题在于，我们的可持续设计如何讲述我们与自然之间的关系，以及如何阐释我们的文化信仰？

正如我们所知，设计需要一种复杂思维的能力，以及设计师多条技术与思想路线的发展。艺术化的设计意味着要发展美学的感知。而如何表达目的、意图与意义则涉及个人的深度技巧。你将会发现我们正在进入个人创造性的自我教育、发展以及实践层面。

在此，我们同样关注我们集体性的价值观与理解力。今天为后代采取行动是一种伦理视角，只有在一种共同体的语境中才有可能，而这正是所有伦理的开端之处。因此，请注意，我们也要进入文化领域。这一领域在人类与自然的关系中得到了特别的表达。它要求我们去检视我们的建筑如何说话或传达意义（这同样意义重大）。

至此我们可以说，四个宽广的视角构成了整体可持续设计的框架。

图 I.6
全国设计协会，艾哈迈达巴德，印度，1961，建筑师：卡柏迪亚＋班克（Kapadia＋Banker）在一种干／湿热交替的混合气候中，带来一种文化上的清凉感

图 I.7
太阳能示范联排住宅，2000 年世博会，斯图加特，德国，c1998；对太阳能发热与遮阳过程的生态思考及形式回应

第一部分：目的

第一部分试图对可持续设计的总体图景提供全景式扫描。由此为我们提供了一种语境与框架来定位并理解第二、三、四部分。整体而言，本书同样提供了一种镜头以及一系列可以贯穿终生实践的知识工具。你将会获得一张地图及其阐释来帮助提升你的设计、拓宽你解决问题的视野，甚至加速设计行业的转换，以发挥出越来越重要的生态效益。

我尤其希望通过第一部分的阅读，使你：

· 将你的可持续设计意识扩展至行为、体验、文化及系统视角。

· 能够识别出在特定的可持续设计、意图、策略或理念中体现了哪一种基础性视角。

· 理解以下一些基础方法或策略：

1 为激发可持续设计中丰富的人性化体验而设计；

2 为可持续设计性能的最大化而设计；

3 为适应生态系统环境而设计；

4 为体现可持续设计的文化意义而设计。

1 从四种视角出发的设计原则

在本章中，你将从以下角度来思考可持续设计：

1 可持续设计的性能如何；

2 可持续设计如何成为一种生态系统；

3 可持续设计如何创造美与深度的人性体验；

4 可持续设计如何传达文化意义。

我认为，以上每一个问题对可持续设计的最终成功都至关重要，排除任何一个问题都会弱化其效果，并可能导致失败。接下来我们会对以上的每一个视角进行较为深入的探讨。我们会看到，如何通过设计方法激活这些多元视角，以及每一个视角如何通过其方法的运用体现为一种模式。第1章以可持续设计原则的方法比较作为结束。最后，我们将会涉及一系列新的整体可持续设计原则。

什么是真正的可持续设计

> 我们不能以产生问题时的同一思维来解决问题。
> ——阿尔伯特·爱因斯坦

可持续设计对很多人来说意味着丰富的内容。整体可持续设计的重点之一，即是以一种更具包容性的视野，尽可能地容纳多种多样的阐释性观点。在本书中，我们将在更为宽泛和包容的程度上运用"可持续的"这一术语。正如在LEED之类的系统和大多数专业媒介中最常见到的讨论一样，可持续设计在实质上被定义为操作层面的技术性问题，解决方案的优劣是以性能来测量的。"更好的性能等于（可持续设计）更大的成功。"这是一个非常实用的强有力的方法。它提供了清晰的客观标准，设计团队可以据此衡量他们的工作。从某种程度而言，这些策略与系统已经司空见惯，但设计界还有巨大的潜力帮助建筑业进行转变，尤其是在平衡碳循环与阻止全球气候继续变暖等方面，还有潜力可挖。

能源生产的成本
1QBtu 输出能源
$=100 亿

煤（碳捕捉与储存 ccs）	$$$$$$$$$$$$$$$$$$$$$$$$$$	2560 亿
核能	$$$$$$$$$$$$$$$$$$$$$$	2220 亿
建筑效能	$$$$$	421 亿

图 1.1
每 1QBtu 输出能源所需的能源生产成本
来源：建筑 2030

性能及其超越

　　"技术可持续性"的成功取决于对自然以及生态问题解决办法的广泛共识，而这一切几乎完全奠基于科学与理性的思维之上。许多有识之士都曾经争论过，科学理性主义创造了建筑技术、交通系统、化石能源设施以及居住模式，而这正是导致我们陷入环境危机的首要原因。我们需要更高级的理性，或者跨理性的认知，以及一些其他思维模式来使我们脱离困境。本书我们探讨其他几种理解方式：

　　·环境问题的性质；

　　·可持续设计的语境；

　　·可能的设计解决方案类型；

　　·多元解决方案需要的方法与视角。

　　整体方法并没有将技术可持续性的重要性最小化，相反，我们将涵盖技术性视角并有所超越。让我们先看看 LEED，建筑 2030，美国环保署指标设定系统（EPA's Target

Finder），美国采暖、制冷与空调工程师学会（ASHRAE）标准以及其他类似的标准体系，这些体系被绝大多数专业人士视为可接受的可持续设计的"操作性"定义。在这个范畴中，成功是可以被衡量和量化的。然而，就其自身而言，效能（或可循环材料的百分比或其他审慎的性能测量）并不能保证后代人可以满足他们自身的需求[1]。如果人类使用更少的有限资源（增加效能），也不过是仅仅延后了末日来临的时间而已。

扩展我们的可持续设计视野

整体方法大大拓展了绝大多数视角富于价值的贡献，对可持续性技术而言，是以三类不同的方式提供了四种主要的解决方法：

1 技术的可持续性：设计来源于从减少资源使用与污染的经验性知识中得来的应用性法则，这是致力于"少即是多"的设计。

2 扩展至涵盖生态的模式：设计是一种模拟或实在的生态系统参与。通过设计使用更少的能源或减少污染，或者使劳动者更健康，都无法创造出健康的生态系统。注意，一棵橡树根本无法保证其每年生产的成千上万颗橡子的质量，其中只有一两颗橡子会长成成熟的树木，其他橡子都成为复杂食物链的一部分。这是致力于生态共同体的设计。

3 扩展至涵盖丰富的人性体验：设计的作用是展示与体现可持续的技术，以使人们对设计与之互动的自然力量及其循环拥有直接或间接的体验。这样，居住者与自然之间的个人关系就得到了发展。这是致力于可持续设计愉悦性的设计！

4 扩展至涵盖设计作为意义生成的故事：可持续设计能够体现我们对社会与自然如何关联的至关重要的神话、故事与信仰。这是致力于与自然关联的设计。我想我们都同意"用得更少"对设计而言并不是一个特别令人鼓舞的理由。设计模式可以将文化的意义进行编码，并以此与居住者沟通交流。

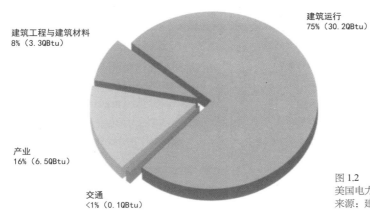

建筑工程与建筑材料
8%（3.3QBtu）

建筑运行
75%（30.2QBtu）

产业
16%（6.5QBtu）

交通
<1%（0.1QBtu）

图 1.2
美国电力使用情况扇形图（2008）
来源：建筑 2030

图 1.3
建筑系统潜能最大化中心，奥斯汀，得克萨斯州，1975，建筑师：普林尼·菲斯克Ⅲ
为人的需求与感受服务的低技术生态智能

为什么整体可持续设计很重要

除了设计高性能的建筑与场所，更整体的可持续设计视野整合了对问题的理解及其解决方法，同时提出了其他三种重要的类别。让我们看看这个经过扩展的，更加整体的镜头能够为可持续设计带来什么。

第一，上述所说的四个领域总体而言与人类知识及价值的四大领域密切相关，即：

1 基础科学（可持续设计的技术观）；

2 复杂或系统科学（以上第二点）；

3 艺术（以上第三点）；

4   人文科学（以上第四点）。

以上这四个视角并非只是个人观点。他们的基础如此不同，以至于似乎是以不同的语言在表达。如果我以一种语言来说，而其他人以另一种语言来听，我们如何能够交流呢？并非所有人都对这四个视角的观点同样关注，相较于其他领域，他们总是更容易听清自己所熟悉的这一领域的观点。

> 生态健康完胜绿色效能。

第二，当我们把聚焦于可持续设计的体验性层面囊括在内时，就很有可能促进个人对自然的直接认知。知识总是先于关注的，而关注通常引发有利于关注对象的即时行动。我们人类也总是倾向于关注那些我们知道的胜过那些我们不知道的。某人越是接近我们的内在圈层，跟我们的关系就会越紧密，我们就会更关注他们。如果我们为他人创造他们可以感受到的可持续设计，他们也许就会和自然建立更紧密的关系，并付诸关注性的活动，去建造更多可持续的建筑，同时鼓励他人也这样做。

第三，使不同的团体拥有"自然与设计"的体验将会引发对话与阐释，这是文化变革的关键所在。从某种意义上讲，文化就是我们所有对话的结果。设计师同样如此，我们是否可以给人们提供一些可供讨论的内容呢？从长远来看，如果一座高性能的建筑看起来跟当代的其他消耗性建筑并无二致，无法识别出是否可持续，这是否是好的现象？

例如，当可持续设计体现、反映并表达了诸如水循环一类的生态过程时，它就为人们更加意识到生命的过程，以及意识到我们与他们之间的关系提供了机会。通过具有生态表现性的建成作品来讲述我们与自然之间的故事是非常有力的。这样的表达使得可持续设计如同战后郊区的居住性景观那样富于变革。整体可持续设计的表现主义有助于构建一种可持续性的文化。而这正是驱动建成环境的主导性文化。这种观点极大地扩展了我的视野，使我停止了对没有足够可持续性的主流文化的批判，并开始思考我以及其他设计师们如何才能共同推动一种变革。通过设计而对自然具有丰富与积极体验的个人，以及一种致力于可持续性的文化，都有可能改变目前在可持续性中唯技术为重的这一文化偏向。

第四，最高层级的性能要求一种系统的方法。一个生态系统中的性能与保持系统健康运转的能量、信息与物质之间动态平衡的交换有关。生态健康完胜绿色效能。我们很快就会对这一观点进行更为深入的探讨。

为什么整体可持续设计如此重要？我们再回顾以下四个理由：

1 可持续设计的信息，必须针对不同受众的要求来传达；
2 对自然的体验导致关注，关注导致行动；
3 设计作为一种关于自然的象征性的公民语言，引发阐释、对话以及在文化上的影响；
4 最高层级的性能要求非线性的系统思维，并以生态性的术语来重构问题。

图 1.4
大西北图书馆，圣安东尼奥市，得克萨斯州，建筑师：莱克 / 弗莱托
将地区固有形式进行转化，以适应新用途，使日光得到更好的分布

整体可持续设计的四种视角

肖恩·埃斯比约·哈根斯（Sean Esbjorn-Hargens），在整体生态学的一篇标志性论文中，基于个人与集体、主观与客观的区别，通过四个领域的探究，应用了一种整体方法来检视环境问题及其解决办法（Esbjorn-Hargens，2005）。肯·威尔伯率先利用这些区别，创建了一个整体视角的四象限地图，这就是图1.5的出处（Wilber，2000a，2000b）。

肖恩·埃斯比约·哈根斯通过对四种视角中每一象限的标注来看待环境：

1　体验：自我与意识；

2　行为：科学、技术与性能；

3　文化：意义、世界观与象征主义；

4　系统：社会、自然生态与环境。

听起来很熟悉。这张图展示了我们已经探讨过的四种视角的起源。图1.6是可持续设计的四种视角，以可持续设计为依据建构了同样的视角。

在各不相同的设计视角中，可持续设计的性质以及自然本身的展现是迥然不同的。然而许多可持续设计的方法主要是基于矩阵中的右上（行为视角）象限。而这种扩展性的多视角视野，通过涵括创建一个可持续世界所需的个人、文化与社会维度，会促使设计师更为包容性地处理今天生态变化的复杂性。

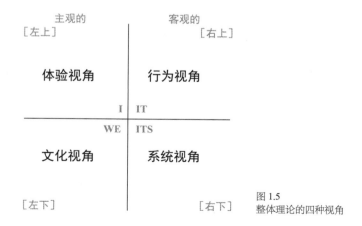

图 1.5
整体理论的四种视角

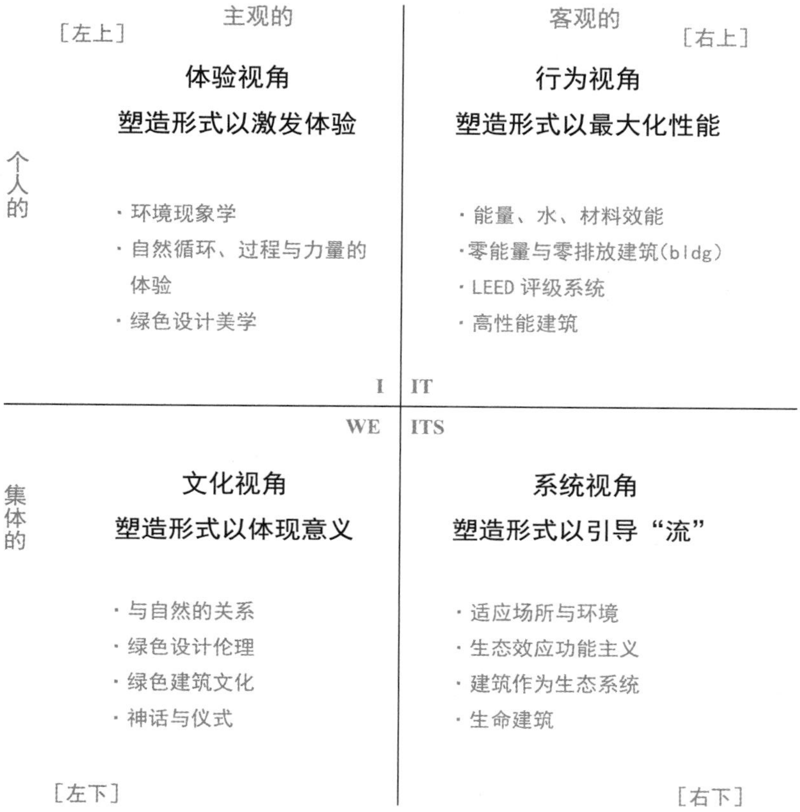

	主观的	客观的	
[左上]	**体验视角** **塑造形式以激发体验** ·环境现象学 ·自然循环、过程与力量的体验 ·绿色设计美学	**行为视角** **塑造形式以最大化性能** ·能量、水、材料效能 ·零能量与零排放建筑(bldg) ·LEED 评级系统 ·高性能建筑	[右上]

个人的

I | IT

WE | ITS

集体的

| [左下] | **文化视角**
塑造形式以体现意义

·与自然的关系
·绿色设计伦理
·绿色建筑文化
·神话与仪式 | **系统视角**
塑造形式以引导"流"

·适应场所与环境
·生态效应功能主义
·建筑作为生态系统
·生命建筑 | [右下] |

图 1.6
可持续设计的四种视角

从图 1.6 中,我们可以看到工程学法则典型地将任何事物消解为右上象限——诸如环境行为、价值工程、成本效益分析、建筑法规、施工说明,以及绝大多数的高性能建筑设计等。"整体"可持续设计(Holistic Sustainable Design)[①],以及建造、生态与可再生设计的系统方法又将事实消解为右下象限。在更具包容性的形式中,现实被"整体思维"削减至四象限矩阵中的右侧。任何事物都整齐地适应"生命之网"。这被称为微妙简化,与右上象限的粗略简化相对立。惯常意义上的"整体"可持续设计思维倾向于忽略整个左侧象限——个人与集体的内部。这是多么重大的遗漏啊!

---

① 译者注:此处为"Holistic"而非"Integral",意在对二者进行区别,因此译文中对由 Holistic 翻译过来的"整体"进行加引号的处理。下同。

建筑设计是一种无论其意图、设计目的或功能如何，都需要塑造形式的学科。最终，必须建造出某种东西，否则，就不成其为建筑。我们可以进一步追问：

作为设计师来说，我们应该如何塑造一种可持续的形式呢？

从任一象限视角出发，什么是设计师的意图？什么是与可持续性相关的好形式的标准？

·从行为视角（UR）出发，设计的问题是：

我们应该如何塑造形式以使（生态）性能最大化？

当好的形式将生态保护与循环最大化的同时，也就把资源消耗和污染最小化了。

·从系统视角（LR）出发，设计的问题是：

我们应该如何塑造形式来引导"生态流"？

好的形式通过模仿并适应自然生态系统与环境，在建成环境中创造出最适合生态过程的结构，解决生态模式的问题。

·从文化视角（LL）出发，设计的问题是：

我们应该如何塑造形式来体现生态系统的意义，以及我们与它们之间的关系？

好的形式以赞颂自然秩序之美的方式，体现并表达了"关联的模式"，将居住者置于与生命系统（或他们对自然的观念）的关联中，将人类的居所安放在生物区域中。

·从体验视角（UL）出发，设计的问题是：

我们应该如何塑造形式来激发对自然与过程的体验？

好的形式和谐地安排关于自然及其现象的丰富人性体验，创造有助于自我意识转换至更高层级（生态的）意识的中心场所。

设计过程中的内部与外部方法

我们已经对本书的主要框架之一进行了简要介绍，现在让我们利用场地分析的例子，逐步构建起对四种可持续设计视角的理解，以进行更为深入的探讨。每一种视角都可以使我们获得关于可持续设计的特定观点，这是其他视角所无法给予的。每一种"观点"都利用了不同的认知手段与不同的镜头。而从任一视角开始工作的设计师们也在利用不同类型的方法。因为方法是在设计过程中运用的，那我们就从这里开始吧。

一个设计过程模型

一个设计过程可以归纳为一系列分析、提案与反馈的循环（阶段）。换句话说，即是输入、输出与评价。分析是理解设计问题、设计师任务以及设计问题之语境的过程。提案是生成的过程——发明、创造、合成、应用，或者无论如何意味着——针对项目目标的多种空间形式解决方案的可能性。正如我们所知，设计问题、语境与解决方法跨越不同的范畴。反馈是提案是否成功的评价过程，是提示该方案的再设计或再提炼。反馈可能以批评、标准核查、测试、模型化、测量、模拟、赞赏或其他类似的方式进行。评估与判断形成了反馈阶段以及构成评价，以调整方案或提出新的替代方向。在某些情况下，反馈提出了新的分析方法、新的计划安排等。总而言之，采取了如下过程：

分析—提案—反馈—分析……

两种方法

总体过程中的每个阶段都可能相互重叠，就像螺旋状设计过程中层叠的波浪一般，我们可以理解为有一个"内部"与一个"外部"。每一阶段都有主观实践与客观实践。分析也有主观与客观两种方法。例如，在绝大多数设计过程的分析阶段中，"场所"（环境、场地等）都被视为主要的设计输入信息。我们可以把场地理解为既是主观的（第一人称、源于设计师内部）又是客观的（第三人称，设计师外部的观察模式）。

主观的场地分析方法或许包括以下内容：

· 现场的直接观察；

· 以练习来提升感性经验，如直接注意、冥想、审美沉浸（one-pointedness）等；

· 个人访谈与用户访问；

· 体验自然、连接自然的各种方法；

· 其他关于场地的直接性、体验性知识。

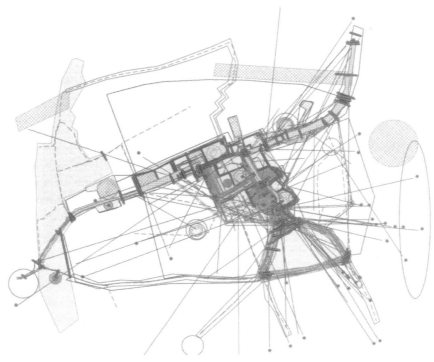

图 1.7
体验式场地分析，体验式景观场所研发部，谢菲尔德大学，英国
这一概念框架展示了体验是如何通过四种空间要素来得以解读阐释的。（中心、方向、过渡与区域）
来源：Thwaites and Simkins, 2007

客观的场地分析方法包括以下做法：

· 拍摄记录；

· 航拍照片分析；

· 制图、坡度与植被分析；

· 循环模式图表；

· 历史研究方法；

· 环境中的建筑模式观察；

· 现场测量等。

因此，我们可以看到每个阶段都有可复制的相关方法。每个阶段都有主观（内部）和客观的（外部）方法。而每个阶段，都可以应用至少一种主观和客观的方法。例如，处理场所的设计过程即展示了我们框架中的下列变量。

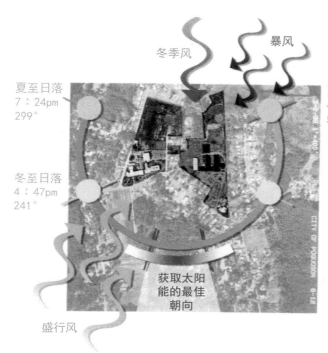

冬季风

暴风

夏至日落
7：24pm
299°

夏至日出
4：49am
59°

冬至日落
4：47pm
241°

冬至日出
7：19am
119°

获取太阳
能的最佳
朝向

盛行风

图 1.8
外部（客观）场地分析，波
阔森小学，波阔森，弗吉
尼亚州，2008 年 6 月，建筑
师：VMDO，PC；航拍整
合照片，长期气候数据与方
位的影响

表 1.1　场所（或其他问题）的设计阶段与方法架构

分析阶段	主观方法
	客观方法
提案阶段	主观方法
	客观方法
反馈阶段	主观方法
	客观方法

全面探析：主观与客观的单一与多元

　　我们也可以在场地调查方面扩展方法论的多元性，使其包括单一和多元的视角。换
句话说，第二种根本性的区别在于个人与集体之间。将集体加入我们的方法路线图，拓展
主观（I）与客观（IT），使其包括主体间性（WE）与客体间性（ITS）。这样，在我们
的分析性、生成性以及评估性方法中，就有了第一人称、第二人称、第三人称以及复杂第
三人称的视角。

我们继续理解场地的框架，再一次在分析阶段进行全面探析，我们可以勾勒出作为设计问题的四种基本视角。

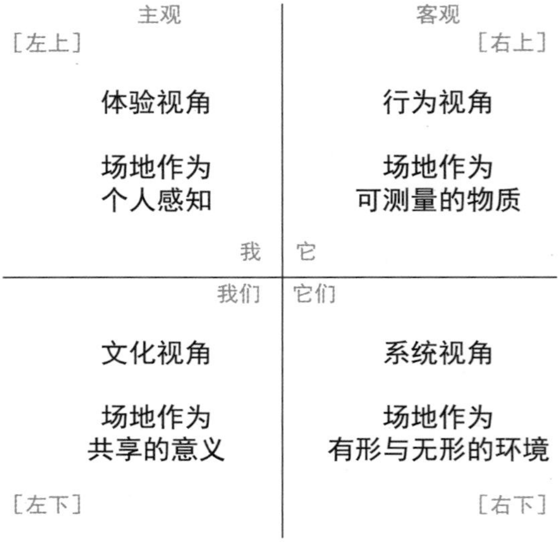

	主观 [左上]	客观 [右上]
我 **我们**	**体验视角** **场地作为** **个人感知**	**行为视角** **场地作为** **可测量的物质**
它 **它们**	**文化视角** **场地作为** **共享的意义** [左下]	**系统视角** **场地作为** **有形与无形的环境** [右下]

图 1.9
场地的四种视角

　　1　主观—单一方法：场地作为个人体验。

　　我如何体验并理解这个场地？

　　个人的场地观察，集中的感觉意识，作为深度观看方式的素描、冥想、艺术与诗意的感知与表现。

　　2　主观—集体方法：场地作为共享的意义。

　　场地对我们这个共同体意味着什么？

　　理解他人的解读、集体对话、公共会议、对场地象征意义的解码、阐释学方法、理论批评等。

　　3　客观—单一方法：场地作为可测量的物质。

　　场地中可观察到的作用力是什么？

　　摄影、场地测量与绘图、场地记录、航拍照片分析、等高线模型、土壤分析、斜坡/地形分析、科学与经验性研究等。

　　4　客观—集体方法：场地作为有形与无形的环境。

　　场地环境中的自然与社会系统是什么？

循环系统图表、水文与其他场地过程、流分析、动力模型、多层级空间系统分析、空间语法、生态与社会环境等。

就本质而言，作为上述方法论视角的一种定位归纳（orienting generaliaztion），1 采取了艺术视角，2 采取了人文视角，3 采取了基础科学视角，4 采取了复杂科学视角。

> **忽略四个方法论视角中的任何一个，都可能对一个整体性的可持续设计造成潜在的灾难。**

这四种方法是无可简化的视角。每一种都有其价值，每一种方法论视角都以不同的方式显现出这个世界。例如，在我们的案例中，场地——其力量、模型以及更大范围的项目都以不同的方式展现出来。这个场地实际上以一种新的、截然不同的方式得以呈现，就像另外一个世界一样。

同样的方法论差异，可以在设计过程的提案与反馈阶段所运用的方法中呈现出来，也可能在其他主要的设计要素（诸如体验、使用、技术、观念、空间等）中呈现出来。忽略四个方法论视角中的任何一个，都可能对一个整体性的可持续设计造成潜在的灾难，导致设计过程中很大部分的内容被忽略，由此限制可选择方案的类型与数量，或者影响一个既定方案的效果及其成功。

一个整体设计过程意味着在每一个阶段中（分析、提案与反馈）基于四种基础视角的方法都是可以被学习和运用的。当然，方法可以是简单或复杂的：在设计过程开始阶段（或我们理解之初）的简单方法，一段时间之后会展现出更大的复杂性（在设计过程以及我们的工作中）。在更高层级的设计意识中，这一方法变得越来越复杂，要处理更为复杂的输入信息，以更为精密的秩序以及更具象征性的智能、精确性与深度意义来激发并形成方案，从而解决更大范围的问题。

图 1.10

源自多种视角的景观设计：刘易斯环境中心景观，奥伯林学院，俄亥俄州，2001

景观设计：安德洛伯根公司；建筑师：威廉·迈克多诺及其搭档

景观设计"包括可作为生活创新实验室来学习的可持续绿色系统"，"力图赞颂人类与自然环境的关系并使其再生"。

图 1.11

克罗斯比植物园，皮卡尤恩，密西西比州

景观设计：安德洛伯根协会；建筑师：E.费伊·琼斯

这一地区的首个生态植物园。你能发现图片中隐含的源于四种视角的设计方法吗？"设计的目的在于综合艺术（戏剧、美与表达）与科学（植物之间、植物与场所之间的正确关系）。植物园所有精妙的规划……体现了派尼森林的自然过程，表达了他们令人回味的品质。"

四种可持续设计视角的原则与策略

考虑到我们已经开始在这里提到了可持续设计的广度，你可以设想有许多关于基础原则与核心策略的不同表述。让我们探究其中一部分内容，来看看这些观念有多大的差异。我们将基于它们在威尔伯四象限图表中的位置，应用如下关于可持续设计视角的缩写：

- 体验视角：UL（左上象限）；
- 行为视角：UR（右上象限）；
- 系统视角：LR（右下象限）；
- 文化视角：LL（左下象限）。

整体建筑设计导则

国家建筑科学协会发布了在线的整体建筑设计导则（WBDG），宣称有超过 250 000 个用户[2]。WBDG 提出了一系列的"设计目标"：

- 可达性 [UR]；
- 美学 [UL]；
- 成本经济 [LR]；
- 功能性 / 操作性 [UR，LR]；
- 历史保护 [LR，轻 LL]；
- 有效性（真正与居住者舒适性相关）[UR，LR]；
- 可靠 / 安全 [UR，LR]；
- 可持续 [UR，轻 LR]。

在这个清单中，可以看到其目标是由功能主导的（UR 行为视角的简单功能与 LR 系统视角的复杂功能）。WBDG 试图尽可能涵盖一系列宽泛的要素，并使它们彼此相互关联。从这个意义上讲，它几乎可以说是一种从 LR 系统视角出发的方法。其中的确有对 UL（美学）的轻微介入，但几乎无关要旨，对 LL 更是无所涉及，恰恰是后者为历史语境中的设计方法提供了各种多元的价值选择。接下来，再对可持续目标中推荐的原则进行更进一步的探讨，"适用于建筑要素及策略等环境性能"，我们发现通往可持续设计的路径明确无误地被客观的右侧象限主导着。

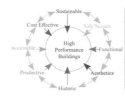

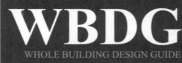

Sustainable
Cost Effective
Safe/Secure
Accessible
High Performance Buildings
Functional
Productive
Aesthetics
Historic
WBDG
WHOLE BUILDING DESIGN GUIDE
The Gateway to Up-To-Date Information on Integrated 'Whole Building' Design Techniques and Technologies

图 1.12
整体建筑设计导则标志

我们曾经说过行为视角（UR）的设计目标主要在于塑造形式以使性能最大化，而在系统视角（LR）中，则是适应环境系统。值得赞许的是，WBDG 改进了使设计适应其自然环境的一系列方法。WBDG 指出，“尽管关于什么是可持续建筑设计的定义一直在变化，但有六个基本原则几乎是所有人的共识”。我喜欢这个清单，但它并不完整。如果它们属于一种子范畴，那么被忽略的更大的范畴是什么呢?

· 优化场地潜力（LR）；

· 优化能量消耗（UR，LR）；

· 水的维护与保存（UR，LR）；

· 使用环境优先的产品（UR）；

· 提升室内环境品质（IEQ）（UR）；

· 优化操作与维护活动（UR）。

值得关注的是，除了那些可以被量化为居住者舒适度的 UR 原则，上述可持续原则并未提及过人的体验。美学，一个更大的目标与可持续设计无关。也就是说，WBDG 中的可持续设计完全未包含人类的体验！同样要注意的是，如果说这里有某种意义或伦理，也完全没有得到表达或默认。对 WBDG 而言，关于共享的神话、根深蒂固的象征性内容以及主体或主体间性与自然之间的关系等，几乎是一片空白。尽管它的确试图改变建筑文化，尤其是在联邦政府层面，但它在文化上却是失语的。我认为，这正是因为作者仅从单一的主导性视角出发的缘故，在某种程度上似乎没有意识到其他视角的存在。

尽管 WBDG 在客观世界领域具有高度影响力，但如果我们应用关于整体性的完整定义来检验的话，它不可能是全面的，因为它对其他范畴完全无涉。对我而言，极具讽刺意味的是，当我二十年前频繁使用“整体”一词时，头脑里所想到的也同样是这些令人难以置信的片面概念。

体量	采光	供暖与制冷

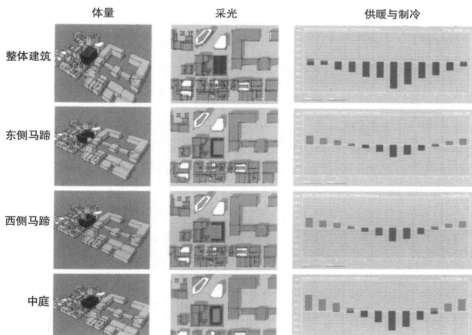

整体建筑

东侧马蹄

西侧马蹄

中庭

图 1.13
WBDG 建筑案例：美国环保署 8 区总部，丹佛，科罗拉多州，齐默·冈苏尔·弗拉斯卡建筑
师事务所（Zimmer Gunsul Frasca）

图 1.14
美国 LEED-NC, 2009
来源：USGBC，"LEED" 及相关标志商标权由
美国绿色建筑委员会所有，已获得使用许可

能源与环境设计先锋（Leadership in Energy and Environmental Design, LEED）

美国绿色建筑委员会（USGBC）对 LEED 有如下描述：

能源与环境设计先锋（LEED）绿色建筑评级系统 ™，通过创建并实施能被普遍理解与接受的工具与性能标准，鼓励并促进可持续绿色建筑及其发展实践在全球范围的运用。（USGBC，2010）

他们进一步阐明：

LEED 通过对人类与环境健康层面五个关键领域性能的确认，提倡一种可持续的全建筑方法：可持续的场地开发、节水、节能、材料选择与室内环境质量（USGBC，2010）。

注意，这里所假设的全面"整体"的"全建筑方法"，实际上是将性能（UR 标准）作为测量的标准。就个人而言，作为一名以 UR 为中心的生态极客，我觉得 LEED 酷极了。它在使整个市场，尤其是政府建筑转向绿色方面产生了巨大的影响。但它仍然没有使整个建筑业发生根本性变革。如果我们仅仅应用 LEED 作为指导，即使它在各方面都运作良好，是否还错过了某些东西呢？我们还能做些什么呢？

LEED-NC（适用于新建与重大改建项目的 LEED）最高达 80 分（参见表 1.2）。80 分中有 6 分是不确定的，在"创新与设计过程"类别中对设计师申请开放。在可能确定的 74 分中，只有 8 分或 10.8% 不只是关注 UR 层面的目的或成功，这些标准如下：

- · "开发密度与连接性（LR）"，因为它试图使设计适应于系统的邻里环境；
- · "认证木材"（LR），因为它要求木材的选择须与复杂而可持续的森林活动相适宜；
- · "采光与视野"（UL），因为它主要考虑居住者与自然连接的体验。

像 WBDG 一样，LEED 在性能领域非常有效，然而，它几乎完全忽视了其他三个根本性的视角。就其自身来看，它是北美制定的关于何为优秀的标准。LEED 从 UR 视角的内部出发，如果要从其他视角来进行批评，无疑是不公平的。如果我们因为它采取了理性-经验的视角或者其他视角——例如主张艺术导向的 UL 视角，就说 LEED 是无效的，也是荒谬的。但是，我们可以完全公正，也极有必要地指出，即使 LEED 在其自身的范畴里正确无误，也有一种更为成功的可持续设计方法，在囊括 LEED 及其相关量化方法的同时，可以通过测量以外的其他方法来超越它。

表 1.2　LEED-NC 标准

可持续场地	26 分
评分先决条件 1：建筑施工污染防止（必备条件）	
1　　　场地选择	1
2　　　开发密度与社区连接	5
3　　　褐地再开发	1
4.1　　替代交通-公共交通接入	6
4.2　　替代交通-自行车存放与更衣室	1
4.3　　替代交通-低排放与节能车辆	3
4.4　　替代交通-停车容量	2
5.1　　场地开发-栖息地保护与恢复	1
5.2　　场地开发-空地最大化	1
6.1　　雨洪设计-流量控制	1
6.2　　雨洪设计-水质控制	1
7.1　　热岛效应-非屋面	1
7.2　　热岛效应-屋面	1
8　　　减少光污染	1
节水	**10 分**
评分先决条件 1：减少用水（必备条件）	

来源：USGBC（2008）

续表

1	节水景观	2～4
2	创新废水技术	2
3	减少用水	2～4

能源与大气　　　　　　　　　　　　　　　　　　　　　　35 分

评分先决条件 1：建筑能源系统的基础调试运行（必备条件）

评分先决条件 2：最低能效（必备条件）

评分先决条件 3：基本冷媒管理（必备条件）

1	能效优化	1～19
2	现场再生能源	1～7
3	加强调试运行	2
4	加强冷媒管理	2
5	测量与验证	3
6	绿色电力	2

材料与资源　　　　　　　　　　　　　　　　　　　　　　14 分

评分先决条件 1：再生物储存与收集（必备条件）

1.1	建筑再利用-保持原墙体、楼板与屋面	1～3
1.2	建筑再利用-保持原内部非结构构件	1
2	施工废弃物管理	1～2
3	材料再利用	1～2
4	循环利用成分	1～2
5	地方材料	1～2
6	快速再生材料	1
7	认证木材	1

室内环境质量　　　　　　　　　　　　　　　　　　　　　15 分

评分先决条件 1：最低室内空气质量性能（必备条件）

评分先决条件 2：环境吸烟（ETS）控制（必备条件）

1	室外空气监控	1
2	增加通风	1
3.1	施工室内空气质量管理计划-施工期间	1
3.2	施工室内空气质量管理计划-入住前	1
4.1	低排放材料-黏合剂与密封剂	1
4.2	低排放材料-涂料与涂层	1

凡·德·赖恩与考恩的生态设计

《生态设计》（Van der Ryn and Cowan, 1996）是生态设计领域最广为阅读也最有影响的著作之一。凡·德·赖恩在很长一段时间内都是这一领域的权威与先锋。这本名符其实的《生态设计》正如我们所见，以系统视角（LR）[3]为中心，使用了以下五个基本原则：

1　从场地中生长出来的解决方案（LR）。生态设计开始于与场地密切相关的知识，是对当地人与环境小范围的直接回应。如果我们对场地有微妙丰富的感知，就可以在不破坏场地的基础上利用它。

2　使自然可见（UL & LL）。让自然循环与过程可见，使所设计的环境重回生命之中。有效的设计会让我们感受到场所与自然之间的密切关联。

3　设计结合自然（LR）。我们通过与生命过程协调一致的方式，尊重所有物种的需求。以再生而非消耗的方式介入过程中，会使我们变得更有活力。

4　生态核算贯穿设计（LR）。追溯设计的环境影响，利用这些信息来判定生态完好的设计的可能性。

5　人人都是设计师（LL & LR）。聆听设计过程中的每一个声音，当人们以同心协力的工作来修复他们的场所时，他们也同样修复了自身。

凡·德·赖恩与考恩的《生态设计》阐明了如下哲学与视角，即可持续设计需要一种相当复杂的对自然系统，以及人类系统与自然系统之间交互关系的全系统式的理解，这是全书的重点与要旨。

原则1将设计置于生态与社会场所的语境中，从外部寻求"形式的塑造"。原则3将自然（表述为生命系统）作为设计的主要模板。生态核算（原则4）将（LR）经济系统置于一个更为包容性的复杂视角中，使经济与生态密切相关。通过在设计过程中容纳尽可能多的人员（原则5），将设计师与项目置于其社会语境中，也揭示出一种社区伦理以及关于健康关系的叙事（LL）。所有这些绝大部分都是系统视角的变量（LR）。

凡·德·赖恩的追随者们会记得他在节能以及基于气候的设计解决方案方面的资深经历（UR），还包括作为加州建筑师的经历，以及他对生态设计意识的强烈兴趣。他明确认为LR超越并包含了UR。原则2与约翰·莱尔关于"塑造形式以体现过程"的箴言十分相似。正是在这里，《生态设计》开始明确地向左象限转移。它在一定程度上考虑了居住者的个人体验（UL），也在一定程度上将我们置于一种与自然的生机勃勃、富有意义的关系中（LL）。本书的引言引用了戴维·奥尔（David Orr）关于技术的可持续性（一种友善、温和的减少主义形式）与生态的可持续性之间的区别，来论证后者的系统性视角（Orr，1992）。也许你会同意，生态设计真正的突破性力量在于深层生态学的方法主张，而不是更为局限的技术性能方法（当然也包括在内）。同时，凡·德·赖恩与考恩明确打开了通向可持续设计内部与主观视角的大门。

图1.15
《生态设计》封面

图1.16
《绿色建筑》封面

詹姆斯·瓦恩斯的绿色建筑

另一位可持续设计领域的著名人物是詹姆斯·瓦恩斯（Jame Wines），他是 SITE（环境雕塑）的创始人，帕森斯设计学院环境设计系前主任，宾夕法尼亚大学建筑学院院长。他于 2000 年出版的被广为阅读与引用的著作《绿色建筑》中，提出了一种有关可持续设计的多视角观点。在"今日的环境建筑"一章中，瓦恩斯写道：

> 可以确定的是，环境建筑面临的主要问题之一，除了强大的社会认同的缺失外，还在于行业选择中对技术条件的过度强调以及对社会与美学层面的轻视。

> 号称主张可持续发展的二流（或者更糟的）建筑，总是有一张"免责"卡，可以蒙混过关。
> ——迈克尔·克罗斯比

他勾勒的"生态友好标准清单"如下：

· 更小的建筑；

· 使用可回收与可再生材料；

· 使用低蕴能材料；

· 使用（经过管理 vs 原始的）已伐木材；

· 集水系统；

· 低维护；

· 建筑再循环；

· 减少消耗臭氧的化学品；

· 保存自然环境（植被）；

· 节能；

· 朝阳；

· 公共交通可接入。

读者现在应该可以马上意识到，这些几乎都是 UR 行为层面的策略。尽管这份清单的确涵盖了诸如 LEED 之类的绝大多数有关生态性能的策略要素，然而并未言尽于此。瓦恩斯并不仅仅对可持续设计的性能与技术层面感兴趣，他还在大范围的项目与设计师调查的基础上，明确阐述了以下"超越性能"的范畴：

· 建筑与景观的结合，建筑与环境的融合 [LR]。

· 庇护空间与花园空间结合，创造一种微观世界……以营造一种不同情形下的象征性场景 [LL]。

· 使用与自然相关联的象征手法，作为沟通建筑与其文化环境的手段 [LL]。

· 将最先进的环境与工程技术转换为美学范畴 [UL]。

· 绿色设计与环境技术研究，是对生态负责的可持续建筑的基础所在 [LR]。

· 搭桥式的环境设计理念……已经促成了对绿色建筑的重新认同 [LR]。

· 就概念性思维而言，环境立场对建筑行业意义深远 [UL 作为意图与思维模型]。

· 富有远见的概念性思维……基于全球通信以及社会与政治层面（以及设计影响力）的改变 [LL 与 LR]。

瓦恩斯总结了"环境建筑的主要挑战"，感叹很少有设计师在以下三个层面同心协力：

· 建筑与环境的结合 [LR]。

· 环境技术向美学范畴的转化 [UL]。

· 有说服力的理论语境的发展 [LL]。

图 1.17
图森山住宅，图森，亚利桑那州，
2001，建筑师：里克·乔伊（Rick Joy）
大块面夯土墙的美感、适应沙漠环境的
形式与材料

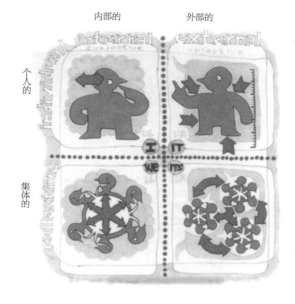

内部的　　　外部的

个人的

集体的

图 1.18
威尔伯整体理论的四象限模型
来源：布兰迪·阿格贝克（Brandy
Agerbeck）的简易图示

在瓦恩斯那里，我们可以看到对技术中心的可持续方法的批评（单一 UR），但他仍然给予其应有的地位，并意识到这一方法的重要价值与贡献。然而，我们同样清晰地看到，2000 年他在对这一领域的回顾中提出了大量不同的方法。在他看来，这些方法对可持续设计作为新兴的前沿理念向前推进，及其最终的成功而言都是必须的。尽管其构架的整体性并不彻底，尽管他以众所周知为由（我从未发现这是事实，除非情况有所转变，你呢？）淡化了技术性，但瓦恩斯还是恰如其分地一一阐述了四个象限的原则与基础性理念。

对可持续设计核心原则的简要回顾，体现出将多种视角囊括在内这一更为整体的方法的价值所在。难道我们真的会忽略经由数千年人类意识积淀而发展起来的，适用于所有文化的某个或多个重要视角吗？整体可持续设计的广阔视野已经开始显现。

整体可持续设计的新原则

考虑到上述作者与机构所阐述的广泛原则全都围绕可持续设计这一错综复杂的观念而展开，现在让我们就涉及其主要基础的一系列原则进行界定。原则看起来并非适用于所有人——它们过于抽象——但我热爱它们，因为没有什么东西能像原则一样使某个观念便于应用。尽管看似显而易见，但为了清晰起见，接下来我们仍然要对原则与策略进行区分。

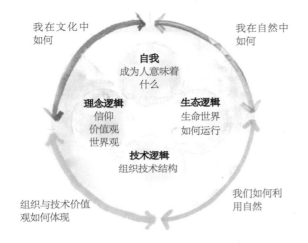

我在文化中
如何

我在自然中
如何

自我
成为人意味着
什么

理念逻辑
信仰
价值观
世界观

生态逻辑
生命世界
如何运行

技术逻辑
组织技术结构

组织与技术价值
观如何体现

我们如何利
用自然

图 1.19
生态设计的关注点与问题。建筑师西
蒙·凡·德·赖恩制表
请注意，四种视角都得到了清晰的表达：
自我 SELF=UL
生态逻辑 ECO−LOGIC=LR
理念逻辑 IDEO-LOGIC=LL
技术逻辑 TECHNO - LOGIC=UR

　　原则作为一种律令，是对某种东西基本原理、基本事实或命题的陈述。原则作为某种信仰或理性系统的基础，必须适用于某一领域中较为广泛的情境。相反，策略是试图达到某种目的的行动计划。律令"设计能利用现场能量流的建筑"是一个原则，而光伏屋顶遮阳系统、朝阳房间以及允许自然通风的平面布局等都是策略。

　　以下是分布于四个视角中所有原则的简短列表。相较于已有的可能有所增减。每个视角约有 10 种原则。无论如何，这些原则都体现了每个可持续设计视角中最重要的理念。为平衡起见，只在每个种类中列举了三个。我喜欢在厘清某件可能具有普遍意义的事情时所遭遇的乐趣与挑战，尤其是当所有事情都似乎与此相关时。实际上，只要相信某件事情确有价值，只要确定经年思索所得的成就能对我有一点启发，就值得关注，我就会全力投入。当然，其中也经过了一番披沙拣金的过程。我的团队也积极帮助我对这些已有的原则进行补充与改进。

　　以下原则作为"整体可持续设计统摄性原则"的表述，在本书的结束之际或许会有更丰富的意义。实际上，许多原则都是经过高度提炼的，因此如果没有本书后面章节的解释与深入探讨，也许难以被真正理解。这一统摄性的原则体现了整体可持续设计的核心所在。

一个统摄性原则

　　　　通过考虑自我、文化与自然的交叉领域中多层级的发展复杂性来为可持续
　　性而设计。

整体可持续设计要求在每一个基础视角的重要层面取得整合与平衡。它要求设计师既能从主观也能从客观的视角，既能从二者的个人层面也能从集体层面出发展开认知。每一个领域都可以被理解为包容性、复杂性与深度层层深入的展现。

体验视角 [UL]

· **设计意味深远的美学体验**，获取自然过程与生命世界的丰富感受。通过设计呈现并赞颂循环、季节、光、生命与水文，强化知觉并将愉悦带给具有丰富体验的人类。

· 在从原型到超个人心理的多种层级中，通过设计建立人与场所的心理联结，为当代人创造心灵疗愈的机会；通过将自然世界重新引入人的居住之处，给人带来激励与抚慰。

· 设计有利于自我意识转换至更高自然意识层级的中心场所。自我意识的层级越高，价值的圈层就越广。这样就会有更多自发的努力与内部力量投入到更大圈层的利益中。

行为视角 [UR]

· **设计高性能建筑**：以最大化水、能源与材料的有效利用，同时最小化浪费与污染，减少生产量，增进回收利用。

· **以现场的可再生资源进行设计**：包括太阳、风与光。一个可持续社区中的供暖、制冷、照明与电力对有限资源的依赖只能是暂时性的。

· **通过设计创造有长远价值的安全、健康的场所**：为当前和未来的数代人消除毒性。

系统视角 [LR]

· **在全子体系（holarchy）的三种层级上设计**：建构一个更大的整体、创造一个整体以及组织一个更小的整体。生态设计师在嵌套式网络的多种范围内思考。

· **以生态学为模板设计生命系统**：使（生态）流适应于当地再生系统的同时也支持技术—工业的生态系统。自然的组织模式意味着废物等同于食物，再循环是地方性的，资源本地化，太阳能供给全部燃料。

· **适宜于特定场所的设计解决方法**：将其作为本地场所以及更大的社区与区域来考虑。自然系统中的结构与功能模式，总是以构成社会与环境模式的场地模式为基础的。

文化视角 [LL]

· **基于一种具有高度意识的环境伦理来设计**：其中人类与自然都在人类生态系统的再生中得以繁荣。坚持以设计来保障所有物种与生态系统以及后代人适当权益的立场。

· 通过设计使文化与生命系统之间的相互连接变得可见，从而**将人植入与自然的重要关系之中**，经由设计体现出自然过程与生态服务。

· **通过使用象征性的设计语言来为文化交流而设计**：利用设计的力量生成一种居住艺术，使生态系统的意义以及我们栖居于宇宙多层级系统之中的意义得以彰显。

注释

1　以布伦兰特夫人为首的委员会提出的广为引用的定义，将可持续发展界定为："既满足当代人的需求，又不损害后代人满足其需求的能力。"（United Nations，1987）
2　美国国家建筑科学协会（NIBS）在1974年的住宅与社区发展法案中由美国国会授权成立。NIBS是一个非盈利的非政府组织，其使命在于改善建筑的监管环境，致力于将现有的新产品与技术引入到建造过程之中，同时推广国家认可的技术与法规信息。
3　参考生态设计协会网站。

参考文献

Esbjörn-Hargens, Sean (2005)'Integral ecology: A post-metaphysical approach to enviton-mental phenomena', *AQAL Journal of Integral Theory and practice*, Spring, vol, no 1.
National Institute of Building Science, *Whole Building Design Guide*, accessed 1 June 2010.
Orr, David W. (1992) *Ecological Literacy: Education and the Transition to a Post-Modern World*, State University of New York Press, Albany, NY.
Thwaites, K. and Simkins, I. (2007) *Experimental Landscapes: An Approach to People, Place and Space*, Routledge, New York.
United Nations (1987) 'Report of the World Commission on environment and development', General Assembly Resolution 42/187, 11 December 1987.
USGBC (2008) 'LEED for new construction and major renovation,' version 3.0, Nov.
USGBC (2010) US Green Building Council, pages for LEED, accessed 1 June 2010.
Van der Ryn, Sim and Stewart Cowan (1996) *Ecological Design*, Island Press, Washington DC.
Wilber, Ken (2000a) *A Theory of Everything: An Integral Vision for Business, Politics, Science, and Spirituality*, Shambhala, Boston, MA.
Wilber, Ken (2000b) *Sex, Ecology, and Spirituality: the Spirit of Evolution*, 2nd edition, revised, Shambhala, Boston, MA.
Wines, James (2000) *Green Architecture*, Taschen, Köln.

2 行为视角的深入探讨

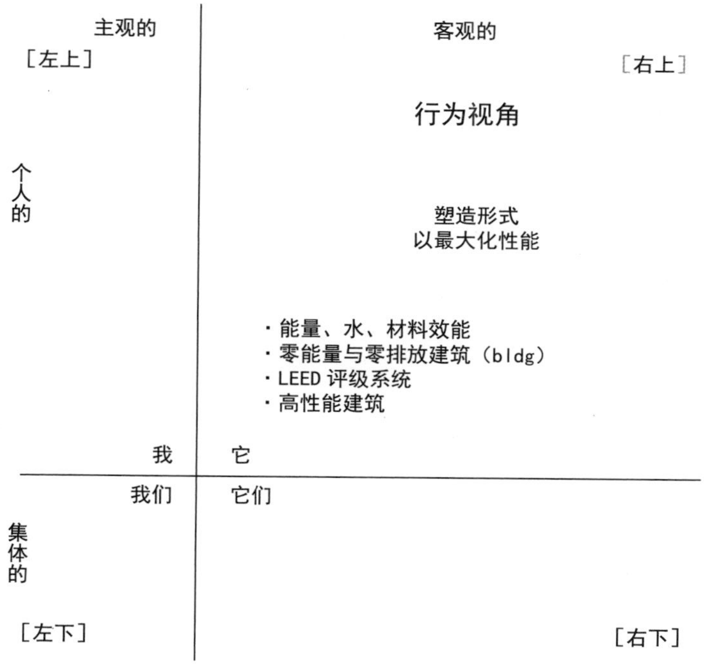

主观的 [左上]

客观的 [右上]

个人的

行为视角

**塑造形式
以最大化性能**

· 能量、水、材料效能
· 零能量与零排放建筑（bldg）
· LEED 评级系统
· 高性能建筑

我　它

我们　它们

集体的

[左下]

[右下]

图 2.1
行为视角的要素

　　本章将会对由性能主导的行为视角进行深入探讨。这里我们会从能源与环境设计先锋（LEED）计划、绿色环球（Green Globes）以及可持续场地倡议（Sustainable Site Initiative）的策略与标准中审视其背后的逻辑，这是高性能绿色建筑的领域。

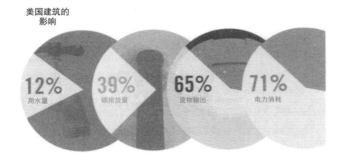

美国建筑的
影响

12%
用水量

39%
碳排放量

65%
废物输出

71%
电力消耗

图 2.2
美国建筑对环境的影响
来源：USGBC,LEED，相关标志的
商标权属美国绿色建筑协会所有，
已获其使用许可

行为视角的目标与策略（UR）

在本章及接下来的三个章节中，我们将对可持续设计的四种视角逐一进行深入的探讨。而最好的开端是从行为视角（UR）——可持续设计的技术视角开始。因为这是最容易理解，也是大多数设计师首先想要知道的："我在下一个项目中可以做些什么？如果我要设计一座可持续建筑，应该从何入手？"而绿色建筑指标系统已经对今天绿色建筑所预期的系列要素与性能提供了清晰的洞察。

能源与环境设计先锋

LEED 将其指标归为 7 个领域：

1　可持续场地：场地发展、雨洪、热岛、替代交通；

2　节水：消耗率、景观利用、创新废水技术；

3　能源与大气：节能、可再生能源、建筑调试运行、绿色电力；

4　材料与资源：建筑再利用、施工废弃物、材料再利用、循环利用成分、地方材料；

5　室内环境质量：低排放材料、热舒适度、日光、控制系统；

6　设计创新；

7　地方优先。

LEED 参考导则是评级所需的推荐性策略与计算技巧的一个重要参考（USGBC，2007）。

图 2.3
LEED 标志
来源：USGBC，LEED，相关标志的商标权属美国绿色
建筑协会所有，已获其使用许可

绿色环球

绿色建筑倡议中的绿色环球评级系统与 LEED 十分相似，应用了七个大类，其中略有不同（GBI，2010）：

- 项目管理：设计过程、购买、调试运行、紧急计划；
- 场地：区域、生态影响、流域、场地生态强化；
- 能源：性能、效能、需求、可再生性、二氧化碳、运输；
- 室内环境：空气质量、照明、声学、通风、热舒适。
- 排放与废水：空气排放、臭氧、废水、污染控制；
- 资源：生命周期分析、施工废弃物、回收、建筑再利用、再生；
- 水：性能、节约、处理、雨洪。

绿色环球的目标与 LEED 一样，很明显由行为视角（UR）主导，这可以从它们的意图中看出：

绿色环球建筑评级系统旨在使建筑总体上比其他建筑使用更少的能源、水资源和排放更少的污染（以温室气体、大气污染、液体废物与/或者固体废物的形式）。由此，以减少能源、水与废物处理运行成本的方式，为建筑业主与投资者带来利益的增长；同时，使这些设施更加宜人，成为更好的观光、居住与工作场所。

图 2.4
绿色环球标志

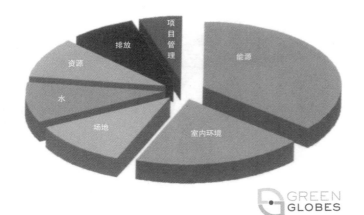

图 2.5
绿色环球评级系统的
评估领域

更多的类别

本书内容已经广泛涵盖了一系列的设计领域，我们也可将以下的可持续设计类别加入到迄今为止 LEED 以及绿色环球涵盖的范畴中，这也许会成为开始超越测量的评级系统的一部分：

·社区管理策略，包括本地制造的各种规模的去中心化公共设施。本质上这是一种"设计分享"策略，如联合居住（Cohousing）模式中的能源，是可以在工作室、洗衣房、客房设施、停车区域、会议空间、玩耍区域以及其他设施中得以共享的，不必复制到每一个核心家庭中。

·食物生产策略，包括城市农业、可食地景以及农业／建筑的整合，由此使得生产与运输当地化，消除有机废物的填埋。

·可持续景观策略，包括生境、本地水文与本地植物。减少农药、水、肥料的用量，以及对本地生境的影响，减轻雨洪径流以及河流污染。

可持续场地评级系统

可持续场地倡议为景观设计开发了一个相似的评估系统（SSI，2009）。他们的报告"标准与导则"确认了与 LEED 类似的九大领域的标准。如同你在表 2.1 中所看到的，绝大多数都是针对评测标准而进行的各种量化检验，这是一个行为视角的支持者在一个评级系统中所预期的。然而，其中的某些标准，主要涉及系统视角（LR），如场地设计中的水质种类，因为水文被视为一种需要生态流动态平衡的复杂系统。

"预先设计评估与计划"类别则通过对利益相关者的纳入（标准 2.3），体现了文化视角的取向。"场地设计—人类健康与幸福"取决于为人设计的经验，因此要利用体验视角（UL），如标准 6.5、标准 6.7 中涉及的道路指示、视野与心理修复等，而其他部分则涉及了文化视角的要素，如公平、教育与文化保护等。

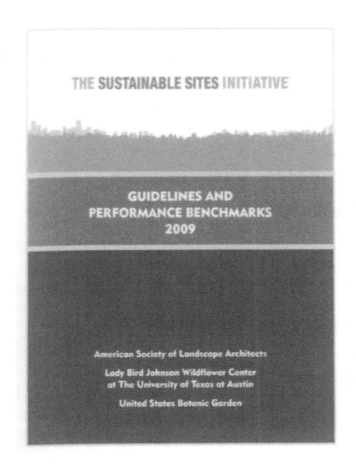

图 2.6
可持续场地导则

表 2.1　可持续场地倡议：相关评分点先决条件与分数索引

场地选择

选择场地以保存现有资源并修复被破坏的系统

先决条件 1.1：限制被指定为基本农田、特殊农田以及州级重要农田的土地开发

先决条件 1.2：保护洪泛区功能

先决条件 1.3：保存湿地

先决条件 1.4：保存受威胁或濒危的物种及其栖息地

1.5：选择褐地或灰地再开发	5 ~ 10
1.6：选择有现存社区的场地	6
1.7：选择鼓励非机动交通及使用公共交通的场地	5
	满分 21 分

预先设计评估与计划

项目初始阶段的可持续计划

先决条件 2.1：进行预设计场地评估并探索场地可持续的机会

先决条件 2.2：应用整体的场地开发进程

2.3：吸引用户与其他利益相关者参与场地设计	4
	满分 4 分

场地设计——水

保护并修复场地水文过程与系统

先决条件 3.1：将可饮用水作为景观灌溉用水的用量减少现有基准的 50%

3.2：将可饮用水作为景观灌溉用水的用量减少现有基准的 75%	2 ~ 5
3.3：保护并修复河岸、湿地与海岸线缓冲区	3 ~ 8
3.4：修复已消失的溪流、湿地与海岸线	2 ~ 5
3.5：管理场地雨洪	5 ~ 10
3.6：保护并提升场地水资源与承接水源水质	3 ~ 9
3.7：利用雨水 / 洪水特性营造宜人的景观	1 ~ 3
3.8：保持水文特点以节约水与其他资源	1 ~ 4
	满分 44 分

场地设计——土壤与植被

保护并修复场地土壤及植被过程与系统

先决条件 4.1：控制并管理场地中发现的已知入侵植物

先决条件 4.2：使用适宜的非入侵植物

先决条件 4.3：制订土壤管理计划

4.4：在设计与施工中使土壤干扰最小化	6
4.5：保存指定为特殊状态的所有植被	5
4.6：保存或修复适宜的场地植被生物量	3 ~ 8
4.7：使用本地植物	1 ~ 4
4.8：保存原有生态区的植物群落	2 ~ 6
4.9：修复原有生态区的植物群落	1 ~ 5
4.10：利用植被以最小化建筑采暖需求	2 ~ 4
4.11：利用植被以最小化建筑制冷需求	2 ~ 5
4.12：减少城市热岛效应	3 ~ 5
4.13：减少灾难性大火的风险	3
	满分 51 分

场地设计——材料选择

回收／再利用现有材料以支持可持续生产

先决条件 5.1：消除濒危树种的木材使用

5.2：保持场地结构、硬质景观与景观设施	1 ~ 4
5.3：为解构与拆卸设计	1 ~ 3
5.4：再利用废弃材料与植物	2 ~ 4
5.5：利用含有可回收物的材料	2 ~ 4
5.6：使用认证木材	1 ~ 4
5.7：使用地方材料	2 ~ 6
5.8：使用减少 VOC 排放的黏合剂、密封剂、涂料与装饰物	2
5.9：支持工厂生产中的可持续实践	3
5.10：支持材料制造中的可持续实践	3 ~ 6
	满分 36 分

场地设计——人类健康与幸福

构建强有力的社区与有效的管理

6.1：促进公平的场地开发	1 ~ 3
6.2：促进公平的场地利用	1 ~ 4
6.3：促进可持续的意识与教育	2 ~ 4
6.4：保护并维持独特的文化与历史场所	2 ~ 4
6.5：提供最优的场所可达性、安全性与指示性	3
6.6：提供户外体育活动的机会	4 ~ 5
6.7：提供利于心理修复的植物观赏与安静的户外空间	3 ~ 4

6.8：提供社会交往的户外空间	3
6.9：减少光污染	2
	满分 32 分

施工
最小化施工相关活动的影响

先决条件 7.1：控制并保存施工污染物	
先决条件 7.2：恢复施工期间受干扰的土壤	
7.3：恢复以前开发中受干扰的土壤	2 ~ 8
7.4：在废弃物中转移施工与补拆除材料	3 ~ 5
7.5：回收再利用施工期间产生的植被、岩石与土壤	3 ~ 5
7.6：最小化施工期间产生的温室气体排放与暴露在当地空气中的污染物	1 ~ 3
	满分 21 分

运营与维护
保持长期的场地可持续性

先决条件 8.1：可持续场地维护计划	
先决条件 8.2：提供回收物的储存与收集	
8.3：回收场地运营与维护期间产生的有机物	2 ~ 6
8.4：减少所有景观与室外运营的户外能源消耗	1 ~ 4
8.5：利用可再生资源满足景观电力需求	2 ~ 3
8.6：最小化环境吸烟暴露	1 ~ 2
8.7：最小化景观维护期间产生的温室气体排放与暴露在当地空气中的污染物	1 ~ 4
8.8：减少排放，促进节能交通工具的使用	4
	满分 23 分

监测与创新
奖励性能优异并促进长期可持续性的知识体系

9.1：监测可持续设计的性能	10
9.2：场地设计中的创新	8
	满分 18 分

来源：SSI（2009）

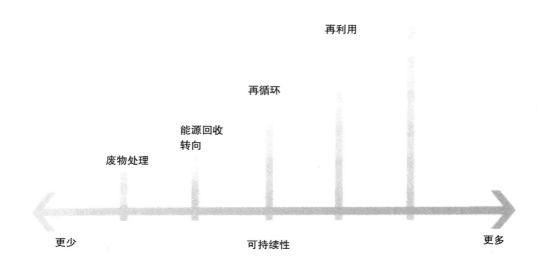

图 2.7
资源与材料管理策略中的可持续性谱系
来源：改绘自可持续场地倡议

　　每个标准都与一系列针对这一标准的可能性设计策略相关。例如，以下是"标准与导则"所建议的部分策略，它们与"场地设计—材料选择"类别的标准密切相关：

　　·确认木材供应商所提供的产品来自可持续管理的森林；考虑使用可回收塑料或复合木材。

　　·寻求机会将现有场地材料运用到场地设计中。

　　·设计施工细节以便于在不破坏材料的前提下进行拆解。

　　·寻找场地中的现存材料与可用植物。

　　·不要使用导致雨洪污染的材料。

　　·施工期间，确保所装配的为适宜的认证木材产品，量化装配中经 ESC 认证的木材产品的总体百分比。

　　·施工期间，确保规定的当地材料、植物与土壤得以装配或使用。

　　·在施工记录中对低 VOC（挥发性有机化合物）材料作出说明；确保说明书的各个部分都对涉及黏合剂、密封剂、涂料与装饰物的 VOC 限制进行了清晰说明。

某种程度上，这些策略旨在对不属于同一系统环境的客观现象进行解释与处理，属于行为视角。图 2.7 改绘自可持续场地倡议网站，意味着更少的消耗等同于更多的可持续。而必须再次重申我们的观点，那就是尽管如上所述的绝大部分都是正确、必要且重要的，也仍然是片面的。

行为视角（UR）的逻辑

这一视角的设计逻辑，曾被兰斯·拉文（Lance Lavine，in shilbey et al.,1984）称为"构件与性能逻辑"，与（LR）"系统与关系逻辑"相对，通常如下所述：

1 以经验上已知的**客观术语定义问题**，如减少建筑的能源消费至目标水平。设计问题即在满足用户与建筑运行需求的同时，我如何才能减少能源消费至特定的目标水平呢？

2 **找出影响结果的要素**，在本案例中，即建筑表面积、建筑材料的隔热性以及室内外温度等。

3 **找出或创建一种模型，来表示各要素之间的关系量级**，如一个特定条件下热能流动的工程公式，定义了热流作为表面积、U 因素（集合后的热流比率）以及室内外不同温度之间的产物。

4 **以此模型来决定最重要的性能变量**，尽量以量化的建筑术语来进行总结，如隔热类型（低密度更好）、厚度（厚一些更好）、边缘轮廓（越光滑越好）、表面积—体积比（低一些更好）、窗户尺寸（小一些更好）以及室内恒温设置（冬季低一些更好；夏季高一些更好）等。

5 **在特定的设计方案中应用这些性能要素的总体原则**，将这些抽象原则总体应用在住宅设计之类的设计布局方案中。

6 **利用性能模型评估方案**，将预估性能与目标性能进行比较。

7 利用可能的设计变量**调整设计要素**，直到设计性能与目标性能一致。

以上是我设定的步骤，如果你对这个问题进行过逻辑思考，你也会推导出某种类似的或者更合理的过程，对吗？也许你不喜欢作抽象性思考，那就想想你是如何理性地决定教室中应该使用哪种类型的电力照明的。你或许会查阅尺烛光推荐，看看制造商数据中的分布模式与照明输出，考虑房间的功能，日光进入的方向，房间的尺寸与形状，甚至还有台灯及其支架的效果等。

你可能会在考虑了以上所有条件后挑选你所能购买的东西，从选择、布置、空间等方面来尽可能地满足自己更多的标准。即使你完全没有类似的经验，你也可以设想如何解决问题。这样你就会对这个视角有所了解。

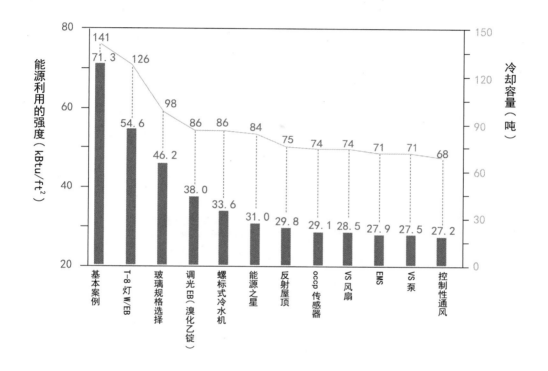

图 2.8
能源过程优化的结果
"一座建筑能源优化过程的图解说明。表明了能源利用中（kBTU/ft²）增加的节约量，以及每种测量类别的冷却系统容量（ton）。建筑优化后，基础建筑能源利用减少了 62%，冷却容量减少了 52%。"（Parker,Fairey and Mcilvaine，1995）
来源：佛罗里达太阳能中心

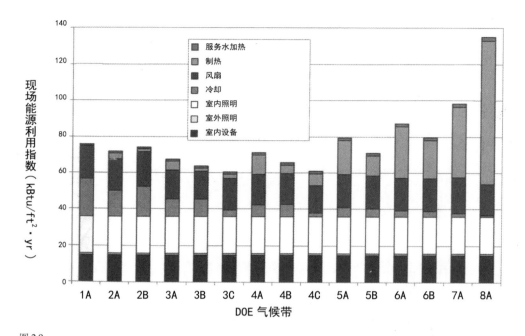

图 2.9
小学的年度能源基准线，跨气候区的终端利用
"在项目一开始就采纳量化的能源目标将对团队提供有力的指导，并在项目进行的全过程中提供一条参照线。" "强调与大型能源使用相关的目标，就能实施最大程度的节约。" （ASHRAE，2008）

  这是一种非常有效的方法，当需要考虑的因素不断增加，模型的精密性不断提升时，它会变得越来越复杂。这样做的优势在于，由于这种方法的经验性质，其结果有高度的确定性，因此在满足性能目标方面较为稳妥，诸如：

· 幼儿园远离毒素的安全性；

· 高层建筑在地震及风暴下的结构稳定性；

· 家庭中的室内热舒适度；

· 酒店房间之间的隔音效果；

· 音乐厅中与音乐类型匹配的回响时间；

· 适合在电脑前伏案工作的适宜照明程度；

· 洗浴间管道无异味；

· 发生火灾时有效疏散烟雾等。

  在 LEED 等过程中应用这一类思考模式时，就能获得可持续设计的重要结果，包括：

· 减少能源消耗；

· 室内空气质量的健康标准；

· 减少暴雨径流；

· 增加可回收材料的使用。

在右上象限思考

正如拉文所强调的，"构件与性能的逻辑"代表了推动设计师分析项目、评测性能以及评估结果的分析逻辑。它确保了构成性建筑单元的效能。只要我们掌握单一要素的知识，就可以了解整体的秩序，这无疑是设计思维最清晰和最确定的形式。右上行为视角的方法取决于观察以及观察中的所得。这要求我们以科学和客观的眼光看待被观察的现象、事物与人的行为以及可见与可量化的各种关系。

让我们来看看它们的区别在哪里。行为视角方法是单一逻辑而非多元逻辑的（diological）。也就是说，不需要深入人、事物以及文化内部去解析，只需要停留在外部。当然，我们也有许多帮助我们观察的工具，如航摄照片、土壤测试仪、X 射线结构焊接、地形勘测、水质样本、城市地图、录像设备、铅笔与纸等。这一类调查不需要你任何方式的主观反应或参与。

这一象限的方法是命题性的。而一个命题要成立就必须被证实或证伪。成功的标准在于：这一命题与实证评估的事实有多么接近？

换句话说：我们的建筑科学（以及施工方法、场地分析与结构工程）"地图"与建筑、场所的生物及物理现实的"领地"有多么接近？同样，在建造建筑并入住之后，我们对性能与行为的预测，在多大程度上与实际测量的性能与行为相匹配？例如，通过整体建筑能源分析（如 Energy-10 或 Ecotect 软件）所预测的典型能耗，与建筑入住两年之后实际量测的能耗一致吗？当我们达到目标或者充分接近目标时，才算是成功。

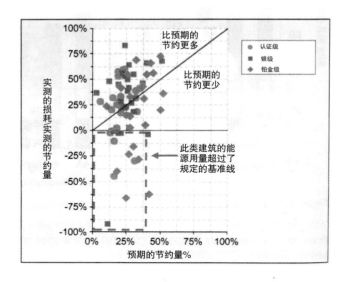

图 2.10
实测与预期的节约百分比之比较
"一方面，一些建筑的表现超过了预期，实测的用能强度指标（EUI）在虚线以下。另一方面，近一半的建筑则表现得更糟——甚至特别糟糕。"
（Turner and Frankel,2008,p4）

通过考虑性能而生成形式

就此而言，UR 行为视角在创造力与潜力方面是较为局限的，难以激发出设计师的设计创意。创造性？逻辑与工程的思维？是的！通常从科学或工程中产生的方法是分析性（帮助我们了解一个问题的性质）或者评估性的（帮助我们了解设计方案如何运作）。它并不能帮助我们针对环境分析（场地、环境、规划等）而形成实际方案。而要评估，首先就要有一个设计方案。问题在于，如何确定设计方案呢？从这一视角出发的方式之一，即着手将性能与空间或形式模型加以连接。

图 2.11 是一个来自布朗和德凯（Brown and Dekay，2001）的案例。该图展示了一种帮助我们确定中庭尺寸的有效工具，以及使日光渗入进深较大的建筑之中的一种设计策略，由此有助于邻近中庭房间的采光，同时有效地控制并减少室内电力照明所带来的能耗。这幅图体现了中庭的高宽比（三维比例）与其相邻房间采光系数（与户外光线相关的采光层面）之间的关系。这种工具仅限于一种自顶部采光的四边形中庭。十分显而易见的是，就房间内部理想的照明而言，一些中庭的设计无疑是过高过窄了，而要适应采光标准的要求，有些中庭尺寸又会过大。设计的解决方法之一就在于确定问题的限制条件。

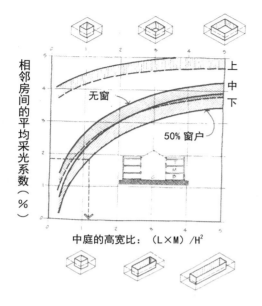

图 2.11
依据邻近中庭房间的采光要求来确定中庭尺度
来源：布朗和德凯（Brown and Dekay，2001）

连接形式与性能的策略

如上所述，可持续设计涵括了涉及多种范畴的（水、场地、材料、能源等）各种不同的环境设计目标或意图。每一种目标都可以通过一系列相关的设计策略予以达成。而每一种设计策略都有一个或多个可利用的工具。图 2.11 所显示的是一个有助于完成中庭策略的工具。

我们将利用表 2.2 中所列出的，基于《太阳、风与光》（Brown and Dekay，2001）一书所列出的设计策略清单来进行说明。其中的每一个设计策略都包含了与供暖、制冷、电力或照明等能源利用相关的现象。每一种设计策略都将能源现象与其相关的建筑要素（房间、庭院、窗户、墙等）以及设计特征（尺寸、组织、形状、方向等）相连接。形式与空间选择直接影响能源的利用。利用这些设计策略，一个设计师可以作出比今天典型的常规建筑节能得多的建筑设计。在第 3 章中，我们将探讨这些设计策略如何成为来自系统视角的系统化概念的一部分。在这一视角中，众多具体策略可以连接成策略群或策略系统，以不同的规模进行组织，从而形成一种关于形式与能源利用的设计概念之网。现在，让我们再次重申第 1 章行为视角中所提出的原则：

·**设计高性能建筑**，最大化水、能源与材料的有效利用并最小化废弃与污染，减少生产量，增进回收利用。

表 2.2　《太阳、风与光》第二版中的设计策略

建筑组团

辐射状通风走廊

遮阳共享

地形微气候

太阳罩

高层建筑

均衡城市模式

有玻璃顶的街道

分散／密集城市模式

高度渐变

天然采光罩

通风良好的街道

分散式建筑

东西向延伸的建筑组团

建筑与绿化交织

建筑与水体交织

冬季户外空间

相邻日照

挡风体

绿荫边界

屋顶遮阳

单体建筑

迁徙

户外空间设置

遮阳层

集群式房间

通透的建筑

薄形平面

东西向延长的平面

深度日照

邻借日光

产热区

分层区

缓冲区

采光区

面向太阳与风的房间

直接得热的房间

阳光间

屋顶水池

集热墙与屋顶

风压通风

热压通风

捕风器

夜间冷却

蒸发冷却塔

中庭

日光房进深

覆土

周边水域

通风或无风庭院

遮阳型庭院

建筑构件

表皮厚度

蓄热体

表面吸热率

日光反射板

外表面色彩

光伏屋顶与墙体

双层表皮材料

太阳光反射体

蓄热体

低对比

天窗井

太阳能热水

呼吸墙

外保温

分离或组合开口

通风口设置

良好的窗户设置

日光反射

太阳能窗洞

采光口

空气流动窗

遮阳板

活动的保温层

采光增效遮阳板

外部遮阳

内部与中间遮阳

窗户与玻璃类型

来源：Brown and DeKay（2001）

· **以现场的可再生资源进行设计**，如太阳、风与光。一个可持续社区的供暖、制冷、照明与电力对有限资源的依赖只能是暂时性的。

· **设计并创造有长远价值的安全、健康的场所。**为当前和未来的数代人消除毒性的源头。

你是否已经了解，试图测度与称量事物的"构件与性能的逻辑"是如何达到高性能建筑的目标的？其逻辑的延伸即是零能源建筑、零排放建筑等。这类视角所运用的方法体现了我们在当前的认识，即我们正在快速耗尽大量的资源，其污染程度已经超过了大自然的承载力。这提示我们从有限资源向可再生资源的转化，因为任何其他的办法都只是延缓我们无可避免的结局，使环境更加恶化。正是这样的觉察带给我们极为重要的信号，让我们探索哪些才是健康的，哪些不是。因此，在净零资源利用、无限循环以及向可再生设计转化之外，这一视角还促成了一个安全无毒的环境。这有什么问题吗？

参考文献

ASHRAE (2008) *Advanced Energy Design Guide for K-12 School Buildings: Achieving 30% Energy Savings Toward a Net Zero Energy Building*, ASHRAE design guide, special project 111, American Society of Heating Refrigeration and Air-Conditioning Engineers, Atlanta, GA.

Brown, G.Z. and DeKay, Mark(2001) *Sun, Wind & Light: Architectural Design Strategies*, 2nd edition, John Wiley & Sons, New York.

GBI (2010) Green Building Initiative, www.thegbi.org.

Shibley, Robert G., Poltroneri, Laura and Rosenberg, Ronni (1984)*Architecture, Energy, and Education: Case Studies in the Evaluation of Teaching Passive Design in Architecture Workbork Series*, American Collegiate Schools of Architecture (ACSA), Washington DC, pp36-38.

Parker, Danny S., Fairey, Philip W.and Mcllvaine, Janet E.R. (1995)'Energy efficient office building design for a hot and humid climate: Florida's new energy center',Florida Solar Energy Center (FSEC), FSEC-PF-291-95.

SSI (2009) 'Sustainable Sites Initiative: Guidelines and benchmarks'. (The SSI is a project of the American Society of Landscape Architects (ASLA), The Lady Bird Johnson Wildflower Center at the University of Texas at Austin and the US Botanic Garden.)

Turner, Cathy and Frankel, Mark (2008) 'Energy performance of LEED for new construction buildings, final report', 4 March, New Buildings Institute, Vancouver, WA.

USGBC (2007) *LEED Reference Guide: New Construction*, version 2.2, 3rd edition, USGBC, Washington, DC.

3 系统视角的深入探讨

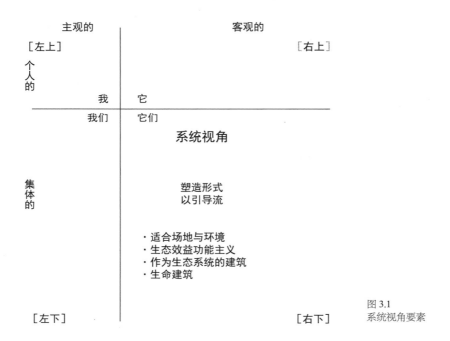

图 3.1
系统视角要素

本章将会对系统视角进行深入探讨，以一种整体系统观来思考可持续设计，将其与当地的生态系统相整合，并以生命系统的模式来加以组织。我们将会提炼出生态系统的原则——"自然语言"以及生态系统组织的各种模式。其核心即设计应师法自然。

图 3.2
户外棚架上的葡萄藤，一片可食
用的绿荫，建筑与植物的结合，
斯坦福大学校园

发展生态思维

现在，我们正处于向新思维转换的节点上。对我们当中的绝大多数人而言，这是一项非常艰巨的工作。在介绍生态思维的基础性知识方面，我们将会参考以下来自其他领域的著作：吉恩·吉布塞尔，著名哲学家、文化理论家、诗人，在他 1949 年的标志性著作《永恒存在的起源》（*The Ever-present Origin*）中，将人类文化的发展划分为五个阶段（epochs），并以"意识的结构"加以命名：古老的（Archaic）、魔幻的（Magic）、神话的（Mythic）、理性的（Rational）以及整体的（Integral）（Gebser,1949）。根据吉布塞尔的观察，集体性文化意识的每一步发展，都涉及一种更为深入、更为宽广的认识观与价值观的展开。每一个更进一步的阶段都以精神在组织与复杂性上的提升为特征。肯·威尔伯也同意这一看法。通过对人的发展模式进行全面而深入的梳理，威尔伯也发现了西方发展心理学中一个确定性共识，即"精神自身的成长至少要经历四个阶段：魔幻的（2 ~ 5 岁）、神话的（6 ~ 11 岁）、理性的（11 岁起）以及整体无透视的（Integral-aperspectival）或统观逻辑的（vision-logic）（成人）"。（Wilber，2000b）

图 3.3
吉恩·吉布塞尔

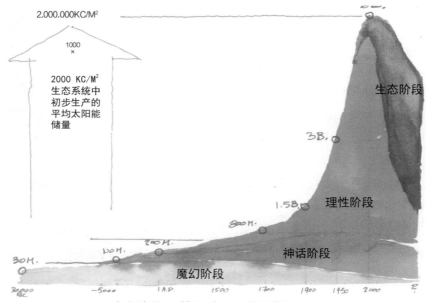

文化阶段：时间、人口、能量消耗

生态的跳跃性变化
以下各种变量的图解
·随时间变化而估计的世界人口数量
·历史上某一时间节点的生态足迹
·人类历史上三个主要阶段的发生与衰落：魔幻的、神话的、理性的
时间横轴并未按比例缩放，而能量消耗竖轴则呈比例上升

图 3.4
文化阶段：时间、人口、能量消耗
西蒙·凡·德·赖恩对吉布塞尔的阶段理论进行图解。他将整体层级命名为"生态阶段"

转向整体

这些文化与心理学的参考文献对可持续设计而言有很大价值。要生态化设计，我们必须开始生态化思考。这似乎听起来很简单，但生态思维的转向是一个充满挑战的认知任务，是人类自身能力发展的转折点之一。我们会在第二部分详细讨论发展层级，但重点在于了解每一象限视角都展现了高低不同的复杂性层级。为了理解 LR 象限的生态系统观，我们不仅要将视角转换至那一象限，而且必须在那个象限中将我们视角的复杂性提升至少一个层级。生态思维将这个世界视为有生命的系统，因此在认知上要求相应的复杂性。这种新的能力即吉布塞尔与威尔伯所描述的，是从理性意识向整体意识的转化过程中所具有的特性。根据吉布塞尔的观点，整体阶段的意识具有以下特征：

· 所有现存结构的整合；

· 完全聚焦当下的意识；

· 无透视的（不固守某种单一视角）整体性视角；

· 超越自我认同。

似乎这种讨论看起来与可持续设计相距遥远，因为 20 世纪的现代工业文化以理性阶段为中心，其特征为：

· 现代的分析与科学思维；

· 三维、"透视"的世界观（一次只有一个视角）；

· 个人自我意识；

· 认同存在与思维同在（我思故我在）。

> 正在发生的并非只有我们的所见所想日积月累的线性累积，还有我们看待世界的窗户或镜头在形式上的质性转换。
> ——罗伯特·凯根

生态思维是整体层级的思维

现代建筑中应用了大量的理性思维，但其中的可持续设计却乏善可陈。从我执教生态设计 20 年的经验来看，我越来越确信，在处理各种事务时学会生态思维比理性意识思维更加重要。哈佛的发展心理学家罗伯特·凯根写道：

图 3.5
具备生态意识，会有助于发现以任何方式运行的相互关联的生命过程模式

      "正在发生的并非只有我们的所见所想日积月累的线性累积，还有我们看待世界的窗户或镜头在形式上的质性转换。"

      这就是我们所说的，当我们采取了一种不同的视角时，也就采取了一种全然不同的"另类"观察方式。

      鉴于行为视角（UR）是客观的，系统视角（LR）是客观间性的。事物个体的客观行为包含在事物更为复杂的关系中，有机的个体则连接在社会体系中。有机体与其物理环境通过它们在生态系统中的关系相互连接，自然与社会的复杂功能在人类生态系统以及人类生态学研究的复杂性中相互关联，这就是拉文所谓的"系统与关系的逻辑"。

设计的系统思维

在建筑中，我们可以智能化地将节能要素整合在建筑这一能源系统中。举个例子，在复杂的日间与季节模式中，一栋被动的太阳能供热建筑可以结合有效的围护结构，合理利用空间组织、朝向以及材料来对太阳能进行收集、存储与再分配。这使人印象深刻，还是简单？如果说简单，那为什么我们直到 20 世纪的最后 25 年才搞明白呢？

> **生态地思考是为了理解生态系统如何运行以及如何组织的基本原则。**

被动太阳能供热建筑系统可以与那些自然通风以及日光照明的建筑系统结合，与更加主动的机械系统以及现场生产绿色电力的系统与技术等结合。而这些能源系统可以更进一步地与空间系统、使用模式与人的行为（社会秩序模式）、结构秩序、材料与构造系统、建筑、场地中的水与水文系统、场地的自然栖息系统以及更大范围的环境城市系统等相结合。这正是真实世界中设计复杂性的开始。

要达到这种系统的整合就必须生态地思考。生态地思考是为了理解生态系统如何运行以及如何组织的基本原则。而生态地思考，便会将我们对这个世界的所思所想转换到一种难以简化也更加复杂的视角上来。

生态系统的秩序

生态系统的原则

弗里乔夫·卡普拉（Fritjof Capra）在"生态素养中心"（The Center for Ecoliteracy）的写作中，定义了"生态学的原则"或他所谓的"自然的语言"（Capra，2010），见表 3.1。这些原则以及他们早期的演变对我有极其重要的影响，也对我理解可持续设计究竟是什么有很大的帮助，主要包括：

表 3.1　生态学的原则

循环

生态群落中的成员依赖于持续循环的资源交换而生存。一个生态系统内的循环与更大范围的地区循环，甚至全球的循环相互交流。例如，一座花园的水循环同样也是全球水循环的一部分。

网络

一个生态系统内的所有生命都通过关系之网相互关联。它们依靠这种生命网络得以生存。例如，在花园里，传粉昆虫的网络促进了物种的多样性，反过来，植物也为传粉昆虫提供花蜜与花粉。

嵌套系统

自然是由层层嵌套的系统所构成的。每个独立系统都是一个整体，同时又是更大系统的一部分。一个系统的变化会影响其内嵌系统的可持续性，也会影响其存身的更大系统的可持续性。例如，细胞嵌套于器官之内，器官嵌套于有机体之内，有机体嵌套于生态系统之内。

流

每个有机体都需要持续的能量流来维持生命。地球从太阳获得的源源不断的能量流正是维持生命和驱动大部分生态循环的动力。例如：当植物通过光合作用转换太阳能时，能量就通过一个食物链开始流动，老鼠吃掉了植物，蛇吃掉了老鼠，鹰吃掉了蛇。在每一次转换中，都有一些能量通过热量的形式损失了，这就需要有一种持续不断的能量流注入到系统之中。

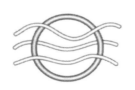

发展

所有生命，从单个的有机组织到物种再到生态系统，都随着时间而变化。个体发展着、学习着；物种适应着、进化着；生态系统中的有机体一起共同演进。例如：蜂鸟与忍冬花以相互受益的方式发展；蜂鸟的色彩视觉、细长的嘴与花的颜色及形状相互适应。

动态平衡

生态共同体以反馈回路的方式运行，因此共同体保持着一种相对稳定状态的同时也有持续不断的波动。这种动态平衡为直面生态系统的变化提供了弹性。例如：花园中的瓢虫以蚜虫为食，当蚜虫数量减少时，有一些瓢虫就饿死了。这就使得蚜虫的数量重新增长以供给更多的瓢虫。个体物种的数量高低起伏，但系统内部的平衡使得它们得以共同繁荣。

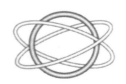

来源：Capra，2010；Center for Ecoliteracy，2010

卡普拉也在十年前发布了一张更长的原则清单（Capra，1994a）。这些原则极具说服力，我悉数摘录于此：

·相关性。一个生态系统内的所有成员都在一个关系网络中相互关联，其中所有的生命过程都休戚相关。整体系统的成功取决于个体成员的成功，而个体成员的成功也取决于整体系统的成功。

·多样性。一个生态系统的稳定性主要取决于其关系网络复杂性的程度，换句话说，取决于生态系统的多样性。

·伙伴关系。一个生态系统内的所有生命成员都参与到一种微妙的竞争与合作的相互作用中，涉及各种形式的伙伴关系。

·能量流。太阳能通过绿色植物的光合作用转化成化学能，驱动所有的生态循环。

·灵活性。生态循环具有反馈回路功能，倾向于在一种灵活的状态中维持自身运转，而受其变量交互影响的波动起伏就是明显特征。

·循环。生态系统成员间的相互依赖导致物质与能量间持续不断的循环交换。这些生态循环执行着反馈回路的功能。

·共同进化。一个生态系统内的绝大多数物种都通过一种交互的创造与适应来共同进化。推陈出新是生命的基本属性，这同样体现在发展与学习过程中。

·可持续性。生态系统中任何一个物种的长期生存（可持续性）都建立在一个有限的资源基础上。

在卡普拉清单的基础上我继续加上：

·整体性。整体的属性是突创性的，无法经由部分单独展示。生命是整体的一种突创属性，也就是说，如果你解剖一个活生命体，它就死了。整个生命系统是自我保存的。

一旦我们准备从这个新窗口开始设计，那么每一个生态系统的原则都将关涉我们认知上的转变。表3.2对此进行了总结。本书的第三部分则深入探讨了生态思维在认知上的六个重要转变，这也是整体可持续设计的一部分。

生态素养中心应用了我们透过系统视角镜头了解到的生态系统，作为成功的人类系统的一个模板。特别是卡普拉应用生态系统作为一个学习型社区设计的模板。"生态社区与人类社区之间得以连接，是因为两者都是生命系统。"（Capra，1994a）

一栋建筑如何可以被视为一个拥有上述特征的生命系统呢？如何看待一栋建筑成为生态系统的一部分或者成为一个多样化物种的栖息地呢？

生命系统组织模式

当然，生命系统理论并不新鲜。这是生物学家、生态学家以及其他科学家，尤其是从系统思维观点出发的科学家们的研究领域。比如物理学家弗里乔夫·卡普拉、系统科学家欧文·拉兹洛（Ervin Laszlo）、埃里克·詹奇（Erich Jantsch），以及生物学家詹姆斯·G. 米勒（James G. Miller）等人的著作（Jantsch，1980；Laszlo，1972，1994；Miller，1978；Capra，1996）。

表 3.2　生态系统的原则

生态系统原则 衍生的概念与原则	认知转换
整体性 活力、突创性 分布式存在、整体主义、完形	从部分到整体
相互依赖 共同体、生态位 网络、协同	从客体到关系
多样性 "丰富、多样、美、稳定"互补性	从效率到冗余
伙伴关系 "合作、共生" 协调	从竞争到合作
能量流 "光合作用、太阳能、软技术"	从结构到过程
灵活性 "起伏、动态平衡 忍耐限度、压力"	从刚性到弹性
循环 "反馈回路、信息流 再循环、守恒"	从矢量到节律
可持续性 "承载力、寿命、健康、生物区、生态会计（accounting）"	从消耗到新陈代谢

注释：原则改编自卡普拉（Capra，1994a），除了"整体性"

卡普拉，在诺贝尔获奖者伊利亚·普里高津（Llya Prigogine），以及其他专注于自组织系统科学的研究者的工作基础上，进一步发展了生命系统组织模式理论（Prigogine and Stenger，1984；Capra，1994b）。正如我们所认同的，模式对设计师是至关重要的。从根本上讲，所有的设计都是一种模式或另一种模式的创造。因此，我们是否可以采取有助于可持续生态系统组织的设计模式呢？

这些生命系统的组织模式包括：

·（嵌套式）网络 [（Nested）Network]：嵌套式的"系统套系统"的非线性关系模式。（系统是整合的整体，也是更大整体的一部分，其自身包含着一个相对更小的整体网络。）

·反馈（Feedback）：一些信息经过循环之后回到其源点，由此影响未来的系统行为。（反馈通过网络结构模式成为可能。学习任何系统都需要准确及时地反馈。）

·自我控制（Self-regulation）：利用反馈，系统可以自身保持在动态平衡的状态。（当能量、信息和物质不断流经生命系统的形式时，这一形式仍然保持相对稳定。结构由过程所决定。）

·自组织（Self-organization）：因为生命是一个网络，它可以组织起自身，包括它自身的方向、目的以及创造性的自我超越。（自组织的生命系统在混沌的同时创造秩序。表现为有目的与意图的行为。）

在卡普拉所列清单的基础上，我再加上以下生态系统组织原则。这一综合是基于对系统思考者的广泛研究，包括詹奇、拉兹洛、卡普拉、米勒以及其他人等。

·模式：在生态系统成员相互关联、不断重复的事件与连接中，生命系统以一系列循环反复的方式组织起来。生命系统的拓扑结构是网络状的拓扑结构——去中心化的、复杂的、点阵式的。

·自我相似性：在包括处理功能与空间模式（也即分形几何）等的多个层面上，系统都在大小不同的层级中体现出相似的特征。

·多样化的成员身份（membership）：人类是包括自然系统与文化系统在内的多个系统成员。我们有作为个人，以及社会成员的双重性质，但在更大的系统中，我们的参与呈现出交叠式特征。

我意识到我们正在大胆跨越传统设计领域的边界，进入到一种截然不同的语言之中。逐渐地，生态学的而非装饰与形式构成的语言将成为景观设计的基础性语言。我预测在建筑领域，有关系统、关系、过程、网络与层级等同一类语言也将会在其他传统设计方法的基础上成为一种根本性语言。我相信对任何再生性的可持续设计而言，这都是一种必要的认识。

让我们回到表3.2，这一系列组织原则需要相应的认知转换。卡普拉曾经在《生命之网》（*The Web of Life*）等书中提出过一些认知上的转换。但这也只是涉及整体性生态意识的众多方法中的一部分，（这要求我们）采取与更机械的行为视角完全不同的系统视角来理解这个世界。

> 生命系统是毋庸置疑的可持续系统，它们整合了累积 40 亿年的智慧。

作为一种模型的生态系统

如果我们将认知视角从右上象限（UR）的行为视角转换到右下象限（LR）的系统视角，那么，什么样的所见所想可以创造出有助于自然欣欣向荣的人类系统呢？我们还可以进一步追问：我们的思想能够与生命之网相匹配吗？从当代可持续设计的角度来看，这一问题有两类答案：第一个答案是，从行为视角来看，我们应该将性能效益最大化以减少资源（如化石燃料与铁矿石）的消耗与环境系统（如大气与本地水蒸气）的过量负载。建筑师威廉·麦克唐纳（William MaDonough）将这一方法称为"少做坏事"（doing less badness）（MaDonough and Braumgart，2002）。奥伯林大学环境教育家戴维·奥尔则称其为"技术的可持续性"（Orr，1992）。我们已经讨论过其优势与价值所在。

第二个答案，从系统视角来看，整合了第一个答案，但更为关注重构。这一观点认为生命系统是毋庸置疑的可持续系统。对于地球上的万物如何运作，尤其是如何在这一星球上各尽其职而言，已经蓄积整合了 40 亿年的智慧。因为人类社会与生态系统都是生命系统（在它们的右下象限内部），我们可以将对生命系统的理解作为一种概念性框架，应用于包括我们的建成环境在内的人类活动的组织之中。除此以外的其他方法都难以长存。目前这已经成为一种影响深远的理念，如同那些曾经引发现代主义或工业革命的观念一样，是崭新而令人自豪的。麦克唐纳将其称为"生态效益（eco-effective）"，戴维·奥尔将其称为"生态的可持续性"（ecological sustainability）（Orr，1992）。

> 生态素养的一个关键性理论法则，即形式与过程相关联。

这一观点体现了凡·德·赖恩的原则 1 "设计结合自然"以及原则 2 生态会计（ecological accounting）决定设计（Van der Ryn and Cowan,1996）。麦克唐纳在他 1992 年的汉诺威原则中阐述了几个属于右下象限系统视角的原则："承认相互依赖""消除垃圾的概念"以及"依赖自然能量流"（McDonough and Partners，1992）。约翰·莱尔（John Lyle），可持续设计思维的创始人之一，将这一观点总结为："塑造形式以引导流"（Lyle，1994）。现在你可以看到，在系统视角中，行为视角的性能与机制同样非常重要，但在此之上又有所超越。

图 3.6
再生研究中心，加州州立理工大学，波莫那校区，加州，约翰·T. 莱尔，建筑与景观设计围绕生态流设计的建筑群

形式与过程：设计的基本生态认知

> 形式与过程，或者对一个生态学家而言，
> 结构与功能是彼此的变调。

生态素养的一个关键性理论法则，即形式与过程相关联。这种表述从语言上来说有一些微妙，但绝对不比"形式服从功能"更难理解。对我而言，形式主义，可以视为对形式、空间的塑造及其秩序的研究，这尽管有价值，但不是一个完整的表述，它仅呈现了这个世界的一半图景。形式是事物的"客体性"，形式与其不可分割的另一半——过程共存。过程是客体在时间转化中的关联性。形式与过程，或者对一个生态学家而言，结构与功能是彼此的变调。路易斯·沙利文（Louis Sullivan）曾提出为现代主义者所信奉的"形式服从功能"。绝大多数情况下，我们用功能来意指活动、使用与计划。而实质上，它们都是时间之中的事件过程或序列。

就此而言，过程是一种流，是在自然中创造了关系模式的物质、能量、人、植物、动物、信息之间的交换，这反过来又促使结构秩序得以体现。建筑形式因此并不只是客观模式。毋宁说更准确和更有价值的理解是，将任何建筑模式都视为"过程-形式"。过程引发了形式。我们可以将形式与空间视为类同于生态结构的模式。

任何事物都可被视为带有某种基本模式的过程，这种模式可以体现为形式或者受形式所引导。戴维·奥尔曾说过现代主义者的问题不是他们过于关注功能主义，而是他们对功能的关注还远远不够。他的意思是，许多重要的过程，尤其是生态过程，往往被现代建筑所忽略了。

从系统视角的角度出发，生态设计的根本问题变成：我们如何才能找到或生成一种既能本能地秩序化过程，又能被过程所秩序化的形式？

图 3.7
创意生境镶嵌，Bo01，马尔默，瑞典
创意生境镶嵌：
· 所有墙面都覆盖攀援植物；
· 所有屋顶都是绿色屋顶；
· 每一间公寓都有鸟箱；
· 外立面都有适合燕子筑巢的设施；
· 庭院中有蝙蝠箱；
· 特定昆虫的栖息地；
· 至少有 50 种当地草类；
· 精心挑选的用以授蜜的植物；
· 每 5 平方米左右的封闭区域都有一个 1 平方米的池塘；
· 有冬眠空间的两栖动物栖息区；
· 一个半自然的生境庭院。
"结果是包括绿色屋顶与墙面、湿地池塘与庭院花园等在内的生境的镶嵌。"
来源：Ann Beer

案例

　　漩涡是展示由动力过程支撑的开放性系统结构的好例子。当没有更多的水流动的时候（过程），漩涡的形式（结构）就消失了。人体是另一个例子，当其组织相对稳定的时候，它也是依赖于一整套复杂过程的。这一过程关涉空气流、水流以及食物流，当过程停止后，身体组织也就很快瓦解了。死亡在生命系统中是一个失序的临界点。

建筑中的过程

　　阿尔瓦·阿图（Alvar Aalto）曾说过，没有新的社会内容，就没有新的形式。我认为他的意思是，形式对他而言很大程度上来自对一个建筑内部社会组织与关系的审慎考虑。我们比较容易了解建筑是如何根据特定的过程而得以塑造的。

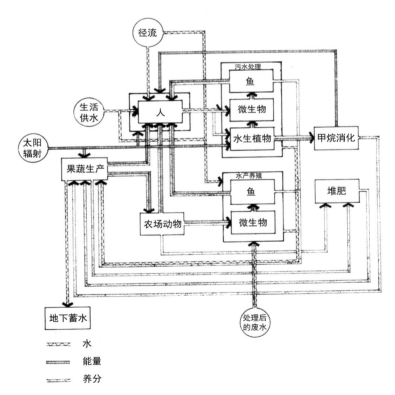

图 3.8
莱尔在再生研究中心（CRS）所做的能量流、养分流与水流图

在建筑中，我们很容易看到一部分过程以及建筑如何根据它们来创造。太阳与雨水的过程是两个明显的实例。雨水，我们一直试图将它与建筑内部隔绝，或者将它排出建筑之外，用它浇灌植物，使它回归土壤或者储存以备用。而太阳，我们是想排斥还是吸纳，则取决于当时天气过程中同时存在的其他条件，以及建筑对热能的采暖或制冷需要。

特别是太阳，完全是一种可预测的过程类型，当把建筑视为过程的体现时，建筑就成为在太阳能、气候的外部过程，与人类生物气候反应以及愉悦体验的内部过程之间进行调节的一种结构。以太阳能供热的建筑为例，太阳能是由太阳供给的，通过孔径收集、储藏在蓄热体中（或者是水或阶段性变化的物质），再经由辐射散发或传送以满足人类生物与物理过程中对舒适温度范畴的需要。同样地，形式的秩序与设计也是在协调气候力量，以适应冷与热、静止与运动、阳光与阴影、明亮与昏暗、高光、漫射与跃动等各种模式。

系统视角的总结

系统视角（LR）被拉文称为"系统与关系的逻辑"。根据已发现的模式，这一逻辑被视为进行有效设计决策的基础。它是使设计师理解事实、力量、过程与形式之间的种种关联的一种"相关性逻辑"。然而行为视角（右上视角）却倾向于思考"技术的应用"，并以量化指标作为成功的标准。这一视角将技术深植于建筑要素之中，形成"来自内部的技术"。正如卡普拉所说，系统视角在毕达哥拉斯与歌德、格式塔与生态学、尤其是"系统思维"的传统之中"根据模式来思考"。就其主题而言，威尔伯认为系统视角是指：

社区中任何具体的、物质的、根深蒂固的社会形式（社会系统的外部形式），包括工具与技术模式、建筑风格、生产力、有形的制度，甚至是书写（物质性的）形式等（Wilber，2000c）。

系统视角是客体间性的，它描述了集体全子的外部、社会全子的形式及其产物，即第 4 章中涵盖的内容。这是一种关于社会与自然系统的第三人称视角。整合性是它最引以为豪的价值与成功的标尺。

当你从事有关建成环境的相关工作时，我希望本章中的原则与理念将会为你提供新的可能性。它们是具有广泛应用性的概念工具。而往往解决任何问题最为困难的部分就在于找出正确的方法与路径。利用这些生态系统的原则，它们的组织模式、有关形式与过程的核心观点以及这一观点在六种设计意识路线中的应用等（详见第 8 章），都会形成重构问题与其解决方案的强有力方式。它们也许会使你的工作锦上添花。

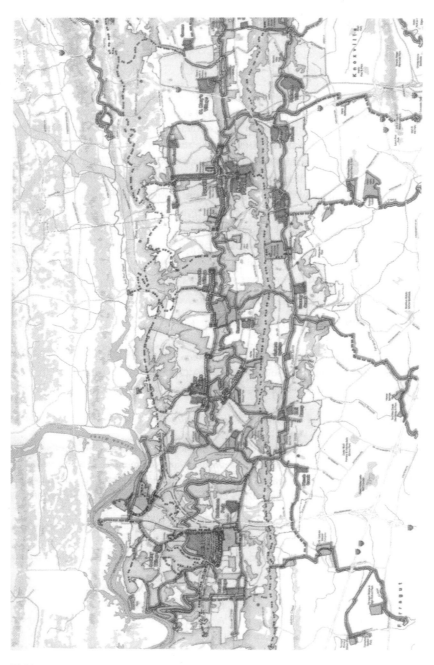

图 3.9
比弗溪绿色基础设施规划，诺克斯县，田纳西州，2006。一种基于多层级系统的保护与发展规划，将交通、娱乐、栖息地、水、聚居地等网络体系等考虑在内

参考文献

Capra, Fritjof(1994a) 'From parts to whole, systems thinking in ecology and education', Seminar Text, Center for Ecoliteracy, Berkeley, CA.

Capra, Fritjof (1994b) 'Ecology and community', seminar text, Center for Ecoliteracy, Berkeley, CA.

Capra, Fritjof (1996) *The Web Of Life: A New Scientific Understanding of Living Systems,* Anchor Books,New York.

Capra, Fritjof (2010) 'Ecology and community,'and 'Life and leadership,'online essays available at www.ecoliteracy. org/essays/ecology-and-community and also www.ecolit-eracy.org/essays/life-and-leadership-0, 'Ecological principles' was originally published by the Center for Ecoliteracy, ©2005 Center for Ecoliteracy, reprinted by permission.

Center for Ecoliteracy (2010) 'Explore ecological principles', available at www.ecoliteracy. org/nature-our-teacher/ ecological-principles.

Gebser, Jean(1949) *Ursprung und Gegenwart,* (trans. Noel Barstad and Algis Mickuas, *The Ever-Present Origin,* Athens), Ohio University Press, Ohio, 1985.

Jantsch, Erich (1980) *The Self-Organizing Universe: Scientific and Human Implications the Emerging Paradigm of Evolution*, Pergamon Press,New York.

Kegan, Robert (1982) *The Evolving Self: Problem and Process in Human Development*, Harvard University Press, Cambridge, MA.

Laszlo, Ervin (1972) *The Systems View of the World: The Natural Philosophy of New Developments in the Sciences*, George Braziller, New York.

Laszlo,Ervin (1994) *The Choice: Evolution or Extinction, a Thinking Person's Guide to Global lssues,*G.P. Putnam, New York.

Lyle, John Tillman (1994) *Regenerative Design for Sustainable Development*, John Wiley, New York.

McDonough, William and Partners (1992) "The Hannover Principles: Design for Sustainability", prepared for EXPO 2000, The World's Fair, Hannover, Germany.

McDonough, William and Michael Braumgart (2002) *Cradle to Cradele: Remaking the Way We Make Things,* North Point Press, New York.

Miller, James Grier (1978) *Living Systems*, McGraw Hill,New York.

Orr, David W. (1992) *Ecological Literacy: Education and the Transition to a Post-Modern World*, State University of New York Press, Albany.

Prigogine,llya and Stengers, Isabelle (1984) *Order Out of Chaos: Man'S New Dialogue with Nature*, New York: Bantam.

Van der Ryn, Sim (2005) *Design For Life: The Architecture of Sim Van der Ryn*, Gibbs Smith, Layton, UT.

Van der Ryn, Sim and Cowan, Stuart (1996) *Ecological Design* Island Press, Washington.

Wilber, Ken(2000b) *Sex, Ecology, and Spirituality: The Spirit of Evolution*, 2nd edition, revised, Shambhala, Boston, p128.

Wilber, Ken (2000c) *Integral Psychology: Consciousness, Spirit, Psychology, Therapy*, Shambhala,Boston p144.

4 文化视角的深入探寻

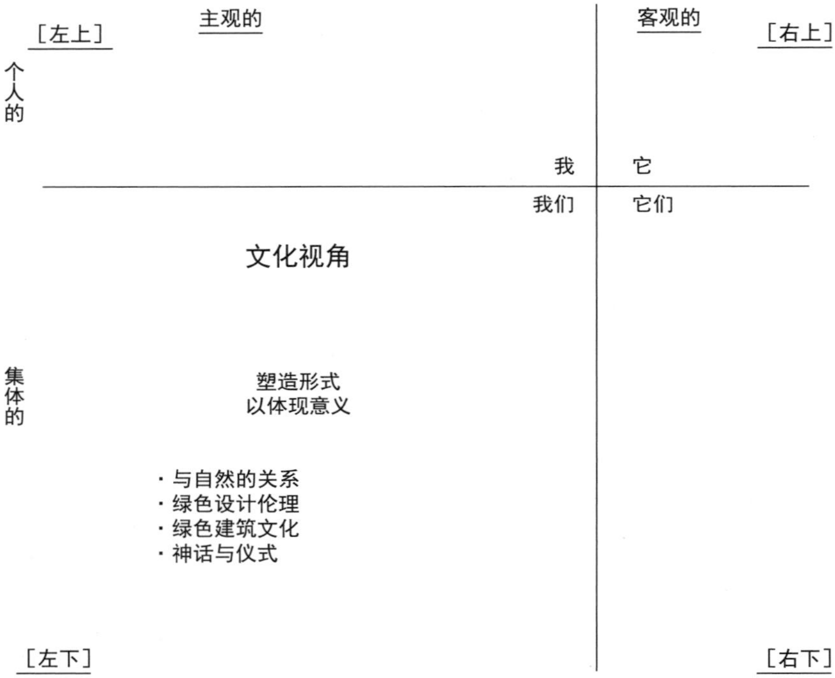

	主观的		客观的	
[左上]				[右上]
个人的				
		我	它	
		我们	它们	

文化视角

集体的

塑造形式
以体现意义

·与自然的关系
·绿色设计伦理
·绿色建筑文化
·神话与仪式

[左下]　　　　　　　　　　　　　　　　　　　　　[右下]

图 4.1
文化视角要素

本章将对文化视角展开深入探讨，在这一视角中，我们认为可持续设计是一种以文化来表达生态价值，也是用象征性的设计语言来传达可持续设计意义的一种方式。我们将介绍一种新的、独特的可持续设计伦理方法来定义自然和文化，其部分依据是基于对嵌套网络秩序的生态洞察。本章将会以自然的观念与意义，以及通过可持续设计涉及或传达的有关自然隐喻的思考作为结束。

图 4.2
发现中心，西雅图，华盛顿，2005。建筑师：米勒 / 赫尔合伙公司
雨水从屋顶排水口流到下面的雨水花园，水的流动及其对生命的影响清晰可见。

可持续设计中遗漏了什么？

> 生态设计的意义与其功能同等重要。

　　前面关于系统视角的章节中，阐述了为什么基于生态原则的设计对生态设计的成功至关重要，以及这一看法如何与生态学及复杂科学的最新动态相一致。然而，人们当下理解与实践之中的可持续设计，甚至系统视角中所主张的复杂生命系统形式也并不充分。它们并非事实的全部，只是一张真实的但并不完整的局部地图。

内部在哪里？

　　总体而言，全系统可持续设计是一种并不充分的设计方法，特别是对生态问题，因为它通常忽略人的主观领域。将世界视为"生命之网"，倾向于否定并削弱整个内部的、主观的及文化的领域。

> 可持续设计必须更具包容性，同时不能小觑主观或内部的价值。

　　这是一种至少忽略了半个世界（左侧视角）的"扁平化"视角。这看起来具有讽刺意味，因为可持续设计往往以一种整体的视角来体认自身。

　　生态化可持续设计要想获得更为广泛的影响，就必须更具包容性，同时不能小觑主观或内部的价值。生态设计的意义与它的功能同等重要。可持续设计中个人体验的真实性跟它对生态系统产生的影响同等重要。一开始，我接受这个观点非常困难，但随后我越来越意识到这一视角对可持续设计的极端重要性。文化视角是一种镜头，透过它我们的世界观得以建立。而可持续设计不是别的，就是一种世界观。

　　被可持续设计纯右侧视角所遗漏的是左侧象限，即主观性视角。正如我所提到的，这是设计界目前遗漏的极为重要的内容。

图 4.3

ING 银行总部,阿姆斯特丹。1999—2002,建筑师:阿尔伯特与范赫特

作为 20 世纪 80 年代的首座可持续建筑,前 NMB 银行总部大厦被设计为对行人友好的中层建筑区,而不是高层建筑。它使高密度城市大厦同样能够表达光、空气与水的自然节奏,也促进社会的互动。

总体而言,如果你仔细查看生态设计、可持续性或绿色建筑的任何优秀文本,你几乎难以发现伦理标准、文化价值、象征性交流、诚信、美学、人的感觉或建筑中任何其他主观的、内部的内容(例如,Yeang,1995)。

当代可持续设计忽视了文化的意义

就我看来,在当下我们寻找自身的过程中,有一种思想意识上的迷狂状态。可持续设计在如 LEED 一类的理性表达中,等同于一种可复制的国家标准,但却难以适应各地的状况与文化;可持续设计在其地域主义(有时是新乡土)的表达中,对文化视角致以深切敬意。但当前建筑地域主义的观念在很大程度上却仍然深陷于对新奇感与个人性的现代迷恋中。现代主义的"国际式"风格完全无视数个世纪以来与建筑象征相关的文化意义。后现代主义企图恢复建筑的象征性语言,但除对多元化的认同也没能在其他方面达成共识。我的"主义"与你的"主义"一样好,或者不存在任何"主义",这使得可持续设计陷入不知所措的尴尬境地中。

由于大多数的当代可持续设计都不过是功能主义的一种更为复杂的形式,往往被困在现代主义抽象表现的贫乏与后现代主义隐喻的泛滥,以及复古主义对现代建筑的重新包裹中。可持续设计能否有新的出路呢?我认为有。

图 4.4
美国国家公园管理局卡尔·T. 柯蒂斯中西部地区总部，奥马哈，内布拉斯加，建筑师：利奥·A. 达利。该建筑奠基于一块褐地之上，意在"展示与环境相关的哲学"，获得了 LEED 金奖评级。然而，在玻璃盒子中难以找到地区性的表达，这里传达的信息是性能＝价值，而性能与表现却是分离的。

象征、交流与公平

　　就文化视角方法而言，可持续设计似乎缺乏一些坚实的根基。这些根基包括建筑的象征性语言以及建筑业在有关设计与自然意义层面的创造等。我得首先承认——因为我的强项在于右边视角——我在这个视角（文化视角）的工作是最艰难的。我实在不希望它变得如此重要，因为我很清楚这意味着我的个人思考必须加以改变。

　　在其最纯粹的一种形式中，可持续设计确实试图根据自然来重新定义文化，将左下视角（LL）消解到扁平的右下视角（LR）中。这样，成功的标准就从文化视角（LL）或称为文化象征主义、交流与公平中土崩瓦解，归并到功能适合的表达之中。系统视角将成功定义为建成环境模式（LR 社会系统）与自然模式（LR 自然系统的生命之网）之间的功能性适合。"越适应生命之网就意味着越有文化"或者类似的表达，这不一定是错误的，我相信实际上就某个部分而言这也是正确的。只是它完全忽略了"为什么说好的适应就是对的"这一论断背后的故事，而那正是意义与动机的存身之处。

文化的扁平化

公平地说，后现代主义文化批评家与哲学家们的说辞往往将经验世界缩减为他们自己的扁平世界。文化视角，在其病态的表达中，否认了由右边客观视角所呈现的世界存在。因为用数学方式来检验建筑，我曾被称为"纯粹的"功利主义者、实证主义者、实用主义者等。但这一现象在很大程度上只在学术圈出现，且仅从人文角度出发，在实践中极为少见。可持续设计很少受到这种极端批评的影响。然而，由其支持者导致的视角的消解，使这个文化视角中可能的强有力观点，如同 B.F. 斯金纳心理学中的粗略还原行为主义理论一样，难以被人们所接受。

伦理

如果寻找一些可持续设计的支持者，问他们为什么说保护环境或者节约能源是一个好主意，你会得到五花八门的答案。

图 4.5
剑桥公共住宅，剑桥，马萨诸塞州，1998。建筑师：埃尔顿·汉普顿
1.5 英亩的场地中容纳了 41 个单元，本项目对参与式社区的生活价值、社区秩序与资源的关系、城市外未开发土地的保护等问题表达了伦理立场。

我们如何解释这一现象？就环境伦理，一个文化视角的首要主题而言，可持续设计并没有发展出一套清晰的、更为先进与整体的可持续设计伦理，或者更好的陈述是——一种整体可持续设计的伦理。我们还没有对"宏大的存在之链"（great chain of Being）的洞见致以足够的敬意，在这一链条中，人类文化取决于心智，心智取决于生命自然，而生命自然则取决于物质（Lovejoy，1964；Wilber，2000a）。我们还没有发展出一套建筑的全子体系（holarchy）伦理（一种关于整体与部分的层级结构），但我们将在本章余下内容中进一步探讨。

生命世界的价值，除其与生俱来的存在权利外，显然还是所有更高级存在的基础。

而自然一旦破坏，文化就会摇摇欲坠，这就使得自然的根本性更加凸显，哪怕它在重要性上比文化稍逊一筹。因此，可持续设计，并非我们所谈论的某种选择，而是一种必须的责任。破坏生态的功能犹如炸毁一座建筑的地基：任何构筑其上的事物都难以立足。

文化视角有何内容？（LL）

在上述被我们所忽略的重要因素一一列举之后，可持续设计的这一视角究竟是什么呢？就基于文化视角的设计而言，设计师通常会考虑以下问题：

· 设计如何才能适应其文化语境？

· 设计如何才能传达关于文化价值的象征性意义？

· 我们应该如何通过设计表达我们认为重要的内容？

· 建筑如何才能成为基于建筑文化本身，以及对该建筑文化所运用的模式语言的认知与实践之上的产物？

· 我们应该如何在设计实践中担负起伦理责任？

而当我们留心可持续设计在这一层面的含义时，我们可以更为直接地提出以下这些问题：

· 可持续设计如何才能恰如其分地适应其文化语境？

· 可持续设计如何才能传达文化与自然之间的象征性意义？

· 我们应该如何通过可持续设计表达对生态过程的理解及其重要性？

· 如何将可持续性融入建筑文化的认知与实践之中？

· 我们应该如何在可持续设计伦理的推动之下进行实践？

解决好所有的生态关系就是成功的可持续设计吗？所有设计师都知道，成功解决任何设计问题的办法不只一个。所有设计师同样知道，成功的设计必须同时处理好一系列的关系，既有自然世界的关系（重力、气候、水文等），又有人与人之间的关系（人类的行为与社会之间的互动，人的认知与体验，以及与文化的关系）。从文化视角来看待可持续设计，要求设计师必须关注设计是如何将我们置于与自然有意义的关系之中的。我们设计的任何东西都在创造或者修正一个生态关系系统，我们设计的任何东西也都在将人类置于一个居住系统之中，其中我们与自然力量及过程之间的关系都紧密地关联着。

图 4.6
夏威夷盖特威能源中心，建筑师：费拉罗·乔伊合伙有限公司
能源中心体现了客户的价值观，通过设计使建筑传达出他们的绿色意图。建筑充分地体现了自然能源的流动，以"展现自然能源图书馆独特的资源与使命"。注意"建筑作为热风筒"，还有 20 千瓦的"建筑集成光伏系统"——并未掩饰这样一个事实：形式是对气候与能源的回应。

通过下面的设问，可持续设计作为"为关系的设计"，可以比生态关系主义决定论更为深入地扩展其认知：

如何才能使建筑所参与的生态关系模式具有文化上的重要性与适宜性？

文化上的重要意义来自一个社会或群体成员之间的对话。为了相互理解，我们必须说出自己的想法。

为了对设计物中的生态关系进行有意义的论述，个人必须能够理解并体验这些关系。可持续设计由此可以提出以下设计问题：

重要的生态关系——以及设计创造这些关系的方式——如何才能进入意味深远的人类—感受体验中呢？

可持续设计伦理

奇怪的是，可持续设计至今还没有发展出一套阐述明确的伦理。环境运动尽管有生物多样性、动物权利、（资源）管理、代际伦理与整体论等多种伦理观，从总体而言情况也同样如此。然而，一种更为整体的观点或许有利于带来某种综合。奥尔多·利奥波德（Aldo Leopold）在他那篇广为人知的《大地伦理》（*The Land Ethic*）中写道：

迄今为止所有的伦理都取决于这样一个前提：个人是各个组成部分相互关联的共同体中的一员，他的本能促使他为了获取共同体中的位置而竞争，而他的伦理观也同样促使他参与合作（也许是为了某一位置而共同竞争）。

大地伦理只是扩展了共同体的疆界，囊括了土壤、水、植物与动物，或者可以把它们概括为：大地。（Leopold，1949）

威廉·麦克唐纳在他著名的圣约翰教堂的讲道中，谈到了1969年的濒危物种法案：

第一次，其他物种与组织的生存权利得到了承认。我们必须从根本上"宣告"，智人是生命之网（the web of life）的一部分。这样，如果今天托马斯·杰弗逊仍然和我们在一起，他将会呼吁创建一个互赖性宣言（Declaration of Interdependence），承认我们追求财富、健康与快乐的能力依赖于其他形式的生命，任何一个物种的权利都关联着其他物种的权利，谁都不应该承受冷漠的暴行。

可持续设计伦理问题的核心在于以下的因素与问题，这些因素与问题在可持续设计的对话中一再出现。

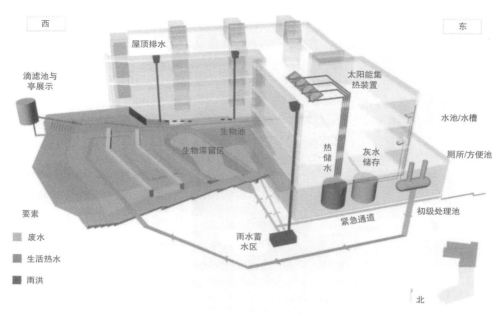

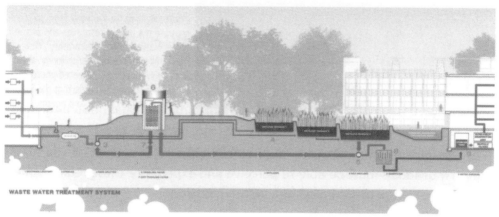

图 4.7
西德威尔友谊中学，华盛顿，1971 年更新，建筑师：基兰·廷伯莱克合伙有限公司，景观设计：安罗波根合伙有限公司
体现了建筑、景观设计与自然过程相结合的方式。"绿色设计提供了一种使学校的课程、价值观与使命完美结合的契机。"多样的水循环过程交织在可见的景观之中。"微修复区域"试图展示本地的生态系统，"包括超过 80 种的地区适应性物种，绿色屋顶、生物池、雨水渗透花园、自然水处理再利用等"。

图 4.8
正在进行田野考察的奥尔多·利奥波德

1　什么更重要，部分还是整体？存在一种设计的整体主义伦理吗？

2　什么是个人，什么是群体？以及由此而来的，什么是各自的责任？

3　什么是文化？什么是自然？它们如何关联？由此而来的，什么是通过设计可见的我们对自然的责任，以及相应地，什么是我们的权利？

部分与整体

让我们从问题 1 开始。我们会介绍一些新术语，也鼓励大家参与以下讨论，相信你们会觉得物有所值。首先让我们来定义"全子"（holon），它具有整体与部分的双重特征与作用。例如，一个细胞是由分子构成的整体，但同时也是一个器官的一部分。全子被认为是有情生命的一种自然结构。我们也可以理解为存在着更为复杂和更为简单的全子。更为复杂的全子"超越并包含"了更简单的全子，如同细胞"超越并包含"了分子。这就引向了"全子体系"（holarchy）的概念，也即是一种全子的嵌套等级系统。从原子到你的整个自我，都是一种由嵌套式全子构成的存在。在进化过程中，更简单的（我们称为更低级的）全子先于更复杂（我们称为更高级的）的全子。原子在分子之前，分子在细胞之前，细胞在有思维的哺乳动物之前。这些问题在直觉上是显而易见的，哪怕我们没有经常思考。

我们如何理解各种不同的环境策略之间相互矛盾的主张？是能量还是水更为重要？我们应该让自然融入城市，还是在城市与乡村之间画上一条清晰的界限，以阻止其蔓延？当我们拥有更多资源时，是应该用于维系文化还是维系自然？上述及诸如此类的问题，我们都可以通过一种全子体系的框架来进行分类整理。

环境价值的三种类别

从一个全子体系中嵌套式的部分与整体的观念出发，肯·威尔伯引申出了三种与环境伦理相关的价值观，每一种都具有设计行动的含义（Wilber，2001）。注意在以下的讨论中，同样的设计行动都由不同的伦理基础或者不止一种价值观进行支撑。

越南村水循环设计

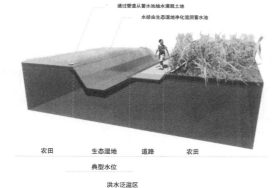

图 4.9
越南村城市农场，新奥尔良，路易斯安那州，2006。景观设计：斯帕克曼·莫索普 + 迈克尔
这一项目致力于在位于新奥尔良东部的越南人社区，一个深受卡特里娜飓风重创的地区重建当地城市农场的传统。
项目由一系列生态与社会伦理驱动，其目标包括：
·创建一个有机认证的农场；
·通过水资源的生物过滤作用，以及可替代能源如风、被动与主动式太阳能的利用，为新奥尔良地区低技术的可持续场地开发形成一个模板；
·与该地区的餐馆、杂货店建立关系；
·为社区创造一种经济与文化资源。

根本价值

这种价值观认为，所有事物存在的价值即在于它们存在。"根本"的概念即终极基础。万物、生灵与其他人类存在着，即使在我们看来它们寂然无声、一无是处。在某些哲学中，"根本"被视为"空"或者"无"，而所有的显现都生发于此（诸如在佛教哲学或者《创世纪》中，黑暗只是"深处"的表面）。根本价值的观念旨在衡量事物，如其他物种，因为它们在进化中演变至此从而体现了 40 亿年的进化历程，因为它们是造物的一部分，它们的存在是空或精神的一种完美显现，这取决于你的视角。在印度，耆那教的牧师要戴上面具以避免吸入昆虫，清扫他们前面的道路以避免踩死任何有生命的物类。草蜢、猩猩、绿黏菌与甘地拥有同样的价值。

因此，就设计而言，这显示了一种类似于医学领域"勿害"诚律的原则。其含义是，如果所有的物种都有生存的权利，那么我们的设计决策就应该给予每一类物种在其生境内继续竞争进化的机会。这就为诸如美国濒危物种法案、生物多样性、荒野保护、生态系统健康以及深层生态学等找到了合法依据。

图 4.10
郊区的死胡同住宅
就根本价值而言，郊区对大多数物种栖息地的破坏最大；就外在价值而言，它是迄今为止所有定居形式中最消耗资源的一种类型。

对奉行根本价值的设计师而言，这意味着：

· 以允许它们继续繁衍的方式，保护生物多样性，继而保护生态系统与景观。由此使一个区域内尽可能多的物种得以维持。

· 保护一个地区内各种各样的自然群落，我们不应该在扩张性开发中根除动植物之间的整体关联，或者完全改变土地覆被类型。

· 为特定的生态系统或群落保存其指定物种的栖息地。某种敏感物种可以代表整个生态系统。例如，斑点猫头鹰只在保持生长的原始森林里生存。

内在价值

用全子体系术语来讲，内在价值意味着全子在复杂性演化体系中的层级越高（越复杂），其内在价值就越高。正如威尔伯所言，跟杀死一头牛相比，杀死一根胡萝卜显然要稍好一点，因为牛具有更丰富的意识。卡拉特拉瓦（Calatrava）[①] 胜过牛，牛胜过胡萝卜，胡萝卜胜过碳。而每一个全子就其作为整体的性质而言，都拥有权利；全子越复杂，权利就越多。人类拥有生存繁衍的权利，但他们同样也具有尽可能地保存深度意识的责任。这就为动物权利、海豚、猛禽以及大型捕食者的拯救计划等找到了合法性。

遵奉内在价值的设计师，意味着他们要为以下目标而努力：

· 高级动物栖息地的保护；

· 景观生态与绿色设施网络，具备生境斑块的空间格局，基质稳定且具有连通性。

· 考虑人类定居与改善环境的需求；

· 整个景观中人类居住与活动的强度范围。

外在价值

外在价值指全子作为一个部分的价值。全子越低级（越不复杂），依赖其生存的层级与高级全子就更多，从而也就更为基础。因此，从根本上说，如果我们或其他高级有机体确实需要更低级的全子，我们就应该确保它一直存在并运作良好。这样，它的存在（不一定是作为个体）就被给予了优先权。这在逻辑上是显而易见的。

这就为资源保护、节能计划、健康土壤培育、侵蚀控制、再循环、保护性生态服务等找到了合法性。例如，水是作为一种单分子存在的低等级全子，然而，它对所有生命都不可或缺，对思想和文化也同样如此，因为它才是基础所在。没有洁净的水，就没有艺术！

遵奉外在价值的设计师，意味着他们要为以下目标而努力：

· 保护资源、节能、防止污染；

---

① 译者注：圣地亚哥·卡拉特拉瓦（Santiago Calatrava）：著名的西班牙建筑师，以桥梁结构设计与艺术建筑闻名于世。

· 防止全球气候变暖；

· 维持生态服务，诸如空气与水的过滤。

进化层级

为了回答问题 2（关于个人与群体的责任）与问题 3（关于文化与自然的定义与责任），先了解我们认为根本的与我们认为重要的事情之间的关系，将会大有裨益。首先，以下三种定义将会为我们提供一个应用的语境：

1   **物理域**（physiosphere）是这一星球上物质实体的领域：原子能、亚原子粒子、分子以及化学物质等，为物理学的研究范畴。简而言之，我们称其为物质。

2   **生物域**（biosphere）是指这一星球表面上薄薄的绿色层，是生命的领域，包括从简单到复杂的各种生命形式，为生命科学的研究范畴。简而言之，我们称其为自然界。

3   **心智域**（noosphere）（源于希腊，nous，指心智或智识），从高级哺乳动物到人类更高级智能的领域，是心理学与其他人文科学的研究范畴。简而言之，我们称其为文化。

用全子体系（holarchy）的术语来讲，心智域超越并包含了生物域，而生物域又超越并包含了物理域。

根据这一观点（是的，我们运用了一种特别的视角），文化更具包容性、更复杂，是比自然或物质更高级的全子，同时又包含了自然与物质：文化更重要，自然更根本。

现在我们终于可以明白为什么格雷戈里·贝特森（Gregory Bateson）会说："当一个有机体摧毁了其存在的环境时，它也就摧毁了自身。"（Bateson，1972）

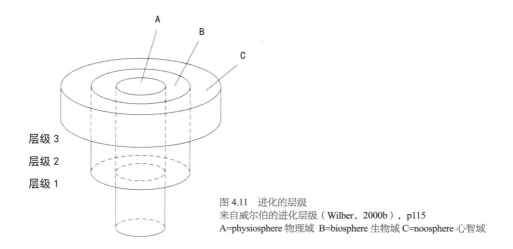

图 4.11   进化的层级
来自威尔伯的进化层级（Wilber，2000b），p115
A=physiosphere 物理域 B=biosphere 生物域 C=noosphere 心智域

城市生态系统的健康非常重要，因为它影响着人类群体与自然群落的生存能力，而两者都处于城市的生态系统之中，相互紧密关联。人类与自然共同体相互关联，因为在生物圈（系统 B，图 4.11 中的自然界）中，它们都属于同一个生命系统。意识、心智的活动以及由此产生的文化（更为包容的系统 C）都建立在生命系统的工作之上。文化的城市（C）建立在生物城市（B）之上并将其包含在内，而生物的城市又建立在物质城市（A）之上并将其包含在内。

谁是这个城市的一部分？

> 文化的城市（C）建立在生物城市（B）之上并将其包含在内，而生物的城市又建立在物质城市（A）之上并将其包含在内。

自然根植于城市，也根植于我们所有人之中。新城市主义者等城市设计师们告诉我们，城市是一个文化的产物而非自然的产物。因此，城市是一个人性的环境，而自然则归属于乡村。但事实并非如此，城市的存在从根本上依赖于自然界，那个无时不在、无处不在的自然界。

作为更高级的意识存在，人类拥有存在的最大权利（内在价值），也担负着对其他个体与社会的最大责任。用环保术语来讲：

> 我们拥有最高等的意识，因此无论从全球还是从地方而言，都负有最大的责任来保护作为我们自身以及其他物种生存环境的生物域。

个人的与社会的

就此而言，那什么又是建筑或城市呢？正如利奥波德所言，人类就是参与生态系统共同体的无数个体。而每一个个体全子（UL 以及 UR 视角）同样也是一个社会或共同体的全子（LL 及 LR 视角）。社会全子（如家庭、部落与社会）则更为松散地组织起来，并没有一个中心的自我意识。社会全子由个体全子以及它们相互交换的产物所构成。产物由全子制造，包括呼出的二氧化碳、散发的热量、写下的诗歌以及建造的城市等。

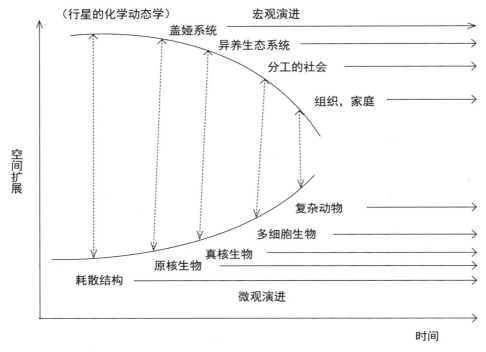

图 4.12
个体（微观演进）与社会全子（宏观演进）的同时发生
来源：Jantsch（1980）

> 人类不是生命之网（生物域）的一个部分
> （作为亚全子），但从空间上和功能上而言，
> 我们是生态系统以及生命景观的成员。

　　社会或环境的全子与个体的全子同时出现，不可分割。就此而言，我们人类作为高级的个体全子，包括了我们的复合型构成中所有较低的层级。因此，我们也拥有我们的社会全子，演进到目前阶段的所有社会全子（环境）。人类是参与了许多共同体与社会全子的成员。这与作为更高级个体全子的一部分有所不同，也与仅仅作为生命之网的一部分全子有着根本的区别。

一个城市设计的实例

我在查塔努加工作时，绿色视野工作室的同事和我开始摸索一种绿色设计的模式语言，以此寻找解决问题的路径。我们的表述正好与同时将人类视为自然与文化（以及物理的）存在的全子体系观点相一致。绿色模式为我们提供了一种同一的、非二元论的语言来思考城市与自然。而一旦我们运用二元论的语言——自然与文化、城市而非环境的、人类对生态系统的影响、发展与保护的平衡——一旦陷入这种思维，我们就永远不可能整合这些显而易见的对立范畴。

绿色模式从一种不是、就是的逻辑转向一种既是、又是的逻辑。绿色模式聚焦于建成城市与本地场所环境中的健康、安全及福祉的保存与维护；聚焦于人类聚居区与野生动物栖息区；聚焦于聚合了多种相关系统的整体环境。我们相信，其结果将会是这样的城市：

· 保障居民的健康并创造一个健康的城市生态系统；
· 提供既可以享受城市设施，又可以感受自然循环的高品质城市生活；
· 将我们与富于生机的自然环境重新连接，与社区中的他人重新连接；
· 增进开发机会，增加受保护的开放空间；
· 为后人留下丰富的遗产，并使当代人获益。

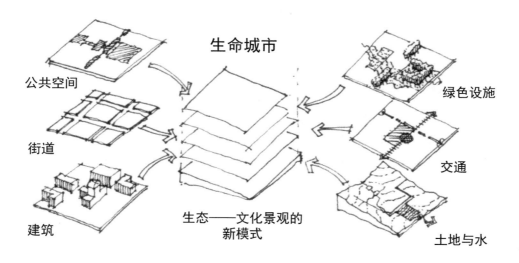

图 4.13
绿色城市模式，查塔努加市区规划，查塔努加，田纳西州，绿色视野工作室，所有的模式都从自然、文化中显现出来

表达自然的观念

从文化视角切入的可持续设计，其主张之一在于，设计应该（无论有意识还是无意识，都一直如此）通过其语言形式表达人类与自然的关系。哲学家迈克尔·齐默尔曼阐述了其难点所在：

> 不幸的是，"人类"与"自然"两者的定义都纷繁复杂，众说纷纭。人类以及地球上的其他生命都是至高无上的造物主的产物吗？还是说生命，包括人类生命，仅仅是宇宙与地球数百万年来茫无目的演进中的一个偶然性事件？或者自然这一浩瀚的系统性实在，其存在完全独立于人类及其微不足道的事务之外？或者自然仅仅是一种社会的建构，是在浩如烟海的人类实践中牵涉并显现的一种复杂的现象学领域？人类仅仅是由演化过程中生成的结构形态所限定的智慧生物吗，还是复杂的语言与智能促使人们建构起只有用他们自身的术语才能理解的历史领域，从而超越他们所设想的"自然的"起源？自然全然是人类应该用来增强其力量，巩固其安全性的物质性现象，还是说自然是人类应该奉若神明的生命源起之母体？显然，要定义人类与自然的关系并非易事。（Zimmerman，2004）

力学与意义

兰斯·拉文在《建筑力学与意义》（*Mechanics and Meaning in Architecture*）中，提出了一个强有力的观点，即建筑作为一种有人居住的技术，如何成为一种隐喻，将我们置于与自然的关系之中（Lavine，2001）。他提出了四种技术隐喻，即"通过人所创造的建筑隐喻式描述自然的不同方式"。

"自然作为可感知的交互作用"之隐喻

自然的精髓可以通过深入体察其如何运作而得以理解。由此出发，当建筑回应自然力量或与其互动的过程显而易见的时候，自然便得以彰显出来。例如，当我们看清楚主次屋顶结构构件的秩序之后，就可以显而易见地把握从屋顶到地基的自然力。建筑模式是优美的自然模式的反映。自然作为实证的力量而得以理解。

"自然作为感性显现的信仰"之隐喻

借由仪式以及仪式的支撑，建筑将自然呈现为神秘阐释的化身。正如约瑟夫·坎贝尔（Joseph Campbell）所言，仪式是神话的演绎。而神话在坎贝尔看来，是事物如何成为其自身，以及为何成为其自身的"阐释性故事"（explaining story）。从这个角度而言，自然正是我们所仪式化的，如有关太阳的篇章（阿兹台克人的太阳或者挪威人的太阳）。自然的意志由看不见的力量所推动。建筑通过视觉化体现我们关于自然的故事以及我们与自然的关系，帮助我们为世上万物的存在找出其意义所在。我们如何建造体现了我们的信仰。

"自然作为内在的根源"之隐喻

创制物品的过程使我们逐渐了解自然，也间接地将自然含括在内。当我们试图构建某种有目的的、可以存留于世的东西时，关于自然可能是什么的智性观念与抽象概念便开始产生。通过建造这一涉入自然的行为，我们对自然的了解逐渐深入。

我们是把设计作为智性的结构加以构建的，但其回应的架构却仍然溯源于自然。我们并没有建造自然，但我们对自然的所知所想已经呈现为我们工作的一种备忘。就像农夫通过种植过程中的成败经验，得以从云层中了解季节以及天气变化的信号一样，建筑师也通过建造这一行为来了解自然。设计可以表达出我们对自然真实性的抽象理解，比如，一种统一的结构可能表达了重力的本质，它是一种在地球上任何地方都普遍存在的恒定之力。

图 4.14
自然作为可感知的交互作用，太阳能研究设施，金奖，科罗拉多州，建筑：安德森·德巴托罗计划有限公司
立面/屋顶的形式直接体现了光与太阳的运行。我们可以从内部看到其反射的视觉形式，也可以从外部看到其明显的阴影。对于那些能够通过与形式的互动来理解自然作用力的人而言，这个建筑意味深远。

图 4.15

自然作为感性显现的信仰，静修室，塞维利亚以北 25 英里，西班牙，1975。建筑师：埃米利奥·安巴兹

这一项目通过融会自然或形成自然的延伸，来寻求与自然的和谐，"使场所回归自然"。同时，室内营造了一种"亲密交流的氛围，尤其强化了这样一种双向的感觉，既将内在的自我向外伸展，又将浩渺的宇宙引至内在中心"（Ambasz et al.，2005）。

图 4.16
自然作为内置的根源：太阳伞住宅，威尼斯，加州，2005，建筑师：皮尤·斯卡帕
这一项目为下一代的加州现代主义建筑师提供了范例。"自然通过屋顶、墙上开放区域的抽象元素呈现出来，这既是他们试图修正的力量，也是他们的灵感源泉所在。"（Lavine，2001）一种现代简约的自然构成了"户外"。大块轻薄的光伏屋顶带来了电力，空间中层层渗透的光影、高技术防水布的应用则使我们生活在澄明的自然"之中"。

"自然作为辩证的差异"的隐喻

"自然是技术形式可以有力论证的对象。"（Lavine，2001）就此而言，设计师意图的不同造成了他们设计的差异，而建筑则是其论证形式。例如，体现出天（天空）与地（地平线）之间的区别，以及它们对窗户朝向的影响（天窗、阳光通风窗与景观窗）。在此，自然以一种纯粹智性抽象的方式呈现。

拉文指出有关自然的隐喻可以来自有形的力量，也可以来自智性的抽象力量，还有其他多种隐喻的可能。第二部分发展了这一观点，即每种视角都体现了发展过程中复杂性层级的展开，在文化视角体现为四种层级的展开。每一层级都是一种世界观，其中蕴含了不同的关于自然及其与人类关系的主导性神话。第四部分探讨了许多关于自然的其他观念，以及如何设计才能将人与自然连接起来，其中同样运用了隐喻的语言。

图 4.17
自然作为辩证的差异：沃思堡现代艺术博物馆，沃斯堡，得克萨斯州，2002，建筑师：安藤忠雄
并非所有将人们置于自然之中的建筑都必须在性能视角（UR 行为视角）是"绿色的"。这里的自然体验
高度抽象和理智化。对光的理解与结构的秩序及规律，以及玻璃的明晰相对应，水池以水、岩石与倒影
的方式呈现出来。分割的混凝土墙画廊内部的艺术体验，与外部公共空间中自然作为现代艺术的体验之
间形成了对比，并通过建筑得以调和与呈现。

> **如果你运用隐喻的方式开放地思考可持续设计，你就会比那些深陷于测评与量化的人想出更多可能的解决方式。**

此类隐喻的关键在于象征形式中的表达，运用物理性建筑设计的方法，表达有关我们在这个世界的存在、我们在此地的居住、我们如何归属自然等极为重要的问题。因为设计与生俱来要处理我们在自然环境中如何居住的问题，自然也以即将安置某物的方式在设计师面前呈现出来。但我们如何进行安置呢？

拉文建议，设计通过技术手段，"需要以一种允许人们物质地、情感地以及精神性地归属自然的方式来界定自然"。这样的设计，意味着必须要像关注可持续设计的性能一样关注其意义。这并不是说它不应该表现出良好的环境性能，这当然是必须的！我们也不能简单地以这一设计与自然之间富于象征意味的关联，来作为它性能糟糕的辩护理由。为什么不两者兼具呢？那正是未来值得我们全力以赴的方向。

如果你以隐喻的方式开放地思考可持续设计，你就会比那些深陷于测评与量化的人激发出更多可能的解决方式。然后，你可以利用性能工具，以一种更富意义的设计解决方案来达成性能的目标。

这些隐喻首先是作为设计师的生成工具，然而，它们或许也可以用来传达或表达根植于建筑中的观念。希望物质、自然与文化及其相互关系的概念，如同前述的伦理讨论中所介绍的一样，能够提供一种框架，回答我们关于人与自然关系的诸多问题：

· 设计可以表达我们关于自然的观念吗？

· 设计可以体现我们对有关自然的伦理责任的理解吗？

· 设计可以超越将我们仅仅视为巨网中一根线条的看法吗？

· 设计可以表达我们将生态系统视为我们共同体的想法吗？

· 设计可以富于意味地体现自然过程吗？

· 可持续设计可以教会人们关于生态系统的秩序与法则吗？

这是新一代整体可持续设计师的工作。

参考文献

Ambasz, Emilio; Alassio, Michele and Buchanan, Peter (2005), *Emilio Ambasz Casa de Retiro Espiritual*, Skira, Milan.

Bateson, Gregory (1972) *Steps to an Ecology of Mind: Collected Essays in Anthropology, Psychiatry, Evolution, and Epistemology*, University of Chicago Press, Chicago.

Jantsch, Ericn (1980) *The Self-Organizing Universe: Scientific and Human Implications of the Emerging Paradigm of Evolution*, Pergamon Press, New York.

LaVine, Lance(2001) *Mechanics and Meaning in Architecture*, University of Minnesota Press, Minneapolis.

Leopold, Aldo (1949) 'The Land Ethic', in *A Sand County Almanac: With Essays on Conservation from Round River*, Ballantine Books, New York.

Lovejoy, Arthur O. (1964) *The Great Chain of Being*, Harvard University Press, Cambridge, MA.

McDonough, William (1993)'Design, Ecology, ethics, and the making of things', a centennial sermon at the Cathedral of St. John the Divine, 7 February, New York.

Wilber, Ken (2000a) *A Theory of Everything: An Integral Vision for Business, Politics, Science, and Spirituality*, Shambhala, Boston.

Wilber, Ken (2000b) *Sex, Ecology and Spirituality: The Spirit of Evolution*, Shambhala, Boston.

Wilber, Ken (2001)'Environmental Ethics and Non-Human Rights,' *New Renaissance*, vol 10, no 3, issue 34, Autumn.

Yeang, Ken (1995) *Designing with Nature*: *The Ecological Basis for Architectural Design*, McGraw-Hill, New York.

Zimmerman, Michael E. (2004) 'Integral ecology: A perspectival, developmental, and coordinating approach to environmental problems', *World Futures* special issue onIntegral Ecology, Hargens, Sean (ed.), vol 61, no 1-2(Jan to Mar, 2005), pp50-62.

5 体验视角的深入探讨

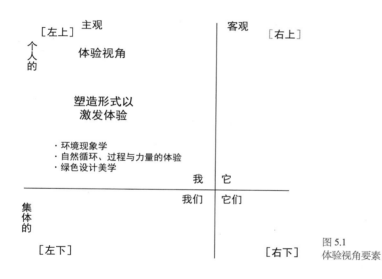

图 5.1
体验视角要素

　　本章通过对体验视角的探究，讨论通常被忽视的个人内部体验的视角。它发展了以人性体验作为可靠的、可共享的品质量表的观念，并且将体验模式与空间模式关联起来。关于如何设计有关自然的人性体验，本章总结出了多种可共享的设计途径与方法，最后以一系列有关可持续设计的新的美学观念作为结束。稍后，在第二部分，我们将涉及另一种关于内部视角整体方法的要素，阐释人类个人的不同发展阶段，并探讨这一螺旋结构对文化世界观以及对理解可持续设计的差异性所造成的影响。

　　希望到目前为止，我们已经基本完成关于行为、系统与文化视角的合法性与必要性的建构。而另一个视角，从历史而言曾经对设计师非常重要，但在我看来今天并未在可持续设计领域获得应有的重视。可持续设计基本忽略了体验视角（UL），从而在人类的感受与愉悦感方面几乎没有发言权。它漏掉了我们作为个人感受以及解释建成环境的方式。在有关我们的心理类型、内在动机或不同的知识类型甚至不同层级的伦理观如何影响我们的建筑体验上面，当代的可持续设计几乎无话可说。可持续设计如同总体的设计领域所呈现的那样，甚少对美学有过正式的认同。在可持续设计中，美在某些时候等同于工程的精确性（UR 层面的效率），或者等同于生命过程流的组织模式（LR），尽管后者更为少见。更通俗地讲，美学被认为是一种"非绿色"的因素，正如我们在检视整体建筑设计导则标准时所见到的那样。

从体验视角出发，可持续设计通过个人的内部体验而得以理解。这一视角尤其关注于：

· 作为居住者所体验到的可持续设计的现象学；

· 人的美学回应；

· 设计师如何看待设计与自然；

· 设计师对创造丰富的可持续设计人性体验的关注程度；

· 设计师自身内在的发展是否允许设计师理解与实践整体可持续设计。

可持续设计的感觉

从这一角度出发，设计师尤其关注可持续设计如何才能从更为丰富的美学层面被使用者所体验。让我们从这样的看法开始，即我们可以依循世界的现象、物体与事件在意识中的本来呈现，来体验这一切。为了理解他人如何体验场所、空间与物体，设计师可以培养他或她更为精细的知觉感受，以及介入现象所需的直接注意力。

"如其所是"地体验世界，需要全神贯注地沉静内心、放松躁动的身体并暂缓阐释。这是伟大的东西方传统智慧教给我们的技巧。

某个设计师一旦可以完全地体验"物之所是"，未经过滤地体验关于太阳、风、光、黑暗、阴影、热与冷、湿与干、好闻与难闻的气味——不施以判断——他就尽可能地趋向了他自身"如其所是"的真实体验，而不是经过思考或阐释的结果。这就是促成或激发他人某种特定体验的场所设计的起点。

图 5.2
劳伦斯·伯克利国家实验室分子铸造厂，伯克利，加州；建筑师：斯密斯集团
尽管这一建筑获得了 LEED 金奖及其他奖项，且它的许多基本组织都与太阳能及照明的目标相关，美学表达却在很大程度上与绿色无关：这是两个同时存在但只有轻微交叉的视角。

它要求经常的实践，它要求深入地看训练，那就是设计师在设计学校中经由素描所培养的能力。相较于漫不经心的观察，素描练习更能体现丰富的细节、形式与微妙的感受。透过这种练习，我们的洞察力得以提升，而其他感觉则需要其他练习。

体验模式

经过一段时间相对原始的、赤裸裸的体验之后，体验的模式就会在一个人的意识中逐渐生成。我们日复一日地看见光的片段、听见声音的节奏，在日子与季节流逝中感知太阳的升起下落，在下午感受西侧墙面的热度，早晨感知它们的阴凉。雨季，我们发现一种生命的模式，旱季，又发现另一种模式。这些经验的根本区别，开始于作为感觉经验的自然力量间的对比，这是我们形成更复杂的自然经验模式的基础。当四种视角同时存在时，我们也许无法完全避开语言与文化认知上带有的不同色彩，但可以越来越清晰地觉察一个人的感知，并越加意识到文化为这一体验所限定的框架。

图 5.3
弗吉尼亚大学的庭院厕所，夏洛茨维尔，弗吉尼亚州
即使在最实用的场所，也有丰富的体验——光影交织的图案、弯曲的树干、与白灰色的门
形成对比的丰富的旧砖肌理、高于常规梯步的独步台阶。

在《好住宅：作为一种设计手段的对比》（*The Good House: Contrast as a Design Tool*）中，马克斯·雅各布森（Max Jacobson）、默里·西尔弗斯坦（Murray Silverstein）以及芭芭拉·温斯洛（Barbara Winslow）（1990）描述了在建筑中可以感知到的几种基本的对立面，可以将其运用在设计中以激发预期的体验：

· 内部与外部；

· 暴露与调和；

· 起与伏；

· 有与无；

· 光与暗；

· 秩序与神秘。

我们马上可以设想到，自然在这些对比中呈现出来。考虑到这些体验模式的对比性，其目的在于"超越技能，在更深的层面——美学地、情感地、智慧地甚至是精神地——给予满足"。以这样的方式设计的建筑具有"唤醒居住者的感受、记忆与思想并激发其创造的能力"（Jacobson et al.，1990）。

图 5.4
印度森林管理协会，博帕尔，印度；建筑师：阿兰特·拉吉
封闭的循环走廊，充溢着多种对比的体验模式：内部与外
部、暴露与调和、起与伏、光与暗、秩序与神秘。

体验模式根植于空间模式之中

　　我们所有的体验都在某个地方、某个场所发生。我们生活中的所有事件都锚定在某个空间。与朋友共度的美好夜晚绕着厨房餐桌而展开，欢迎与告别仪式从入口台阶到过厅到起居室又循环往复。正如这是我们社会活动的真相，这也正是自然活动的真相。

　　是好天气还是坏天气，是凉风还是寒风，在我家乡的景观中，是由它们在田纳西河"大峡谷"中的位置所决定的。大峡谷位于田纳西东部，从西南部延伸至东北部，一边是1 000英尺高的悬崖峭壁的坎伯兰高原，另一边是6 000英尺高的斯莫基山脉。同样，我们的体验模式也根植于这些如出一辙的自然力量与物理现象中，这种力量反过来又与它们的空间模式紧密关联。回顾系统视角中的讨论，我们再一次看到形式与过程相互交织。在此基础上，我们再加上一条，体验的过程根植于形式与场所中。

区别于情绪的感觉

　　设计师会问，"什么样的空间才能引发最好的体验形式呢？"致力于整体可持续设计的设计师则会问，"什么样的空间才能引发人对自然的丰富体验呢？"要讨论什么是最好的体验模式，我们可以将感觉与情绪做一个区分。感觉是我们对一种现象如何直接感受：明尼阿波利斯一月的雪是冷的，菲尼克斯七月的太阳是热的。情绪是意识的一种情感性状态，如开心、难过、害怕、憎恨、喜欢与不喜欢等："我喜欢寒冷，或者我讨厌寒冷；我在热浪之中感觉很开心，或者很痛苦。"关于想法是否介于感觉与情感之间，理论上并未达成一致。通常而言，我们意识中的跳跃被体验为瞬间。然而，许多智慧传统中的冥想练习以及当代心理学的发现都认为，在感觉与想法中画一条鸿沟，或者在阐释性想法与情感回应之中画一条鸿沟，这样的过程可能已经土崩瓦解了。如果有人善于自我观察，他哪怕不是一直观察，也会常常发现判断发生在情感之前。至少在这类回应模式早期形成的过程中，在他们形成自动的习惯性心理沟回之前，是确凿无疑的。

也许有人会问，"为什么说这很重要呢？"作为一个设计者，如果你能拥有区别于个人判断的相对纯粹、直接的体验，那你就更有可能为他人创造自然的体验。要体验"好的"感觉模式，尤其是对更广泛人群而言更为普遍与重要的模式，一个有效的方式就是，觉察我们的自动化回应："好热，太糟糕了，躲起来，到有空调的地方去。"相反，如果我们这样开始，"炎热是这样的；出汗是这样的；阴凉是这样的；微风是这样的"。那么当我们从微风徐徐的阴凉地带看过去，炎热实际上也是很美的。热成为一个更加相对的概念。"这里比那里凉快，现在比以前凉快，感觉不错……"或者甚至"徐徐的微风简直是天赐的礼物"。

图 5.5
弗吉尼亚大学圆形大厅图书馆的凹室，夏洛茨维尔，弗吉尼亚州；建筑师：托马斯·杰弗逊
一个近于完美的适合图书馆功能的空间：八字形侧壁柔和的转角，两侧的日光、可移动的椅子、随处就坐的选择、营造亲密感的藏书方式。只是附加的灯光有些偏离活动与空间的需要。

图 5.6

希狄赛义德清真寺，艾哈迈达巴德，印度，1572。建筑师：希狄·赛义德

空间模式引发了对自然的体验。阳光普照的前庭使退却的阴影更加深邃，但透过后墙拱门下生命之树在精美石刻上的投影，我们仍然可以欣赏阳光的明媚之美。浴足仪式之后，即可体验在毫无遮挡的石头小径上行走的灼热，以及其后石质地板上的阴凉之感。

感觉作为洞察的手段

　　克里斯托弗·亚历山大（Christopher Alexander），在《秩序的本质》（*The Nature of Order*）中认为人的感觉是决定空间好坏的关键所在，尤其是活力或沉寂、整体或部分、生机盎然或死气沉沉等感觉（Alexander，2001）。可持续设计致力于为众多物种营造活跃的、整体的、生机盎然的场所。这一视角为我们以全然不同的方式做出可持续设计的决策提供了很好的切入点。他所指的这种感觉是一种深切的幸福感，其中我们可以感受到最真实活泼的生命与整体的自我。

　　他的实验指出，大多数人都认为，我们对是否更具"活力"这一判断的比较，源于我们对自我、空间或对象之间的内在共鸣与感受。换句话说，对于意识清醒的人而言，通过对他们的内在状态密切地关注，人们即可确定并在很大程度上认同设计的品质及其特点。如果这是事实，难道不令人感到振奋吗？亚历山大不惜以大量篇幅，翔实地论述了人的主观体验也具有客观性的可能。

图 5.7
管理开发中心，艾哈迈达巴德，印度，建筑师：阿兰特·拉吉
即使空无一人，这个开放的流通空间与庭院也充溢着生机勃勃的感受。在那里可以感受到如同家一般的
宁静与自然，以及场所的活力与共鸣。在某种程度上，场所的秩序也为个人赋予了秩序。

体验的设计模式

形式感的共识

亚历山大在《秩序的本质》中所运用的方法，某种程度上是他的经典著作《建筑模式语言》（*A Pattern Language*）中模式记录这一根本方法的变化与更新。在当代设计领域，体验往往被视为单纯的意见，从而被忽略："我的体验不同于你的体验，它们都是对的，但既然我们不能达成共识，那就无可借鉴。"与之相反的是，就用于庇护的屋顶形式而言，这一根本问题可以描述为：

> 屋顶在我们生活中扮演了一个重要角色，最原始的建筑除屋顶什么也不是。
>
> 如果把屋顶隐藏起来，使人们感受不到屋顶在建筑中的存在，或者屋顶无法使用，
>
> 那人们将会丧失一种最为根本的庇护感。（Alexander et al., 1977，p570）

对从事可持续设计的设计师而言，挑战在于如何体验自然及其模式，使得我们可以应用这种个人的智慧来为他人的自然体验而设计空间。

我曾经连比带画地问过一届又一届的建筑专业学生："什么让你更有庇护的感觉？像这样的屋顶（双手合拢成人形屋顶的形状）还是这样的（以摊开的手掌代表平屋顶）？"然后，我又问他们，"是这样的屋顶（平的）还是这样的（像蝴蝶一样的）让你感觉更受庇护？"在百分之百的案例里面，都有百分之百的学生同意，人形屋顶比平屋顶更有庇护感，而平屋顶又比蝴蝶样屋顶更有庇护感。这表明了一种跨文化的广泛共识。中国人、德国人、尼日利亚人、委内瑞拉人的答案都是一样的。18岁的人回答与40岁的人回答也是一样的。这表明在一些原型的层级上，我们生来一致。因为我们的身体与精神属性都经过了数百万年的演化，可能更趋向相似而不是相异。我断言这一真理存在于深层的、古老而神秘的原型范畴之中，在那里对所有人而言，现象都以同样的方式发生。

同样地，在现象阐释的层面，不同的文化与地区存在着差异；但即便这样，就一个特定的文化内部而言，关于什么样的体验才是好的或者是想要的，我们往往也可以找到大量的共识。

图 5.8
基督教科学派第一教堂，伯克利，加州，1910，建筑师：伯纳德·梅贝克

图 5.9
马格尼住宅，新南威尔士州，澳大利亚，1982，建筑师：格伦·默科特
哪一种屋顶更有庇护感？大多数人认为图 5.8 的空间营造了一种更强烈的庇护感，两者都有大面积的玻璃幕墙，图 5.9 的房间让人感觉更开放，更接近天空，或者更现代，但庇护感较弱。

空间与体验的联锁模式

从精神感受出发，我们必须应用部分定位归纳（orienting generalization）方法来找寻体验模式，以及支持这类体验的空间模式之间的关联。例如，我们可以看看下列从《建筑模式语言》中摘录的模式清单，哪怕仅从其命名来看，我们也可以感受到它们是否引发了关于自然及其力量的体验：

绿茵街道	公共用地
眺远高地	静水
近宅绿地	动物
水池与溪流	基地休整
朝南的户外空间	回廊
有采光的翼楼	与大地紧密连接
半隐蔽花园	梯形台地
外部空间的层级	树荫空间
有生气的庭院	野地花园
带阁楼的坡屋顶	窗前空间
屋顶花园	有阳光的工作台
拱廊	矮窗台
室内阳光	深窗洞
禅意景观	屋顶顶尖
明暗交织	老虎窗
两面采光	过滤光线
阳光场所	小窗格
户外围合空间	投光区域
临街窗户	

　　即使没有加以定义，你也可以看见这样的空间与体验，尤其是太阳、光、微风、阴影、植物、地面等诸如此类的体验相连接，这些都与一种空间语境直接相关。体验视角的挑战就在于如何为体验组织空间。

为隔离还是为连接设计？

　　我们可以将这一类型与许多现代及后现代建筑（大部分都利用现代技术）的特点作比较。当代建筑通过一种分离的建筑类型，往往具有一种使人远离自然的结果。这种隔离常体现为：

图 5.10

英国领事馆庭院，新德里，印度，建筑师：查尔斯·柯里亚

在印度建筑中，有多种方式来处理建筑边缘，使其置于一种更为流动与紧密的内外关系之中：露台、缓冲区、台阶、户外围合空间、庭院等。

·空调制造了一年四季恒定不变的温度，无论亚特兰大还是迈阿密的商人，都可以在八月份穿上三件套的羊毛西装。

·无法调节窗户的密封结构切断了感受微风、聆听鸟鸣与闻到花香的可能。

·厚墙平面，依赖日光灯的后果，造成了居住者与窗户之间漠不相关。日光可有可无，完全依靠电灯照明。任何地方、任何时间，都可以得到想要的光照强度。

在这样的建筑中，自然只是透过有色玻璃幕墙所看到的风景而已。

著名印度建筑师查尔斯·柯里亚在华盛顿大学的一次演讲中提到，印度建筑与北美建筑的不同在于，北美建筑中，墙是一种分割，一道生硬的界限，你要么在里面，要么在外面。而在印度，建筑的边缘是一种更为深入、含混的居住层级区域，旨在将内部与外部在不同程度上连接起来。

共享的设计知识

每一种设计原则都有其共享的知识来源，如何设计有关自然与自然节奏的美妙体验，其知识也多不胜数。在莎拉·苏珊卡（Sarah Susanka）的著作《家的设计》（*Home By Design*）（Susanka，2004）中，她提出了许多设计原则，其中一些即专注于体验：

·层次：开放框架、开放序列、通道连接、拱廊以及推拉隔断等；

·内与外：连续表面、无框窗户、户外中心和户外空间；

·开放性：滑门、滑屏、滑板以及可移动窗户墙；

·步行照明：通道尽头的灯光、走廊尽头的窗户以及主轴线尽头的窗户；

·光照强度的丰富性：光与阴影的层级、以光来塑形、黑暗中参差错落的窗户与光亮；

·景观与非景观：非景观照明、单向景观、艺术玻璃画与小窗格。

同样地，在《家的模式》中，许多模式都直接关涉空间与人的自然体验之间的关系（Jacobson et al.，2002）：

·融入场地；

·创造空间，内与外；

·庇护型屋顶；

·捕捉光线；

·私密界限，公共核心；

·庇护与远眺。

图 5.11
入口，约翰逊住宅，因弗内斯，加州，1999，建筑师：JSW/D
一个入口展示了几种模式，包括"置于中间"以及"创建连接内外的空间"。

在另一种专注于类型（通常意味着一种可复制的空间形式）的稍有差异的表述中，莫尔纳（Malnar）与沃德瓦尔卡（Vodvarka）描述了空间感类型，以反映"在一种特定形式中从认知与感觉上都可以觉察到的集体无意识"（Malnar and Vodvarka，2004）。他们将个人的感觉经验与人类心理中共有的建筑原型模式关联起来。由此，"类型学以感觉为基础——无论在类型的觉察，还是在其真实性的验证之中"。

可持续设计美学

美学是从体验视角（UL）着手的设计师们最为关注的领域之一。当然，体验是美学阐释的根本所在，美学体验是对美的一种反应。美学作为一种哲学研究，试图对人类的审美经验做出阐释。但可持续设计师们也许会问：可持续设计美学，难道有什么不同之处吗？

日益复杂的美学感知

从逻辑和体验两方面来思考可持续设计美学，我提出了一种有效的假设以供参考。以下是一系列包容性不断扩展的命题，体现了可持续设计美学的阶段性。每一个新的层级都要求通过应用某种工具，从不同的来源和感觉的扩展等层面来对现象予以更加整合的理解与表达。作为一种从整体理论出发的整体可持续设计美学，要从以下五个复杂性与包容性不断扩展的层级来加以思考。

视觉美学

视觉美学指视觉体验与秩序的美学，往往也是一种形式美学，因为受关注的对象总是体现为一种客观形式。美学感知中孕育了形式构成法则，包括颜色、整体、平衡、多样性与重复、比例等。美的概念倾向于静止不变：无论一棵树、一个广场还是一座建筑，都被体验为一种固定的可观看的对象。大多数人将自然视为是美的。而一座可持续建筑同样也可以被视为是美的，还可以为人们带来其他绿色的益处。另外，可持续设计也可以成为一种背景或一种框架，来呈现自然的视觉力量。

现象学美学

现象学美学指过程的体验层，即那些被认为美的并不局限于它们的外观，同样也跟我们如何以多种感觉全身心地体验它们密切相关，如骑自行车（过程中）的美学经验。自行车是一种美的经验并不只在于它是一种挂在墙上的视觉艺术品（尽管事实可能如此），也因为它将我们与空气和地形的微妙之处连接了起来，改变了我们对时间和空间的知觉，并创造了一种靠运动来获得快乐的机会。美这一概念可以是非常生动的，包含时间与变化。现象学美学并不排斥视觉美学。它包含了将视觉作为一种重要的知觉手段。可持续设计可以经由多种感觉而被体验。对设计师而言，创造一种形式，将使用者带入一种丰富的全身心的自然体验中是完全可能的。

过程美学

过程美学指对"关联模式"的认知，形式与过程之间优美的适合与互动。如果某种空间模式体现了一种过程，且这种模式有助于解决呈现于环境中的内部作用力，那它就可能是美的。一顿大餐的美学体验并不只在于其食物的味道，还涉及一个特定场所中的整套仪式安排。过程也是变化的秩序，美的概念永远是动态的。过程美学包含了现象学体验作为过程的一种类型，同时又以其多样化的延展超越了它。

从这一角度而言，可持续设计通过强化过程的优美，给予人们一种美的自然体验。可持续设计也通过设计中的空间模式，增强了这些过程之间的关联与互动，体现出它们的关联之美。

生态美学

生态美学指对创造出生态健康的美的模式之欣赏，这一模式与生态原则及秩序相一致。如果某个东西破坏了我们的生存系统，它如何还能被称为是美的呢？像过程美学一样，从觉察者（或设计者）到产生审美体验的感知，也需要某种程度的生态意识。美的概念是复杂和系统的。我们可以从生命圈的感知中，以及人类与其关系的建构中发现美，我们也可以在可持续设计过程的网络结构中发现美。

考虑到一个具有生态复杂性的可持续设计会创建一个整体生命系统的场所，而这样的生命系统将很多过程组织起来，如水、食物、信息、能量、人类活动、其他物种的生境等。因此，生态美学已经超越并包含了过程美学。生态美学可以被视为一种聚焦于感知生态环境的精妙之处，以及它们与可持续设计模式之间关系之美的环境美学。换句话说，生态美学是关于自然与社会之物如何在生物圈层级上整合为一个系统的觉知之美与体悟。

图 5.12
视觉美学：华盛顿大学的苏格兰榆树
美的形式、色彩、色调、结构与重复。

图 5.13
现象学美学：骑自行车
经由时间、空间中的运动，以及其中的多种感觉所形成的美的体验。

图 5.14
过程美学：美国建筑师联合会（AIA）北卡罗莱纳州总部竞赛方案，建筑师：马特·霍尔（Matt hall）与夏恩·埃利奥特（Shane Elliott），反结构（OBSTRUCUTURES）
食物、水与阴影的过程在正立面的"食物墙"中得以精妙地展现，这面墙由雨水灌溉，可操作、可互动、可回应，具有象征意味。

图 5.15

生态美学：泻湖公园，野地边缘的生态，圣巴巴拉，加州，景观设计师：范·阿塔（Van Atta）

"人工湿地生境，一个吸引学生的场地，一个过滤与清洁雨水径流的系统——一切都被整合到曾经是碎石停车场的场地中。"

同样的物理事实可能在一种视觉审美感知中被觉察到，但由于先在的知识与概念框架类型的不同，这些体验（在感受层发生）也许会潜在地以全然不同的方式体现出来。我曾经与一位知识渊博的景观建筑师在圣路易斯植物园散步。他可以指出各种各样的生态群落，从洒满阳光、岩石林立的林间空地到季节性湿地。他可以分辨植物群落及相互之间的关联，以及它们与斜坡、向阳面、土壤、湿度、基础地质学等诸如此类的关系。他可以揭示出那些我眼之所及但思维未及解释的模式（以及甚至我都未能见过的新模式）。艾默生（Emerson）称之为"启发之眼"（instructed eye）：我们知道得越多，可供欣赏的越多。在这一情境下，这位景观建筑师显然展现了属于生态美学的一种秩序与美感。一种复杂的可持续设计应该在设计中，或者通过设计追求这样一种美的显现。

进化美学

进化美学指对过程秩序的感知。某一事物如果体现了随着时间变化与进化，尤其是朝着更高一级的整体性、秩序与复杂性进化的过程，就可以被视为是美的。就某种角度而言，这并非一种显而易见的感知。我们对这种感觉可能是完全疏离的，但从另一个角度而言它却又是非常直接的，因为我们可以通过感官发现，诸如此类的现象一直在发生。我们所需要的是一种长期的记忆视角。进化一词在这里是一种不太严格的用法，意味着一段长时间内的变化。（并不限于更为严格意义上的生物进化层面基因改变的含义）。

哈佛景观规划学者卡尔·斯坦尼茨（Carl Steinitz）曾在一次演讲中谈道，一个设计师要真正理解一个场所，至少应该在那里住 20 年以上。他谈及要采取一种长期视角了解景观（作为生态系统的镶嵌）模式与过程如何在数十年或数个世纪间发生改变。这需要自然与文化历史的方法，以及航拍照片与卫星多光谱图像等更为多样化的手段。美的这一概念是高度智性和抽象化的。然而，进化美学仍然超越并包含了生态美学。

多视角的美学视野

> 一种整体美学观将尊重并整合同一设计对象的多种美学视角。

贾萨科·科恩（Jusuck Koh）在他的论文《生态美学》（Koh,1988）中讨论了形式美学、现象美学以及生态美学之间的某些差异。科恩的文章在当时非常重要。然而，他不时地企图消解左上的体验视角，将之并入右下的系统视角。他在一种"创造性的总体理论"中寻求一种合成的美学与生态思维。但对整体可持续设计而言，这些截然不同的视角领域都有各自不可或缺的特性。从事整体可持续设计的设计师力图将现象美学视为个人体验（左上体验视角）中出现或显现的，并将之与其他的主要视角（行为、系统、文化）区别开来。

一种整体美学观将尊重并整合同一设计对象的多种美学视角。例如，看看以下关于同一座桥梁的多种看法。

・普通市民看到一座桥梁会欣赏它的拱形弧线之美、其各个部分的韵律，以及它与河流水平线和周围地形的有机形态所形成的反差；

・如果我们从一个工程师的美学认知出发，将会发现作用力与桥梁形式之间的有效关系及其精妙之处。

・如果我们从一个系统论者的角度出发，将会看到这座桥梁作为更大的交通与循环系统的一部分，运载行人、机动车、货物等的精妙之处。我们也许还会看到它如何形成城市中的一个主轴，使城市生活得以围绕它而组织起来。

・同时，我们还可以这样欣赏其形式，即该城市文化历史中的某个特定场所在材料、技术与美学上的表达。也可以把它视为沟通峡谷两岸亚文化的一种优美而高效的连接体，抑或阻碍两者沟通的一种瓶颈。

美学作为人类发展的一种潜在路线

阿比盖尔・豪森（Abigail Housen）在哈佛大学的博士学位论文中体现了美学发展的五个阶段。其意义在于，他似乎确证了至少就博物馆中艺术品一类的观看而言，审美欣赏在个人层面体现为一种特定顺序的阶段性，概括而言如下所述（Housen，1983）：

・阶段一，描述型观者（Accountive Viewer）："缺乏一种整体框架将他对艺术品的反应组织起来，描述型观者完全依赖于主观感觉来引导他理解作品的意义。"

・阶段二，建构型观者（Constructive Viewer）：利用感知与记忆，但也参照"基本的美学传统、原则与价值观"。其目的在于形成一种观看艺术的框架体系。

・阶段三，分析型观者（Classifying Viewer）："这种观者努力寻找体现艺术作品信息的线索，试图对作品内部的结构模式进行解码。"这是一种积极的，带有抽象性、分析性与判断性的方法。

・阶段四，阐释型观者（Interpretive Viewer）："聚焦于作品的表达层面，他认同并试图培养他对作品进行直觉性解读的能力。"阶段四是一种以情感感官反应的复苏为特征的个人性探索。

·阶段五，再创造型观者（Recreative Viewer）："他意识到必须主动超越过去所习得的标准、原则与理论，就像艺术家自身的转化或超越一样，甚至不惜破坏这些原则。"再创造型观者寻求其中蕴含的意义；开始对视觉游戏、隐喻、悖论感兴趣；玩味于潜在的暗示与多样化的阐释。

可持续设计的美学层级

豪森注意到这一阶段性的顺序贯穿整个成人期，并与年龄以及之前的审美经验水平密切相关。从以自我为中心的理解到基于规则的"种族中心主义"视角，再到多层级、多视角的美学，是一个逐渐演进的过程。我们现在还不能从实证的层面肯定地说，本章前面提到的更具包容性的美学视角（从视觉美学—现象美学—过程美学—生态美学—进化美学）是一种事实上的发展阶段。然而，豪森的论证的确表明，艺术生产连接着不同层级的观看、审美反应以及意义生成。一个豪森阶段一的小孩与阶段五受过教育的景观设计师相比，对可持续景观的审美体验是有很大不同的。对整体可持续设计师而言，其意义在于：对那些喜欢或熟谙于多样化审美感知的受众而言，我们如何才能为他们设计出丰富多元的审美体验呢？

在本书的第二部分，我们将会深入探讨人在不同发展阶段的层级与路线，以及我们世界观的发展如何影响我们包括美学与知觉在内的设计视角。现在，基于我们后面会详细讨论的四种层级的当代世界观、价值观与认知结构，我提出了以下四种层级的有关可持续设计美学的命题框架。在多年的观察、体验与思考中，我意识到当与自我相关的其他路线得以发展时，个人欣赏设计的方式也会发生相应的转换。

层级 1：可持续设计的传统美学
·规则、传统与基于编码的系统，体现了一种长期的文化经验；
·视觉与现象美学；
·乡土与地区性的形式语言；
·体验"自然作为一种可感知的交互作用"；
·对自然力量显而易见的回应；
·利用工具，根据自然力量来塑造设计元素的实例；
·以一种原初的、原型的、情感反应的设计来回应自然力量；
·将可持续设计与自然美的体验视为神秘而美妙的。

图 5.16
可持续设计的传统美学：太阳能农场，福克斯，1987，阿肯色州，由盖里·科特（Gary Coates）与堪萨斯州立建筑学院的学生设计建造
带有中庭与日光温室的乡土通廊小屋，应用传统的农舍语言，窗户通风、挑檐遮阳，更多信息详见 Dowden 等。

层级 2：可持续设计的智性美学

· 超越并包含了传统美学；

· 利用现代思想的抽象概念作为美学原则与形式语言；

· 为欣赏与体验力量过程而设计；

· 生态极少主义作为本质和效率的表达；

· 体验可见的过程模式；主动的结构形式；

· 将自然提炼为智性抽象的设计之美；

· 多感官的意识体验、变化多样的设计环境、微气候、花园等；

· 从一个地区到另一生物气候相似区时，在回应方式与形式语言上的转换；

· 体验富于设计秩序的可持续设计与自然之美。

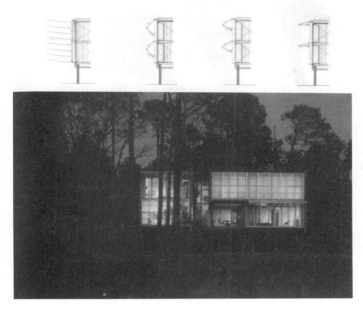

图 5.17
可持续设计的智性美学；松木住宅，泰勒岛，马里兰州，建筑师：基兰·廷伯莱克合伙有限公司
"西墙是一个可调节的双层玻璃系统：内部的折叠式玻璃门与外部的聚碳酸酯机库门构成了一种可调节的遮阳蓬，也为暴风雨天气提供保护。"

层级 3：可持续设计的多元美学

· 超越并包含了智性层级；

· 从多元的文化传统中吸收了多元的美学理论；

· 欣赏生态过程；

· 设计之美作为对自然的多样化解读，再次将情感包括在内；

· 对形式层面的含混与矛盾的高度包容；

· 从生态技术到艺术表达的转换；

· 强调生态环境的美学适合性；

· 注意提供设计与自然过程互动的感知并觉察环境的模式；

· 不惧将美与非美以及优美健康的设计过程与违反自然的设计过程之间的张力显现出来；

· 以可选的建构视角体验可持续设计与自然之美。

图 5.18
可持续设计的多元美学：蓝岭公园旅游中心，阿什维尔，北卡罗莱纳州，建筑师：洛德、埃克与萨金特
"嵌入山坡之中的建筑，营造了一种'树屋'的氛围，使旅游者可以体验壮丽的景观……"木头、钢铁与混凝土元素，现代主义的生态外观，与更为传统、更具乡土意味的坡屋顶、木质构件、暴露的梁与天花板，以及绿色屋顶的结合。

层级 4：可持续设计的整体美学

· 超越并包含了多元层级；

· 意识到美学的多种层级；

· 因地制宜地运用不同的美学观念与构图；

· 欣赏生态与进化模式；

· 体现全子体系结构；

· 设计之美是感知自然的多种审美层级的整合；

· 设计具有多视角、整体的、复调式的美感；

· 越肯定生命、充实生命就越美；

· 可持续设计的美学体验作为通向巅峰体验的入口，也为个体实现对自然潜在的超个人体验提供可能；

· 作为自觉意识状态的美学感知；

· 可持续设计之美作为一种转化的契机；

· 体验可持续设计与自然之美，将其作为融入作品中的创作者意识的一种表达。

所有的美学层级都没有天生的优劣之分。每一种都有自己适宜的位置。层级 1 是基础性的，包含在所有其他美学层级中。层级 2 包含在层级 3 中，以此类推。不幸的是，在层级 1—3 工作的可持续设计者往往并没有意识到在他们核心认知之上的层级。智性层级（如现代主义者）美学的实践者通常不能理解或欣赏多元层级美学。多元层级（遵从后现代主义思想）同样排斥现代智性主义者的抽象概念，以及他们理性减少主义的倾向。大多数情况下，除非我们进入层级 4，否则较高层级就会排斥较低层级关于真实性与价值的主张，较低层级则无法看见或设想较高层级。只有从层级 4 的整体美学意识入手，这个发展过程才能被看见与欣赏，而每一个美学层级的价值才能被容纳在内。对整体可持续设计而言，有很多方式可以表达并建构"设计结合自然"（design with nature）的体验。

图 5.19
可持续设计的整体美学：鲁道夫斯坦纳学院，耶纳，瑞典，建筑师：埃里克·拉斯马森
一座复杂的大型建筑，其美学难以从单一角度来理解。"一种功能性的有机表达的形式语言，引发了一种充满活力的体验，以及置身于自然世界的形式与过程之中的参与感。"（Coates, 1997）
整体美学来自多个象限的感知，并试图创造一种疗愈性的高度体验。拉斯马森作品的详细讨论，参见埃里克·拉斯马森的作品（见 *Erik Asmussen, Architect*, Coates, 1997）。

体验视角的总结

> 负责任的环境行动源于充沛而自由的情感，
> 而这本身就需要一种参与其中的关系。

总而言之，就体验视角而言，我们谈到了可持续设计中设计师的内部体验与意图，以及居住者的体验。我们关注的是，可持续设计如何从体验视角开始发生。

回到稍早前的主题，可持续设计作为右上象限的行为视角，或者右下象限一种"整体的"系统视角，迄今为止倾向于忽略左侧的体验与文化视角。如果我们希望可持续设计变得更加有效，可持续设计师们也许需要清晰地指出这一根本事实，并强调我们内在体验的丰富性。从根本上说，如果公众热爱可持续设计环境，我们作为设计师就必须创造出让人热爱的场所！这意味着我们可以选择具有丰富人性体验的设计，包括一系列可持续设计本身的美学体验。我相信这是一个普遍法则，即负责任的环境行动源于充沛而自由的情感，而这本身就需要一种参与其中的关系。

设计学科在本质上是不可分割的领域，然而我并不是说，设计作为一个完整的学科，不包括这四个方面；相反其包容性是显而易见的。特别是某些项目［如弗兰克·劳埃德·赖特（Frank Lloyd Wright）的流水别墅、MLTW 的海洋农场、安东·艾伯特（Anton Albert）的 NMB 银行］，某些建筑师［如詹姆斯·瓦恩斯、查尔斯·柯里亚（Charles Correa）、杨经文（Ken Yeang）］以及某些主张［（彼得·卡尔索普（Peter Calthorpe）的新都市主义、莱克·弗莱托（Lake Flato）的新乡土地域主义］已经在整合各个层面上取得了巨大的进步。但总体而言，可持续设计正如我们所看到的那样，由于其忽略人性内在部分的倾向，在充分实现其潜能方面备受阻碍，裹足不前。现在，迫切需要一种成熟的整体可持续设计来完整地实现：

- ·人对自然的体验；
- ·空间与场所中微妙而丰富的人性感受；
- ·以空间模式符合规律、富于灵性的秩序来生成体验的模式；
- ·包含个体变化和深层集体反应的主观审美反应。

最后，对正在发展的多视角的整体可持续设计美学而言，也到了培育高度发展的理论与实践的时候了。

参考文献

Alexander, Christopher; Ishikawa, Sara and Silverstein, Murray (1977) *A Pattern Language: Towns, Buildings, Construction*, Oxford University Press,New York.

Alexander, Christopher (2001) *The Nature of Order: An Essay on the Art of Building and the Nature of the Universe*, 4 vols, Oxford University Press, New York.

Coates,Gary J. (1997) *Erik Asmussen Architect*, Byggforlaget,Stockholm.

Dowden, Steve; Koehm, Stan; Pierce, Doug and Rantis, Daryl (1987) 'Homework in the Ozarks: Four architecture students design and build a solar farmhouse', *Fine Homebuilding*, vol 37, pp70-75.

Housen, Abigail (1983) The eye of the beholder: Measuring aesthetic development', doctoral dissertation, EdD, Harvard University, University Microfilms, Int., Ann Arbor.

Jacobson,Max; Silverstein, Murray and Winslow, Barbara (1990) *The Good House:Contrast as a Design Tool*, Taunton Press, Newtown, CT.

Jacobson,Max; Silverstein,Murray and Winslow, Barbara (2002) *Patterns of Home: The Ten Essentials of Enduring Design*, Taunton Press,Newtown,CT.

Koh, Jusuck (1988)'An ecological aesthetic', Landscape Journal, vol 7, no 2, pp177-191Malnar, Joy Monice and Vodvarka,Frank (2004) *Sensory Design*,University of Minnesota Press, Minneapolis.

Susanka, Sarah (2004) *Home by Design: Transforming Your House into Home*, Taunton Press, Newtown,CT.

结论

到目前为止，我们探讨的主题是，可持续设计者应该采取一种整体的视角。整体可持续设计对可持续设计的各种主要方法都给予了足够的尊重。它要求我们超越——但并不摒弃——性能评测与关系组织的局部真理。就此而言，我们每个人都可以变得比自己预想的更好。当然，我们并不仅仅等同于我们的位置、视角或思想。我们是见证自己的位置、采取某一视角、洞察自己思想的那个人。通过提示我们在意识层面新的可能性，整体可持续设计具有提升与完善设计师的切实可能，而得以不断提升与完善的设计师们将会做出更加卓越的贡献。

> 将世界简化为客观事实只会遏制生态设计所需要的鲜活意识。

我们在当代大量的可持续设计作品中，见到了不止一种视角融合。这类高性能与高美感的融合，以及以富于文化意味的方式讲故事的生态可持续设计，都体现了某种程度的综合，这是通往完全的整体设计意识的第一步。每一种视角都以其自身显而易见的独特方法为特征，区分于其他任何视角并得以界定。每一种独特的方法都以一种完全不同的方式来使设计呈现出来。当设计者采取一种较为陌生的视角时，就会产生一种转换性的观点，继而使设计师看到一个有关自然与设计的新世界。通过在一个人身上同时植入四种视角而展现出来的世界，是一种全然不同的新世界，完全不同于我们从传统到现代视角的转换。只要你愿意，同时应用四种视角将会开启一个对可持续设计者而言从未见过的世界，一个由某种超视野所带来的世界。自如运用所有视角将会给我们带来更高效、更美、更有意义、更适合环境、更适于所有生命、更匹配于我们的最高目的——也更为整体的可持续设计方法。

可持续设计已经走了很长一段路，但正如大家所了解和实践的，它仍然不足以解决目前暴露出来的绝大多数问题。当代可持续设计的着力点在于定量的方法，以及新近关于如何将生态系统视为一个模型，如何结合自然而设计所具有的理解。但当可持续设计忽略个人体验或文化意义等人的内部因素时，其缺陷都是显而易见的。这些不足之处都是可持续设计者们在实践中应该力图介入的领域。

通过给予人的内部因素与外部生态因素同等的关注，我们为整体可持续设计者带来了一种不断发展的前沿意识。通过应用我们的可持续设计使他人进入到自然的体验中，我们也为他们与可持续设计的对话创造了知识的前提。在关于自然与我们置身其中的场所之间数百万次的对话中，我们共享的关于可持续设计的故事与意义逐渐生成，并日渐鲜活。在这样一种语境中，支持自然的集体行动也会自发地涌现出来。

对我而言，透过一种整体视角看待设计的价值在于，它使我窥见那些他人远胜于我的经验领域，并最终在我自己的工作中尊重并接纳他们富有价值的视角。这样做的结果在于，它也促使我看到了这样一个事实，即我在过去的 25 年中习惯性采纳的视角只是片面的真理！讲述一个完整的故事关涉倾听并关照他人的视角：文化的、个人的、生态的以及技术的。这样，每一种观点都在无所遗漏的更为广泛的视角中，获得了其应有的价值与合适的位置——丰富的人性体验、重要的文化意义、高技术的性能以及真正的生态意识，都汇入到某种更为丰富、真实以及最终带来更多审美愉悦的洪流之中。让我们拥抱设计的未来！

第二部分

可持续设计中的复杂性层级：
四种当代结构

引言

　　第二部分的前提在于，个人的世界观、价值观与认知——包括设计师在内——都如同发展心理学研究者所绘制的示意图那样，是经由逐步增加的复杂性梯级来得以发展的。而由各种不同的意识发展层级所产生的设计，都体现在其作品特性中。人类在发展层级上的差异，为我们打开了一种新的也更为有力的方式来看待可持续设计。发展性观点开启了一个新世界，使我们得以从过去奉为圭臬的单一狭隘的设计价值观中解脱出来，在一个更为开放的世界中，我们与各种观点进行更为有效的沟通与协调，从而推进我们个人或集体对这个世界的贡献。

　　在第二部分，我们对四个基础视角中发展性层级的理解将得以深化，我们也会进一步学习，从不同的层级出发将如何影响我们对下列因素的理解：

　　·设计师对可持续设计的看法（UL）（左上象限）；

　　·建筑所占有的物质、能量与生命的经验世界（UR）（右上象限）；

　　·我们如何依据我们的自然观来创造建筑的意义（LL）（左下象限）；

　　·自然系统与生态秩序的模式（LR）（右下象限）。

> 如果信息传达的层级未能转换到目标听众的相应层级中，那么他们对环境保护的观点往往充耳不闻。

严格说来，意识层级内在于每个个体中，因而构成了我们所谓的经验视角（UL）这一层面。我们将运用这一左上视角，来更为深入地理解他或者她作为可持续设计者的自身层级，由此相关的他们对自然的理解，以及这一理解如何影响可持续设计在其他象限的表现。当我们从整体视角来看待可持续设计时，就会发现，可持续设计源自个人、自我体验（UL:I）与个人所在的文化层级（LL:WE）的相互作用，以及建成环境与自然环境的复杂性层级的相互影响（UR:IT; LR:ITS）。

（a）传统：阿尔克—塞南的皇家盐场，1775，建筑师：克劳德·尼古拉斯，法国

（b）现代：范斯沃斯住宅，帕拉诺，1951，建筑师：密斯·凡·德罗，伊利诺伊州

（c）后现代：盖里住宅，圣·莫尼卡，1975，建筑师：弗兰克·盖里，加州

（d）整体：马基拉-奥尔德顿住宅，北部地方，1994，建筑师：格伦·马库特，澳大利亚

图Ⅱ.1　传统 / 现代 / 后现代 / 整体

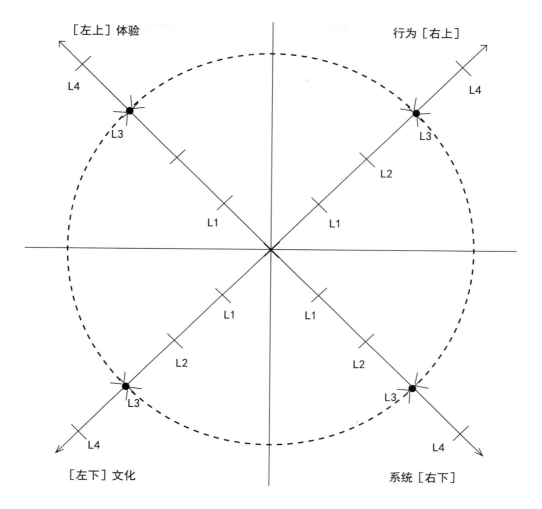

[左上] 体验　　　　　　　　　　　　　　　　行为 [右上]

L4

L3

L2

L1　　　　L1

L1　　　　L1

L2　　　　L2

L3　　　　　　　　　　　　　　　　　　L3

L4　　　　　　　　　　　　　　　　　　L4

[左下] 文化　　　　　　　　　　　　　　　　系统 [右下]

图 II.2
任一象限层级间交互作用的可持续设计

　　如果信息传达的层级未能转换到目标听众的相应层级之中，那他们对环境保护的观点往往充耳不闻。正如个人与团体的世界观都主要源自四大基础性视角之一，同样地，也源自一个主要发展层级。确认这一新的对层级的理解，并以此来工作，将为我们提供一种更重要的可持续设计方法深入交流，并达成共识的有力手段。误解或者完全忽视发展性层级的本质，将使环保主义者发起的关于环境保护的对话受到限制，如同完全忽视与体验和文化相关的左侧视角所带来的后果一样。

通过考虑左侧象限视角的发展（见图 II.3 对可持续设计象限的提示），可持续设计将会获得：

· 一种工具来提升居住者对建筑置身其中的自然系统的理解；

· 一种路径使我们有意识地从某一发展层级出发，或为某一发展层级而设计；

· 一种方法使我们创造出有利于人类发展的环境；

· 一种清晰的概念语言来传达自然的文化意义，或通过建成环境来颂赞大自然的参与。

与此同时，在我们对如何设计、建造以及运营可持续建筑的"所知"以及作为一种职业的实际"所做"中，也存在着巨大的鸿沟。在绝大多数建筑都非职业建筑师所设计的当代乡土建筑文化中，这一鸿沟更为明显。每一位设计师都已经知道 10 种、50 种或者 100 种可以使其实践变得绿色的方法。因此，我们的问题（这么说是因为我们已经创造出了右侧基于经验世界的绿色设计工具）不在于如何才能使建筑或者城市变得更加可持续，就设计这一职业而言，对如何做到"设计结合自然"，我们所了解的，已经有 80% ～ 90% 的内容。

但是，尽管已经有许多能源模型项目、数百本书、数千篇期刊文章、无数的代码、EPA 规则、ASHARE（采暖、制冷与空调工程师学会）与 ASTM（材料实验协会）标准、激励计划、可持续指标、绿色评价系统等，就整个星球及整个社会而言，我们在绝大多数环境质量指标上的表现，仍然比 30 年前更加糟糕。而建筑仍然在绝大多数环境问题中占到 30% ～ 50% 的比重。（见表 2.4）

> 一旦某个等级出现，就开始在我们的文化景观中"刻下一道沟回"。某个等级的设计意识存在的时间越长，这一模式就变得越深入、越明确、越可预见。

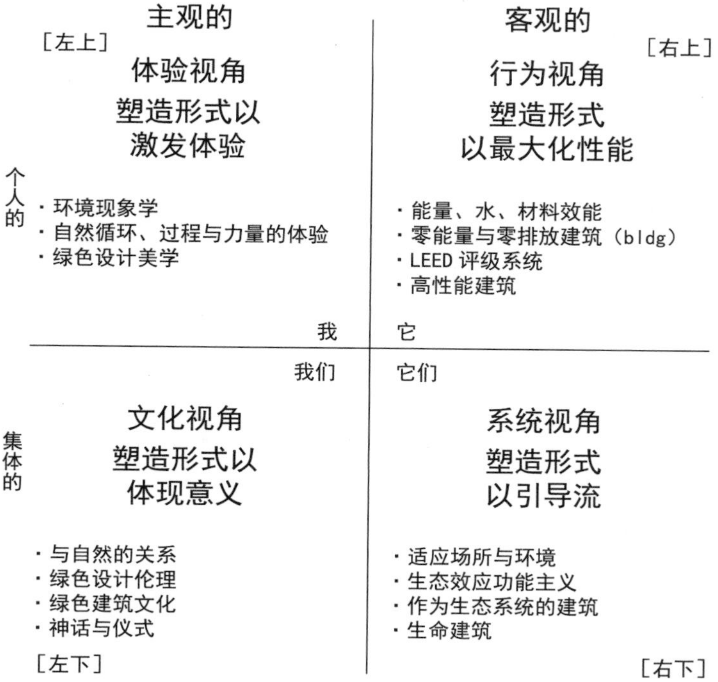

主观的   客观的

[左上]   [右上]

体验视角
塑造形式以
激发体验

行为视角
塑造形式
以最大化性能

个人的

· 环境现象学
· 自然循环、过程与力量的体验
· 绿色设计美学

· 能量、水、材料效能
· 零能量与零排放建筑（bldg）
· LEED 评级系统
· 高性能建筑

我   它

我们   它们

集体的

文化视角
塑造形式以
体现意义

系统视角
塑造形式
以引导流

· 与自然的关系
· 绿色设计伦理
· 绿色建筑文化
· 神话与仪式

· 适应场所与环境
· 生态效应功能主义
· 作为生态系统的建筑
· 生命建筑

[左下]   [右下]

图 II.3
可持续设计的四种视角

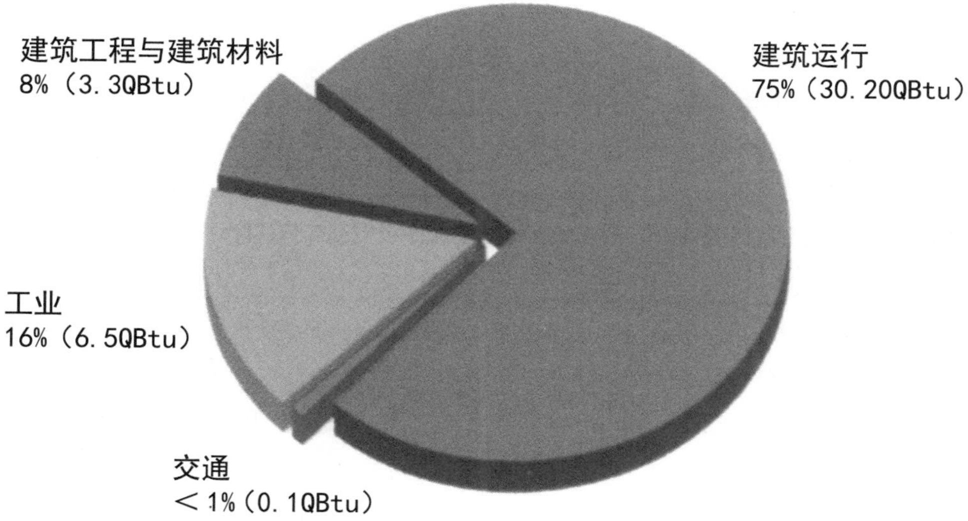

建筑工程与建筑材料
8%（3.3QBtu）

建筑运行
75%（30.20QBtu）

工业
16%（6.5QBtu）

交通
＜1%（0.1QBtu）

图 II.4
美国电力消费扇形图
来源：建筑 2030

第二部分   可持续设计中的复杂性层级：四种当代结构   **153**

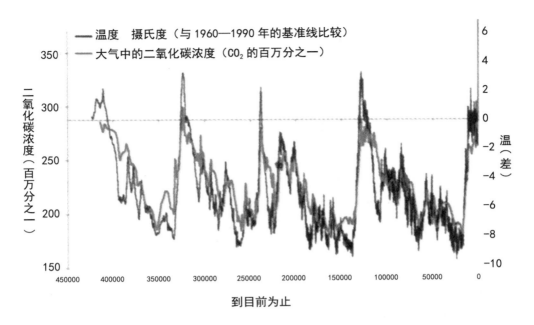

图 II.5
建筑贡献了全球近一半的二氧化碳排放量，注意温度与二氧化碳水平之间的相关性，建筑是导致目前全球气候变化的主要推手
来源：建筑 2030

　　如果我们已经知道如何进行可持续设计，为什么在这种知识与应用知识的集体意愿之间还存在鸿沟呢？原因在于可持续设计倾向于排斥个人的内部领域，因此，必然导致对人类意识作为一种有层级的发展过程（左上象限）缺乏理解。作为优秀的政治上正确的多元相对主义者，大部分学者与多数进步设计师都不喜欢带有等级性的价值观、伦理观与智慧。我们尤其厌恶将人划为三六九等；进步的设计思想一般而言不会在成人的发展程度上进行区分。绿色的思考者们通常以系统视角为基础，假定更好的选择源于更好的信息。然而，从一种发展性的观点来看，我们认为更好的选择源于人类在意识的宽度与关注的深度上所进行的持续不断的转换。层级性的思维工具是一种视角，透过它可以检验我们作为设计师的自我发展，以及洞察可持续设计中其他利益相关者所做出的贡献。理解了层级，就会为我们提供一种理解他人与我们自身价值观、方向、技术、语言与动机的切入点。

6 层级与路线：可持续设计的发展

设计思维同样也是一种不断发展的思维。

我们把可持续设计的某些层面视为一种发展层级，而将另一些层面视为构成发展的路线。在发展心理学中，路线被理解为人类在行为或智力上内在的不同潜力与能力，如认知、数学或动觉路线等。最为人熟知的路线框架之一是霍华德·加德纳在多元智能研究中所提出的（Gardner，1993）。层级或阶段是在能力路线中持续增加的程度等级。尤其是，每一阶段或层级都是一种日益增加的复杂性次序。相对于一个正在学习高尔夫初级课程的孩子而言，泰格·伍兹（Tiger Woods）在高尔夫比赛中体现出了极高的动觉路线发展层级。而相对于我自己蹩脚的烹调水平而言，一个五星级大厨所掌握的技能则是烹调这一复杂路线中的高层级技能。作一个玩笑似的说明，见表 6.1。

表 6.1 "篮球运动路线"中的假设性层级

层级 5	迈克尔·乔丹
层级 4	美国大学篮球总决赛 4 强
层级 3	基督教青年会篮球联赛
层级 2	四方球运动
层级 1	学步儿拍球

> 就可持续设计者的思维建构而言，每一个主要内容领域实际上都是一条发展路线。

设计学科通常将可持续设计知识学习视为一种附加内容，通过增加新类别要素来建构复杂性。这种方法是完全失败的，因为可持续性并不是在一座建筑上应用更多的技术就能解决的问题。可持续设计对设计的全过程而言，从最基础到最复杂都是整体性的。附加性的方法将可持续设计视为一种特殊的、奢侈的、可选的选项或者仅仅是一种更高的层级。这种理解忽略了一个重要的事实，就可持续设计者的思维建构而言，每一个主要内容领域实际上都是一条发展路线。我所建议的就是，必须从低到高，循序渐进地发展一种智力与技能。这一发展过程在成年之后也会一直持续，这就是为什么我们经常听说，建筑师完成其巅峰之作的年龄通常都在 50 岁以上！

发展层级的框架

设计思维是一种不断发展的思维。贯穿终生的设计教育，需要沿着多条意识路线持续发展。就设计这一职业而言，沿螺旋形的发展路线提升至最高阶段的过程中，究竟有哪些层级呢？在考虑设计的复杂性层级之前，还是先让我们看看发展心理学的研究给我们提供了什么样的框架吧。

对人类多个知识领域发展过程的经验性研究表明，人类在数十个能力领域都是通过可预见的线性阶段而得以发展的：价值观、伦理观、认知、数学、动觉、音乐、自我意识等（见表 6.1）。在表 6.2 中，还有一些源自不同发展领域的发展序列。

一大批发展研究学者通过持续性的研究发现，人类的发展层级具有某些不变的特性，包括[1]：

· 复杂性随着渐进的梯级而增加；

· 较低层级是较高层级的基础，任何阶段都无法逾越；

· 每个渐进的层级都超越并涵盖了它的前一个层级；

· 阶段就像层叠的波浪（或"概率云"）一般，而并非像建筑中的层级一样泾渭分明。

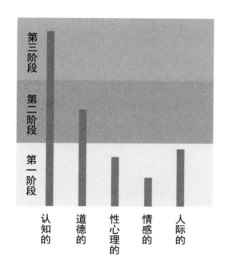

第三阶段
第二阶段
第一阶段

认知的
道德的
性心理的
情感的
人际的

图 6.1
心理发展图
来源：整合协会

表 6.2　有关发展复杂性的典型序列

查尔斯·达尔文	生物进化理论
詹姆斯·米勒	生物系统复杂性
亚伯拉罕·马斯洛	人类需求层级
让·皮亚杰	认知发展阶段
简·洛文格	自我发展
劳伦斯·科尔伯格	道德生成
吉恩·吉布塞尔	文化进化 / 世界观的阶段
罗伯特·凯根	意识的五阶序
唐·贝克	价值观
室利·奥罗宾多	精神进化与心灵
圣·特蕾莎	内在生命阶段
阿利斯泰尔·泰勒	社会组织的阶段
格哈德·伦斯基	技术经济基础的发展
尤尔根·哈贝马斯	交往的层级 / 社会文化阶段

图 6.2
罗伯特·凯根

　　我们可以说，真正的发展性学习就是意识的进化，从简单到更为复杂的观念、知识、智能、智慧、洞察力与能力的转化，是一个阶段性的进程。认知路线对于价值观及其他路线的发展是极为必要的。同时，价值观路线对于建构人类的经验与感知也非常重要。其中，两个最具影响力的发展框架是由哈佛大学心理学家罗伯特·凯根提出的认知路线框架（广泛意义上的思维，包括认知与自我意识），以及唐·贝克提出的价值观路线框架（Kegan，1982；Beck and Cowan，1996）。

　　这些内容已经获得了广泛的研究与证明，并无一例外地在阶段性的特点中呈现出来。例如，没有人生来就处于凯根的第四层意识，生来就能以复杂的抽象系统来思考（见表6.3），我们的思考都是从形象直观的层面开始的。同样，也没有人生来就位于多元的价值观层级（贝克的绿色模因），可以关照到所有人而无论他们的种族、阶层、性别或性取向（见表6.4）。我们的价值观都是先以自我为中心，后以种族为中心，再以世界为中心。在这个螺旋形的上升过程中，一些人会比另一些人发展得更快，我们也都会在某些路线上领先他人，在某些事情上比他人做得更好。

意识的发展

生态地思考与设计的能力开始于第四阶序的系统意识，并在第五阶序多元复杂的系统意识中得以蓬勃发展。

价值观的发展取决于意识的发展，两者密切相关。而凯根的"意识阶序"（orders of consciousness）是发展心理学中最受重视，也最为有效的学说之一。它描述了个人一种日益增强的能力，这种能力使我们对以前只能主观体验（没有自我意识）的对象可以（保持一定的距离）客观地看待。当个人视野扩展之后，就如同一个登山者爬上了峡谷的一端，看到的景色必然会更加宽广，见图6.3。凯根勾勒了在思维复杂性日益增加的过程中意识的五个阶序。

表6.3　凯根：意识发展的五个阶序

第一阶序： 魔幻/神秘思维	冲动、即时、单一视角
第二阶序： 传统思维	角色—概念思维、具体性、社会感知、持久的类别
第三阶序： 现代思维	社会化思维、抽象性、彼此互惠、跨类别
第四阶序： 后现代思维	自创作思维、抽象、复杂系统，多角色
第五阶序： 整体思维	自我转换性思维、对话的、跨意识形态的、跨系统、复杂的

来源：基于凯根提供的资料，1982

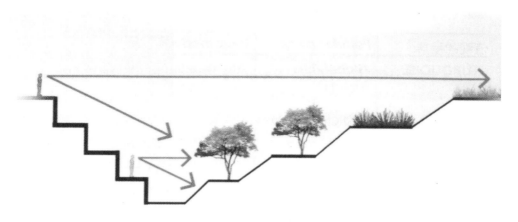

图6.3
每进入一个新的层级，视野便随之扩展。我们可以看到、知道、关注到的内容也在发展中扩展。每个层级的意识都是受限的，特定的层级只能呈现出特定的视野。

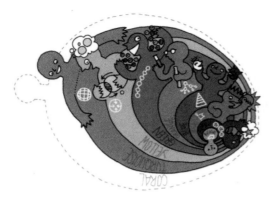

图 6.4 螺旋动力学模型
来源：布兰迪·阿格贝克（Brandy Agerbeck）
的图形简化

凯根的著作《超越头脑》（*In over Our Heads*），探究了当代社会中的人是否能在意识上有所发展，从而来处理第四阶段后现代社会中所出现的认知任务的问题（Kegan，1994）。根据凯根的研究，今天同时并存的三种最为普遍的世界观是传统、现代与后现代（分别是意识的第二、第三和第四阶序），其中约半数的社会以第二与第三阶序为中心。因此，我们处于"超越头脑"的过程中。生态地思考与设计的能力开始于第四阶序的系统意识，并在第五阶序多元复杂的系统意识中得以蓬勃发展。认知的发展是非常必要的，它会促使某种价值观在特定的层级出现，一个人在思考某事之前必须得先理解它。现在我们可以来看一下为什么说设计师的内在发展对我们这个时代如此重要。

价值观的发展

让我们来看一下基于数十年广泛的跨文化研究之后所得出的人类发展路线图。唐·贝克和克里斯托弗·考恩建构了一个人类价值观转换的模型，称作"螺旋动力学模型"（Spiral Dynamics，Beck and Cowan，1996），这一模型很大程度上奠基于克莱尔·格雷夫斯（Graves and Lee，2002；Graves et al.，2005）所作的心理学研究。这些核心价值观建构并指导着我们的世界观、我们的思维结构，设定了我们所创造的结构类型，并决定着我们要利用的社会过程。观察一下这个模型，我们可以看到在图 6.4 中，人人生来都是浅褐色的（生存者），通过螺旋形阶梯（或其中的一部分）上升或发展到紫色（魔幻的）到红色（神秘的）到蓝色（专制的），然后大多数学生到高中阶段结束时变成橙色（理性的），到大学毕业时发展到绿色（多元的），再到黄色（综合的）、蓝绿色（整体的），再超越到新的价值观层级。这里颜色是作为一种客观的参考系统来使用的。

表 6.4　价值观及其动力

价值观	通俗说法	基本动机
蓝绿色	全球视野 （整体的）	关注地球的整体动力与宏观层面的运行
黄色的 第二层级	弹性流动的 （整合）	通过相互关联的整体观灵活地适应变化
绿色	人类的纽带 （多元的）	人类的福祉，达成共识，获得最高的尊严
橙色	奋斗的动力 （理性的）	聚焦于让自我的一切更好的可能性思考
蓝色	真理的力量 （专制的）	对某一条正确道路的彻底信仰，服从权威
红色	万能的上帝 （神话的）	通过对独立性的削弱强化高于自我、他人 与自然之上的力量
紫色	亲缘精神 （魔幻的）	在令人畏怖的魔幻世界中的血缘关联与神 秘主义
浅褐色 第一层级	生存意识 （古老的）	通过与生俱来的感官维持生存

来源：摘录于贝克与考恩（Beck and Cowan，1996，p41）

四种当代层级

超越与包含

　　人类所有的发展都是序列性和阶段性的。设计知识或智慧的每种路线都可以被概括为由相继的层级或阶段构成的发展路线。一般来说，在设计师不断学习的情况下，设计意识路线 "A" 会从层级 1 到层级 2 再到层级 3，逐层递进（图 6.5）。每个层级的复杂性都在增加。每个层级都超越并包含了它的前一个层级。这样，A4 就包含了 A3、A2 和 A1，但又超过了它们的总和。A3 又包含了 A2 的知识、意识与技巧等。

传统、现代、后现代、整体

如表 6.5 所示，在肯·威尔伯针对吉恩·吉布塞尔的框架所作的更新中，凯根与贝克的成果得到了相应的展示。在吉布塞尔著名的《永恒存在的起源》中，他以五重波形展开的文化世界观记述了人类演进中的重要时期（Gebser，1949）。他把这五个阶段命名为：古老的、魔幻的、神秘的、理性的以及整体的[2]。基于最近的发展研究与多种智慧传统的综合分析，威尔伯将这一基本框架扩展至更高的层级（Wilber，2000d，2007）[3]。为了便于理解，我们将大幅简化早期阶段，从前现代的、传统阶段开始，并在本书中略去了更高的超个人层级（不是因为它们不重要，而是因为它们更难以确定，并且超出了我们的范围），由此留下了一个简单的四阶段序列：传统的、现代的、后现代的与整体的阶段。尽管每种发展路线都有早期层级，但它们几乎都属于发展中的前理性的、前成人期层级。出于我们的目的，在专业实践中，我们可以假设设计师作为一个群体，就是在这四种基本结构的一系列层级中（不同的路线有不同的层级）以某些路线的组合来进行实践的。

紧随贝克与其他人的研究之后，表 6.5 划出了层级中的"第一级"与"第二级"。尽管每个层级都需要大量的努力才能达到，但从第一级到第二级的跳跃却因其少见，以及其中涉及的练习难度，被称为"纪念碑式的跳跃"。请注意，在凯根看来，解构主义只是趋向高一级过程中的一个暂时的、过渡性的不稳定状态（凯根发展阶段的 4.5），其本身并不是一个阶段。贝克也认同这一观点。他认为解构主义作为后现代主义的一种激进、"黑暗"的方向，体现了威尔伯所说的政治正确性的"负面绿色模因"，以及女性主义、社会主义与环境保护主义中自以为是的倾向。在这一框架中，表 6.5 左列中添加的层级编号，都会作为参考点。

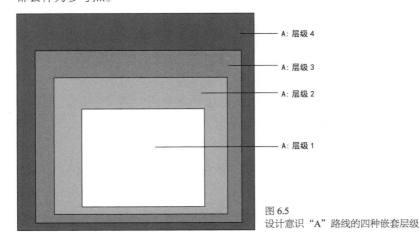

A: 层级 4

A: 层级 3

A: 层级 2

A: 层级 1

图 6.5
设计意识 "A" 路线的四种嵌套层级

表 6.5　四种当代结构中的复杂性层级

基本结构 （吉布塞尔 / 威尔伯）世界观的	价值观模因 （贝克）动力的	意识阶序 （凯根）认知与自我意识的
层级 4 整体的 完整的整体主义	黄色（弹性与流动） ·通过相互关联的整体观灵活地适应变化	第 5 阶 ·自我转换思维：辩证法 ·个体间性的自我
第二级		
病态后现代主义	负面绿色模因	第 4.5 阶序 解构
层级 3 后现代的 多元相对主义	绿色（人类的纽带） ·人类的福祉，达成共识，获得最高的尊严	第 4 阶序 自创作思维：抽象系统 原则性的自我
层级 2 现代的 理性形式主义	橙色（奋斗的动力） ·让自我的一切更好的可能性思考	第 3 阶序 ·社会化思维：抽象化 ·人际的自我
层级 1 传统的 神话的一员	蓝色（真理的力量） ·信仰某种正确的道路，服从权威、传统、文化	第 2 阶序 ·角色概念思维：具体化 ·臣服的自我
第一级		

设计职业中的层级

我们可以以设计术语重构这四个基本结构，从而将今天设计实践中的当代设计意识归纳为四种基本结构。

表 6.6　设计中的四种当代结构

世界观			设计结构
层级 4	整体的	>	转换的网络
层级 3	后现代的	>	多元的实践
层级 2	现代的	>	独立专业性
层级 1	传统的	>	行会之传统

在正常情况下，每个更高层级都超越并包含了它的前一层级。理想而言，现代超越并包含了传统，后现代超越并包含了现代，整体超越并包含了后现代。更高的层级更为重要、深入。更低的层级则更为基础。更高的更复杂，但完全依赖于更低的层级。这种超越意味着将整个较低的层级囊括在内，在此基础上进行更为广泛与深入的探察。

设计中层级的展开

从发展视角来看，设计如何运作？让我们先看看设计的某些层面跟价值观路线的不同层级是如何关联的，再来梳理设计的基本层级结构。集体价值观可以理解为"世界观"，这种价值区分只有在非常普遍的定向术语中才是有效的。设计领域中无论个体设计师，还是整体运动、风格与思想流派，都会沿着路线与层级这两方面发展。严格来说，这种发展模式更适于描述个人，因为每个人都可能某些事情擅长，某些事情不擅长。一位设计师的发展水平可能主要集中于层级3，但在人际交往层面又达到了层级4，这样他可能成为一位优秀的团队领导者，但在对效率有较高要求的项目实施层面，他却仍然可能停留在层级2。进一步而言，个人的设计作品却往往是一个较为复杂的团队或组织的共同成果，或他们集体意识的体现，这就更难以这种发展术语来衡量了。即便如此，下面这样的提问似乎仍然有效，"如果要创作出我们想要的那一类作品，必须要具备什么样的个人或集体意识呢？"或者，同样地，"某种层级意识会产生什么样的设计呢？"

> **更高的层级更重要 / 深入，更低的层级更基础。**

从传统、前现代到现代再到后现代时期的差异及其历史性进程，对大多数设计师而言都非常熟悉。建筑是最先尝试运用后现代语言的领域之一。而很多人不太明了的是，各种设计运动在外部形式与风格上的表现，都与集体世界观的发展密切相关。我敦请读者们暂时悬置有关设计史中外部风格表现的任何先入之见，先来关注20世纪设计领域中，在意识层面可见的、根本性的内在转换。深入后现代形式之中，来发现其中潜隐的后现代思维与意识。同样地，也照此探察传统与现代风格。

四种设计世界观中的案例与问题

表 6.7 以每个层级中出现的案例与普遍问题，将设计师世界观的主要层级归纳为四个层级。总体而言，世界观发展的一个明显特征在于，每一层级都倾向于否定前一个层级中的价值观。现代主义者聚焦于新内容，拒绝历史，强调个人性，排斥保守的共同价值。后现代主义否定现代主义的单一性与确定性，捍卫多元主义，重申先前历史的有效性。但与之相反的是，在整体层级，或者克莱尔·格雷夫斯所谓的第二级价值中，我们可以看到整体的发展过程，找到每一次浪潮的成功之处，同时在无须否定前一阶段贡献的前提下，提炼出其中部分的真理。整体层级的世界观，是第一个意识到它是如何超越并包含了前一个层级的世界观。

> **设计的外在表达可以反映出人类内部的发展阶段。**

正如个人和族群在经历层层的发展阶段之后，关注的问题有所变化一样，他们的设计也会随之发生改变。设计的外在表现可以准确地反映出人类内部的发展阶段。以道德的发展为例，用心理学的术语来讲，就是从预期的自我中心（前传统）到种族中心或社会中心（传统），再到世界中心（后传统）的过程。每一步的发展都是对外部世界更进一步的关注与关心。我们生来都是以自我为中心的婴儿，以世界为中心的意识从来不会首先出现。同样地，与大多数的个人发展类似，集体性的以社会为中心的发展也是通过层级而逐步呈现的，不同的道德阶段，在设计作品中都可以得到普遍深入的表达。

前传统的发展体现在极为原始的社会与年幼的儿童中。而传统建筑与城镇则反映了一种约定俗成的道德观念，一种相对稳定的由强大的文化规范所强化的秩序，主要为特定的家族、集团或种族社会服务，这是一种"我们"的建筑。现代主义与民主一同兴起，其后习俗的表达可以在民主的时空坐标中，以及对公共健康的关注中见到，这是一种"我们所有人"的建筑，即使这种"我们"是抽象的。后现代主义可以部分地理解为，以世界为中心的道德意识的充分体现，其关注与关心的领域扩展到了所有肤色、种族、身体机能与性别等；还进一步扩展到了其他物种与生态系统——这是一种如比尔·麦克唐纳（Bill McDonough）所说的，"永远为所有物种的所有孩童"而设计的架构。从整体理论来看，这也解释了为什么女性主义空间、绿色建筑以及通用设计观念从来没有，也不会是现代主义大师们，如格罗皮乌斯领衔的哈佛、赖特的塔利辛以及米斯的伊利诺理工大学所考虑的范畴。

表 6.7　设计师世界观、设计案例与普遍议题的主要层级

世界观	设计案例	新兴的议题、运动
超个人 （层级 5 及以上）	·斯坦纳学院，耶纳，瑞典，埃里克·阿斯穆森 （Eric Asmussen） ·自然的秩序，克里斯托弗·亚历山大 ·鲁道夫·斯坦纳的建筑人智学方法	·以设计促进发展演进 ·艺术、科学与道德的自觉统一 ·觉悟、自我实现 ·寂与光
整体 （层级 4）	·智能编码 8，DPZ 建筑事务所（杜安伊、普莱特-茨伯格） ·再生研究中心，约翰·莱尔 ·马里卡-阿尔德顿住宅，澳大利亚，格伦·马库特（G.Marcutt） ·伦敦贝丁顿零碳社区，萨里，比尔·邓斯特（Bill Dunster） ·艾森学院，日本，克里斯托弗·亚历山大 ·库里蒂巴，巴西，城市规划 ·生态产业园	·全系统设计，人类生态系统 ·模式语言 ·形式跟随流动（跟随形式） ·形式与过程的关系 ·传统、现代与后现代价值层面的整合 ·为多元的发展层级设计 ·重构：艺术、科学与道德的重新整合
后现代 （层级 3）	·波特兰大厦，迈克尔·格雷夫斯（Michael Graves） ·摩尔住宅，奥林达，加州，查尔斯·穆尔（Charles Moore） ·海滨城，DPZ 建筑事务所（杜安伊、普莱特-茨伯格） ·新城市主义宪章 ·拼贴城市，科林·罗（Colin Irwin） ·盖蒂中心花园，罗伯特·欧文（Robert Irwin） ·人类家园国际组织 ·斯图加特美术馆新馆（Neue Staatsgalerie），斯图加特，詹姆斯·斯特林（James Stirling） ·旧金山现代艺术博物馆，马里奥·博塔 ·母亲住宅，罗伯特·文丘里 ·"美国建筑师协会环境委员会"（AIA COTE），"建筑师、设计师及规划师之社会责任组织"（ADPSR），"区域与城市设计协作小组"（RUDAT），"美国残疾人法案"（ADA）	·文脉主义 ·环境保护主义 ·民权，社会责任共同体／利益相关者进程 ·为残疾人设计、性别问题 ·历史主义与先例 ·活力社区，新城市主义电子通信 ·现代主义观念的解构 ·艺术、科学与道德的分离

世界观	设计案例	新兴的议题／运动
现代的 （层级2）	·包豪斯学校，沃尔特·格罗皮乌斯 ·萨伏伊别墅，勒·柯布西耶 ·耶鲁英国艺术博物馆，路易斯·康 ·普鲁蒂·艾戈公共住宅，圣·路易斯 ·1960年代城市更新与总体规划 ·天际公园，丹佛，劳伦斯·哈普林 ·康考迪亚学院景观，哥伦布市，印第安纳州， 丹·凯利 ·高技派建筑	·个人主义，个人表达 ·功能主义，现代时期的表达， 工业技术 ·设计科学，环境行为主义，成 本－利润分析 ·高速、自主运输 ·核心家庭 ·新奇，先锋 ·艺术、科学与道德的分化
传统的 （层级1）	·古典神庙、金字塔、封建城堡 ·教堂、新古典主义 ·国立美术学院 ·英式花园 ·乡土建筑与城镇 ·历史复兴 ·中央公园，纽约 ·美国国会大厦，华盛顿	·归属于家族、部落、国家 ·神圣秩序的表达 ·体现教会与政府的权威 ·遵循构图式的、风格化的乡土 规则系统 ·艺术、科学与道德的混融

注释：ADA=美国残疾人法案，为残疾人进入建筑订立了条款；ADPSR="建筑师、设计师及规划师之社会责任组织"；AIA COTE ="美国建筑师协会环境委员会"；MOMA=现代艺术博物馆；R/UDAT="区域与城市设计协作小组"，隶属AIA的一个项目。

注释

1 例如，发展性层级有超过100个系统，见威尔伯（2000d，pp197-217）。层级与波形的总体特征，见第1章。

2 关于吉布塞尔简明扼要的介绍，见柯布斯（Combs，2002）。

3 简短介绍见Wilber，2007，pp112-113。更多内容见Wilber，2000c。

参考文献

Beck, Don Edward and Cowan, Christopher C. (996) *Spiral Dynamics: Mastering Values, Ledership and Change: Exploring the New Science of Memetics*, Blackwell, Cambridge.

Comls Alan (2002) *The Rdiance of Being Uderstanding the Grand Intergral Vision: Living the Integral Life*, Paragon, St. Paul.

Gardner, Howard (1993) *Frames of Mind: The Theory of Multiple Intelligences,* Baic Books, New York.

Gebser, Jean (1949) *The Ever-Present Origin* (*Ursprung und Gegenwart*), Ohio Uniersity Press, Athens, OH.

Graves, Clare and Lee, William R. (2002) 'Levels of human existence: Transcription of a seminar at the Washington School of Psychiatry', 16 October 1971, ECLET, Santa Barbara, CA.

Graves, Clare; Cowan, Christopher C. and Todorovic, Natasha (2005) *The Never Ending Quest: A Treatise on an Emergent Cyclical Conception of Adult Behavioral Systems and Their Development, ECLET, Santa Barbara, CA.*

Kegan, Robert (1982) The Evolving Self: Problem and Process in Human Development, Harvard University Press, Cambridge.

Kegan, Robert (1994) *In over Our Heads: The Mental Demands of Modern Lif,* Harvard University Press, Cambridge.

7 设计史发展观

局部设计方法的利与弊

让我们以一种可能的设计史视角，来看待建筑界中大多数人都较为熟悉的三种广泛的世界观层级：传统、现代与后现代。我将以建筑为例，但其发展模式也适用于其他设计领域。由此出发，我们可以看到这些层级间都是模糊不清、相互重叠的。一个新的价值层级不可能完全取代旧的层级，也不可能在一个特定的日期开始或结束。

> 在今天的建筑界，每一个主要层级都以某种形式存在于部分人的意识中。重要的是，要看到每个层级都有其优势与弊端。

到目前为止，我们确定了当代设计意识中的四种基本层级（或结构）：传统、现代、后现代以及整体层级。每一种层级刚出现的时候都会在我们的文化背景中划上新的印痕。一种设计意识层级存在的时间越长，这一模式就会变得更加深入、确定、顺理成章。一个 18 或 19 世纪的典型建筑师可以清晰地判定何谓好的设计，而其判断的标准却是我们现代人难以理解的。在我们看来，21 世纪初期，现代建筑的构成模式及其与自然的关系是众所周知的，但相较于它们之前的前现代建筑，却不是那么一成不变的。而后现代建筑模式，其本身就是多元的，因此也就更加模糊不清，难以确定。其文化印痕虽然可以识别，但却要浅得多。可持续设计本身是在后现代思维范畴中出现的。设计意识的每一阶段或层级都具有某种前沿性。我断言今天的前沿性就是整体主义。它的框架取决于我们意识的视野；它的沟回极浅且丰富多样，它的定义开放，允许不断调整。成功的可持续设计需要把握这一新兴的整体思维。这就是我们的机会！

作为观点的层级

尽管这些观点经过了简化与宽泛的定位归纳，但也不失其效用。每个层级都会有多种变化、流派与分支。如同任何的层级系统，这只是个框架，但好在为我们提供了一张有关这一领域的地图。任何一种既定的发展序列，都可以进一步细分为各种层级。就像温度中的华氏度与摄氏度，它们都描述了温度范畴中同样的现象，关键在于我们选择如何细分。我们的设计史可能有 20 个发展阶段，可能有 2 个，甚或没有。每一种划分方式都不尽相同。例如，我非常同意"传统"被过分简化了，其内部显然还包含了其他的发展层级，如果清晰地加以阐释，将会使我们对可持续设计的理解更加深入。但因为现有的争论，同时因为其与西方文化发展（模式）主流文化的对话密切相关，我们还是用简单的设计思维四级发展模式来进行解析。[1]

每一个主要层级都以某种形式存在于从事可持续设计的某些人的意识中，重要的是，要看到每个层级都有其优势与弊端。每一种层级都在创造了进步的同时又带来了新的问题。也许我们可以说，每一种层级都有其可用与不可用之处。

设计三层级的利与弊

层级 1：传统（前现代）设计

传统设计的优势

在这个传统设计的简化模型中，包含了乡土的、古典的、浪漫的、复兴的以及新古典的传统，其优点在于：

· 丰富多样的形式与表达，体现了兼顾气候、材料与文化的地域性模式（例如，地中海沿岸高密度的灰泥庭院住宅）；

· 乡土形式源于根植在专业或非专业建筑文化（建造者、手工艺人、设计师）中的隐性模式语言，往往鼓励使用者直接参与建造；

· 通过应用能体现人类心理原型与自然原型的圆满形式，形成让人感觉生机盎然、浑然一体的建筑与城镇；

·居住建筑基于对子孙后代人的关爱而建造，公共建筑则献祭于体现造物主意识的神圣力量，获得超越与美的体验；

·设计根植于场所的经验性、生态性层面，与土地连接的体验相关。

·解决普遍、长久的周期性功能与环境问题，经历几个世纪的不断改进，得以形成经久不衰的成功设计。

传统设计的弊端

前现代设计（尤其是针对新古典主义或美术学院）被现代主义者批评为：

·新古典主义风格的应用与使用者的功能需求无关，尤其是未能解决文化中新出现的复杂用途；

·对整合新材料与新技术，缺乏一种积极的回应；

·对个人创造性的扼杀，依附于约束性的文化审美与价值观；

·当应用于一种非传统的文化语境中时，对其自身所处的时代与空间意义缺乏一种真实的表达；

·在温度、湿度与光照方面，体现为低水平的卫生条件与舒适度。

图 7.1
哈拉瓦住宅，阿加米，埃及，1975，建筑师：阿布德尔-瓦希德艾尔-瓦基（Abdel-Wahed El-Wakil）
传统的优势：哈拉瓦住宅，1980 年阿迦汗建筑奖（Aga Khan Award for Architecture）获奖作品，在一座当代建筑中利用了埃及乡村的乡土形式，体现了气候的效应，在阳光、阴影与微风之中创造了一种愉悦感。设计理念来自一种地域性的模式语言（庭院、喷泉、凉廊、风斗、壁龛、砖石长椅、望楼、压缩砌体等），提供了一种植根场所的文化解决方案。
传统的弊端：从一种现代视角来看，锚定传统地域性美学的哈瓦那住宅，并未准确地体现出其自身所处的时代，而是选择了一种持久的疏离。难道建筑不能将那些已经改变的与尚未改变的同时表达出来吗？

层级 2：现代设计

现代设计的优势

现代主义设计者的早期实践，为这个世界带来了许多创新与改进，即使就当代的后现代主义批评来看，也不应被忽略，这些贡献包括：

· 允许个人表达与创造，以解决更为复杂的问题，并包容未知与新奇；

· 更高效的材料与能源利用，通过应用科学技术知识增强建筑在狂风、火灾及地震中的结构安全性；

· 通过新的工业材料与建筑系统的表达来进行设计创新；

· 对新的工业体系与现代文化的表达；

· 新形式与建筑类型的演化（摩天大楼、大众住宅等）；

· 更好地（某些时候）解决从未遭遇过的新问题（更大的城市、车辆、机场、通信系统、新的混合用途、大装配空间）；

· 更好的室内舒适度、更好的卫生条件、更佳的建筑防护性能；

· 将回应自然力量的设计理性化；

· 发明了太阳能建筑与气候设计科学；

· 减少建筑表达的复杂性，体现其本质的形式、语言与力量。

现代设计的弊端

现代主义设计被后现代主义批评为（尤其适用于现代主义国际风格）：

· 减少主义，成为无法回应人类的情感与原型需求的抽象形式；

· 营造了一种绝大多数用户难以欣赏的先锋美学；

· 忽略了经实践证明的历史经验（将洗澡水与婴儿一同倒掉），包括针对环境问题的成功解决方案；

· 由现代材料、工业化、机械化、电子系统与能源造成的过度消费与被蒙蔽的生态意识，以及由此而不断提升的对未来生活水准的期许；

· 将设计品与其构成环境在形式上、社会性上以及生态层面相分离（使客观建筑成为孤岛），完全脱离语境；

· 通过隔离性的防护与机械技术，使人与自然相割裂。

图 7.2

弗雷登斯堡住宅，弗雷登斯堡，丹麦，1962，建筑师：约恩·伍重

现代设计的优势：伍重为丹麦退休的外籍服务人员打造的里程碑式住宅，开创了一种在瓦屋顶和庭院类型的基础上有所创新的现代住宅类型，也为郊区生活提供了一种适应地形与汽车交通的新模式。

现代设计的弊端：从后现代设计的观点来看，追求一种适应所有人与所有文明的现代建筑，是将住宅抽象为一种缺乏变化的可复制单元体，使得住宅与其场地（广阔的草地）在生态上相分离，并促成了一种不可持续的反城市生活。

层级 3：后现代设计

后现代设计的优势

出于对顽固不化的现代主义者的失望，后现代设计在许多层面都超过了前者，它们的设计意识包括：

·将设计置于对生态、社会问题及其语境的更多关注与更为敏锐的觉察之中；

·包括风格、方法与理论的多样性，明确指出单一的现代主义或其他单一方法的局限（上文中谈及的弊端）；

·通常包含设计过程中更为广泛的受众参与，以及对设计中更为多元、多文化的利益相关者的强调，诸如妇女、残疾人、儿童、穷人，以及所有的种族、阶级、宗教、文化、性别取向与环境保护者；

·重新发现高技术设计与乡土形式的历史经验，包括针对环境问题的解决办法；

·在传统专业范畴之外，扩展设计技巧与设计思维的范畴，包括数字媒体、机构与组织设计以及城市设计等；

·发展出绿色材料与生命周期设计方法。

后现代设计的弊端

后现代设计，尽管分裂为多种流派与运动（因此更难定义），仍然因如下内容而备受批评（尤其是在其极端形式中）：

·将可持续设计仅仅视为众多可选择的竞争性价值观中的某一个选项；

·拒绝功能主义，因此往往在空间组织上忽略功能、低效浪费，对用户需求与资源性能视而不见；

·利用新技术以失真的方式挪用、复制历史形式（例如，轻型石膏板构造中的古典砌体衍生形式）；

·自我指涉的确证以及"怎么都行"的相对主义价值观（设计不分好坏）；

·缺乏一种救赎或集体的愿景，其作品往往放大后现代生活的心理失调，将我们整体的生活世界碎片化；

·完全拒绝等级，导致不能区分可持续设计标准的相对重要性。

图 7.3

舒泽大街街区，柏林，德国，1998，建筑师：阿尔多·罗西（Aldo Rossi）

后现代的优势：罗西隐藏了这一区域为办公区的事实，将建筑立面分割为五颜六色的狭长条块，以适应城市的先例，并将建筑置身于独立的地块中。该项目在几种立面构成中运用了新古典主义的常规模式，在城市设计上取得了成功。

后现代的弊端：批评者指出了整个外观的失真性，比如仅见于饰面的石材细节模仿，柱子与地面之间的细缝等。立面总数超过了隐藏其后的独立分割结构的数量。其结果是历史参照的效果与当代的用途类型相冲突。

深度分布的再阐释

进步但共存

> 任何时候，关于可持续设计的所有三个世界观都在不同部分同时存在着。

　　正如我们在前面所讨论的，因为整体设计刚刚兴起，我们将在深入探析其性质之后，稍晚再谈及它潜在的优势与弊端。到目前为止，即使你完全不同意我列出的关于利弊的每一个观点，也请注意，每一个层级都有其积极的贡献，也会带来从未存在过的新问题。请再次记住，我们正在归纳广泛的文化进程中所形成的产物，而这一设计文化的"重心"随时间而推移[2]。任何时侯，关于可持续设计的所有三个世界观都在不同的部分同时存在着。例如，我们估计在 19 世纪中期的美国，可能有 65% 的人是传统价值观，30% 的人是现代价值观，5% 的人是后现代价值观。到 20 世纪中期，这一比例可能会变成 40% 的人是传统价值观，60% 的人是现代价值观，10% 的人是后现代价值观以及不到 1% 的人是整体价值观。今天，据研究估计，美国人中有 25% 是传统价值观、40% 是现代价值观、30% 是后现代价值观，以及 3%~5% 的整体及其之上的价值观。关键不在于这些数字的百分之百精确，而在于文化价值观中的变化来自群体中多个个体之间的相互影响，其中每一个体都专注于他们自己的价值观层级，在这个漫长的过程中人们价值观的发展程度是不平均的。很大一部分人实际上生活在由他们各自不同的价值观所建构的不同世界中。

　　即使在个体内部，当我们说一个人集中于某个特定的价值观层级的时候，实际上是说这个人的言行也许在绝大部分时间是来自某种主要的价值观。例如，许多发展心理学的研究者认为，一个按照现代价值观生活的人在决策和行为中有 50% 的时间是从这一层级出发的，有 25% 的时间从传统价值观出发，有 25% 的时间从后现代价值观出发。

　　这就是为什么有些时候层级会被称作波形，即图像之间相互重叠的模式。这种结构性变化的另一种隐喻就是"概率云"（probability cloud）。

"为什么会是这样的"而非"什么是对的"

> 如果我们把发展层级视为事物本身的模式，即一种指导人们行为的系统，那我们就可以免除关于每个层级中环境问题的道德判断。

回到我们在设计历史与理论领域中所举的例子，请注意每一个人是如何从今天的视角出发的。如果你正在阅读的这本书可能处于认知路线的整体层级，你会发现传统层级为什么无法预见现代主义关注的绝大多数问题，以及现代层级为什么无法预见后现代主义观点的重要性。这些更为广泛的思考并不会出现在前一意识层级的视野中。如果我们把发展性层级视为事物本身的模式，即一种人们据以实践的系统，那我们就可以免除对每一层级弊端（包括环境问题）所做的道德判断。没有哪个层级是正确或错误的，也没有哪个层级比其他层级更好。每一层级在每个人的发展过程中都适用于某些阶段。在向更高的层级迈进之前，就算不能完全掌握，我们也必须先接纳或尝试任何一个较低的层级。这一现象对可持续设计而言有直接的适用价值。

超越的可行与不可行

> 每个层级都超越并包含了它的前一个层级。也就是说，保留了其优势，并超越了其弊端。

我们会发现，更高层级更深入，更容易接纳可持续设计的多样化视角。在营造更为复杂的建成环境方面有更多的情感投入与关注，也更具潜力。我们同样也可以注意到每个层级在超越过程中的可行与不可行。前三个层级中的这种不可行在于，更高层级的价值观倾向于拒绝更低层级的价值观。也就是说，更低层级中的一种成功的可持续设计方法，其优势也许会和其弊端及其生态后果一起被抛弃。而从可行的角度来看，每一层级都超越并包含了它的前一层级。

也就是说，保留了其优势，并超越了其弊端。这非常重要，因为它为设计师跟不同层级的实践者或利益相关者沟通更高层级的可持续设计价值观提供了可能，相较于粗暴地否定他们固有的价值观，这是一种更有效，也更为可取的方法。到了整体层级阶段，发展心理学研究者认为，当某人具备了一种整体性"态度"的时侯，就可以首次看见"发展螺旋"。我们不再彻底拒绝以往的发展层级，将其视为错误的环境观，相反，我们可以接纳每一个层级，承认它对形成我们当前对可持续设计的理解功不可没。回到设计历史与理论范畴，整体层级的设计师可以从以下层面发现设计的利与弊，包括：

1　设计过程中包容多样化的利益相关者，包括自然、生态系统以及其他物种（后现代）；

2　有关自然的当代文化观念表达，运用当代资源节约型的技术手段（现代）；

3　在历史与心理层面都让人满意的形式设计原型，以解决居住环境中长期存在的功能性、体验性问题（传统）。

在接下来的章节中，我们将会更深入地探讨层级与路线如何体现在可持续设计以及可持续设计师的身上。

在你自己的意识中体验层级

现在，你可以在自己的意识中体验多种层级。我们一直就拥有感受不同层级的机会，让我们调动你的内在来做一个简短的测试吧。

1　花一分钟集中你的注意力，与你的内在关心家庭成员、关心密友、关心社区核心圈子的那个部分连接。注意你内在的某个部分是如何渴望在这个世界做正确的事，如何尽力保持和谐与稳定。穿过你的心灵之眼，在这样的心灵中，我们将自然视为一个伟大的设计，需要我们的帮助来进行适当的管理，从而在将来继续接受其馈赠。注意你愉快地遵守秩序与规则的那些时刻，不管是出于逃避惩罚，还是出于对法则权威的尊重。

2　现在把你的意识转换到当你超越了负罪感、冲动、神秘感或者种族中心主义的那些时刻。在你的自我体验中，你感到自己成为一个独立的思考者，运用理性与抽象来为某个目的努力，在这个世界中满怀勇气地一路前行。感受一下你可以如何关照他人，哪怕是你并不太熟悉或者根本不认识的人。请关注自然界，将其视为某种可以通过观察与科学来理解甚至预测的东西。了解自然界可以如何帮助人类，并使人类生活得更好。

3　现在，再一次转换你的意识，体验你如何可以做到不尚竞争，从不计个人得失的利他主义出发，你如何能容忍他人的不同，即使他们做事的方式与信仰跟你完全不同。感受你自身的同情心与同理心。记住那些你必须以这样的方式对待他人的时刻。仔细想想你如何可以做到真正地自我反思，感受你是如何发自内心地生起一种与社群以及与他人交流的愿望，以及他人的感受与体验如何影响你。设想一种在你的生活方式中可以承担个人环境责任的方式，以及你如何一次次地选择以个人的方式融入自然。凭直觉感受你的生活如何与自然的和谐休戚相关。

4　最后，将你的意识转换至你的内心深处，你可以觉察到也许任何事情实际上都与其他事情密切相关，这个世界多么像一个巨大的有机体或者心灵。请注意你是如何开始感知周遭的一切，你所在的建筑、你的邻居以及你身处其中的作为一种生命系统的城市的。请注意你是如何可以选择如其所是地接受外在的一切的。在你的职业生涯中，想一想当你在头脑中竭尽所能地设想一种能够将所有的设计碎片拼合起来的结构，以及当你终于发现一种可以拼合更多碎片的方法时，你有多么兴奋。拥抱你的内在中可以处理矛盾与冲突的那个部分。看看你如何允许自然以一种比你可以理解的更为复杂的方式存在，并仍然把它视为融合在多元进程中的生机勃勃的整体。

祝贺你！你已经依次尝试了传统、现代、后现代以及整体层级的意识。请注意它们是否都同样容易连接，还是某些层次比其他层次更容易连接。每一层级都是你身上目前或隐或显的一种能力，而我们时常在这几种层级间来回反复。

注释

1　虽然不受学院派历史学家的欢迎，但当我提及建筑理论时，我并未将意义与应用分开；也不认为观念比实践更重要。我的看法是，这一专业理论的目的与重点在于，为应用及实践提供知识与理解。由于设计这类专业必须付诸实践，理论探索所提供的认识旨在指导实践。

2　这种定位归纳完全不同于许多历史学家所采取的办法，他们经常寻求那些"领先于他们时代"的早期来源与案例来作为解构、弱化主流叙事的论据，动辄否定任何意识的发展过程或者其间生成的任何人工产物。这一方法为激进后现代主义者提供了过多的结构与过多的结论，使他们除自己"批评理论"的元叙事外倾向于否定所有的发展、演进与定向叙事。然而，在整体阶段，发展与等级毋庸置疑地回归了。作为解构现代主义的一部分，后现代建筑历史学家明确反对"进步的神话"，聚焦于进步带来的新的灾难，从而不费力气地清除了所有优势。"完全的进步"与"完全的光明"当然都是不可能的，但"毫无进步"也同样不可能。

8 设计意识：六种基本路线

发展路线

一个人多姿多彩的生活难以归纳到某个单一的层级中。我们的发展都是不均衡的，在某些方面会比其他方面发展得更快。或者用威尔伯的整体模型来说，某些"发展路线"比其他路线更快。比如，一个运动员的运动觉或许高度发展，一个小提琴手在音乐层面有高度发展，等等。同样地，一个疯狂的科学家或一个邪恶的医生也许在智力层面高度发展，但在道德或价值层面却较为落后。因此，我们可以提出这样的问题："对于实践中的设计师，或者更具体来说，对从事整体可持续设计的设计师而言，人类的哪些发展路线更加重要？"

> 可持续设计中的每一个主要内容实际上都是设计师思维建构中的一种发展路线。

在众多的发展路线中，认知通常都被视为一个前提条件。认知中的发展意味着头脑的硬件正常工作，其根本性的"操作系统"有能力运行某种复杂思维。例如，如果没有在更高的复杂层级进行观察和思考的能力，就不可能对这一层级中展现出来的世界进行关注与评价。在发展出一种生态系统的伦理观之前，个人必须对生态系统有一些基本认知与理解。据我所知，现有的研究聚焦于所有人类从一个层级到另一个层级的发展；而对于建筑师或景观设计师的发展，并没有专门的研究。我们也许会假定建筑师在空间与审美感知的层面有高度发展，在科学、数学与认知路线，以及系统与环境意识上也有适度发展，但他们在伦理、情感与人际发展路线方面，很可能不太平均。当然，在这种普遍性推测中，还有很多例外。

另一种思考设计发展路线的方式是，设计法则，或者特定的设计法则（建筑或景观建筑），其本身就是一种发展路线。在复杂的意识与能力路线中，我们可以发现有几种关键意识与能力路线是非常典型地按照从简单到复杂的序列来发展的。这里"路线"一词的使用是非正式的。我们将会应用大量的研究来确证这些假说。[1] 正如第 6 章中所提及的，无论在设计行业还是设计教育中，通常都将设计知识领域看作一种通过增加新类别来建构复杂性的添加物。这种方法在把握可持续设计的复杂性层面是行不通的，因为它忽略了人类随时间变迁，经由层级而发展的这一基本过程与现实。

我曾经断言，就设计师的思维建构而言，可持续发展的每个主要内容领域实际上都是一种发展路线。每种路线都是从最初级到中级再到高级的一类智能与技术。[2] 设计意识中最重要的发展路线需要时间与结构来得以成形。某些路线可能需要花费几十年的时间。我们可以花几个星期学会通过观察生活来学习素描，但要学会以同等的复杂性来概括某人自己的设计观点却需要花费数年时间。其中的含义毫无疑问是直接的：设计意识的几种路线必须从学生和实践者（其自身也在继续发展）开始，经过一段时间逐渐上升至更加复杂的层级。并不是所有路线都必须同等发展：有些设计师在商业、技术或造型能力方面或许比其他设计师发展得更好。但他们都是可持续设计团队所需要的。

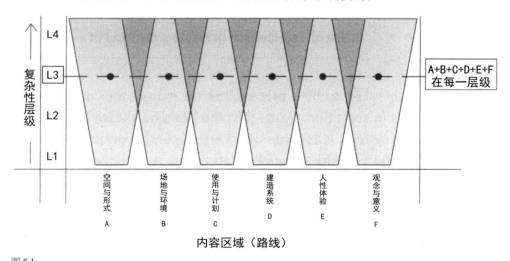

图 8.1
由设计意识多种路线的发展而带来的复杂性层级
L4= 复杂生态设计的需要。整体的设计教育不是在每个更高的层级增加一种新的内容领域，而是同时发展出好几种路线，从简单到复杂逐步递升。

六种基本路线：设计不可或缺的基础

那么，设计师意识有哪些基本路线呢？由于我主要是从建筑师的角度来写作，我们将以建筑为例。经过多年与同行的探讨，我认为设计意识中不可或缺的路线，也是建筑师必须发展的能力包括：

· 形式与空间（布局与秩序）；

· 场地与环境（自然、社会与文化系统）；

· 建造系统（结构、施工、材料、空调调节与服务系统）；

· 使用（个人／社会需求、活动、目的、功能与愿望）；

· 体验（美学、现象学、个人意图、精神状态与意识）；

· 观念（集体意图、概念、理论、意义）。

以上建筑的诸项要素不可或缺，也是生成建筑所必需的意识路线。它们是形式的先驱。无论时尚、意识形态、风格或技术如何变化，这些路线都依然存在。如果某物是活着的，我们只要移除某些根本的部分，它的生命发生模式便停止了。而缺少了其中任何一种基本的子模式，这种我们称为建筑（或景观建筑等）的发生模式都难以为继。这一归纳适用于建筑知识。而建筑实践还需要更多的发展路线，诸如人际沟通、绘图技能以及其他的内部（UL）路线等（世界观、价值观、认知、道德等）。

我们可以这样思考这六种基本路线，它们是形成设计路线所需要的大量而丰富的发展性意识，其中每一种都相互关联。每一项设计任务的指令，无论多么简单或复杂，都是将一栋建筑作为一件有意义的作品，具有：

1 一种形式与空间的秩序，由以下要素决定：

2 一个场所（环境路线）；

3 一种材料（建造系统路线）；

4 一种意图（使用路线）；

5 人的感觉（体验路线）；

6 一种观念（观念路线）。

更进一步的提示是，设计师尤其是可持续设计的设计师，必须把握形式、空间以及其他影响形式与空间的知识路线之间的关系。对今天的可持续设计而言，这些要素必须整合为一体，并进入第四层级的整体层级。

> 空间可以理解为一种可见的外部艺术作品，
> 来自个人以及认知、意识与价值观等文化层
> 面的发展。

每一种设计意识路线都可以视为一系列不同层级复杂性的发展演变。以空间路线为例，从设计史中的传统空间到现代空间再到后现代空间的演变中，经历了从封闭空间到自由平面与叠加空间，再到多元拼贴、片段与含混空间的转换。总而言之，这是发生在历史序列中的一种现象。空间秩序可以理解为一种源于意识演变的特征性表现。但即使一个人进入复杂性层级 2 中的现代空间意识之流时，理解传统的空间分割或者九宫格式的中央大厅平面也仍然有其价值所在。现代主义的空间理论，很大程度上排斥了传统的空间、比例、秩序等。后现代的空间处理方法则允许将传统的或者更为永恒的空间语言重新导入。对当代可持续设计师的意识构建而言，要构思复杂的解决方案，多样化形式与空间语言显然是非常必要的。

横跨六种设计意识路线的传统层级

对层级 1 的设计思维而言，通过带有情感反应的身体感觉，欣赏并体验传统的价值、永久性的建筑语言、空间的原型经验与根本性的现象经验，是大有裨益的：这是"打破盒子"之前的"盒内"空间。例如，表 8.1 对六种设计意识基本路线中，哪些是"层级 1 传统"的内容进行了概括。

文脉的可持续设计：层级的例子

田纳西州大学的特德·谢尔顿（Ted Shelton）在建筑学课程中探讨过绿色设计法则（Shelton，2009）。我利用谢尔顿的框架，在早前定义的四层级基础上，将视野扩展至整体层级，提出了一种关于场地与环境的四层级设计意识的假设：

· 层级 1 传统的：行会之传统；

· 层级 2 现代的：独立专业性；

· 层级 3 后现代的：多元的实践；

· 层级 4 整体的：响应式网络。

正如表 8.2 中所概括的，每一个层级在内容和方法上，都对日益增加的复杂性与能力

要求进行了回应。在我们接下来的探讨中，这样的框架或许可以扩展至可持续设计的全部范畴。

表 8.1　层级 1 六种设计意识基本路线中有关传统的内容

L1	形式与空间	封闭的、界限明确的、传统的、前现代空间、房间
L1	场地与环境	特定的场所与地点，在此处设计
L1	建造系统	开放的构架与封闭的外壳，基本的能源 / 形式关系，本地材料
L1	使用	类型学、标准、基本的空间关系学、有效的解决方式
L1	体验	感觉运动、视觉与现象美学、感受力、感觉如何
L1	观念	神秘特质、深入人心的故事、共享的实践、编码、遵循法则 / 风格、秩序

路线之间的互联性：发展整体智能

空间、使用或技术路线为设计师思维的联想模式提供了条件。每一条设计智能的发展路线都可能是贯穿一生的实践。每一条都是一类"思维网"的组成部分，并与其他路线密切相关。这些思维网在一个复杂网络中交织在一起，形成可持续设计的心智景观。例如，当考虑建造系统的时候，结构、环境控制系统、建造集成系统都在建筑中以一种复杂的方式相互关联。这些系统也和其他路线如使用、空间或观念路线相互影响。

> 整体性自身似乎也是一种发展中的能力，一种智能。

因此，从理论上讲，可持续设计师的发展可能是几条路线同时进行的。涉及几种设计知识领域的能力都要经过长期训练才能在复杂性层级得到最佳发展。而这些各自不同的发展路线不仅可以齐头并进，路线之间的相互关联程度也越来越复杂。整体性自身似乎也是一种发展中的能力、一种智能。整体智能并不是一个单一层级，但整体性却经常被视为属于设计课程的后期、设计过程的后期、建筑的后期或者建筑师职业生涯中的后期。实际上，整体性可以视为一种可持续设计师所具有的逐渐展开、不断增长的能力：

1　整合更为多样的可持续设计知识；
2　回应更为复杂的场地与生态环境；

3　提出在更大的范围适应社会、文化以及自然模式的方案；

4　支持更为丰富深入的人类存在方式，体验自然与世界。

遵循这一逻辑的设计律令即是：在每一个发展层级以及每一个职业阶段都呈现出整体性。

表 8.2　场地与环境路线的层级

L4	响应式网络	生物区域的适应性	以一种全面的场所理论进行设计，涉及本地、区域、全球、宇宙的（整体的）力量。 扩展至不断变化的区域力量（文化转换、气候变化、城市化）以及具有可移植性与适应性潜力的反应式建造系统
L3	多元的实践（后现代的）	生物区域的那里	在不同（其他）生物与文化区域的特定地点设计，对从场地到区域之间的各种陌生力量做出回应。 扩展至区域的变化（一个地区内部多样区域与多样文化模式的原型）
L2	独立专业性（现代的）	生物区域的这里	在本地生物与文化区域的特定地点设计，对场地到区域之间的力量做出独特回应。 扩展至场地的变化（多样化场地的原型）
L1	行会之传统（传统的）	此地	此地设计基于一个特定地点，回应当地场地/纬度的影响，是熟悉场地/使用类型的传统场地类型学

注释

1　从更为严格的意义上讲，一条发展路线的确证，是通过对一段时间内众多个体的结构性观察而实现的。

2　再一次较为自由地运用路线这一术语，这些路线类似于如音乐能力这样基于技术或天赋的路线。未来我们也许会在这些已经提出的"精确"路线之间，或者设计路线与其他路线之间发现相关性或可能性。

参考文献

Shelton, Ted(2009) 'You are here: Green design principles in foundational architectural curricula', unpublished manuscript, University of Tennessee College of Architecture and Design.

9 可持续设计的十六种图景

每一个象限的发展

> 每一象限的发展都与其他象限密切相关，严格来说，我们不能说象限之间有先后主次之分。

整体理论意识到所有的四个象限——行为（UL）、系统、文化与体验——都如同推展的波纹一般，体现了生长、发展、演进、展现的阶段或层级（见图 9.1）。每一个象限，每一个基础视角，都有其复杂性与深度层级。而每一象限视角的共同生长（与共同演进），也勾勒出同一物体或事件的多种角度。每一象限的发展都与其他象限密切相关，严格说来，我们不能说象限之间有先后主次之分。

图 9.1 表明我们可以拥有这一横跨所有象限的共同框架，如果说这个表勾勒出了一种适应任何知识领域的整体性路径，那么我们可以说：

整体设计就是贯穿四个视角所有复杂性层级的设计理论与实践。[1]

另外，整体设计也意识到，室内设计、建筑、景观建筑、城市设计与规划的不同方法分别聚焦于这四个象限的不同层面，因此形成了通过各种设计方法来探索的设计视角序列。在下一节中，我们将会逐一探讨四个视角的设计层级概要。

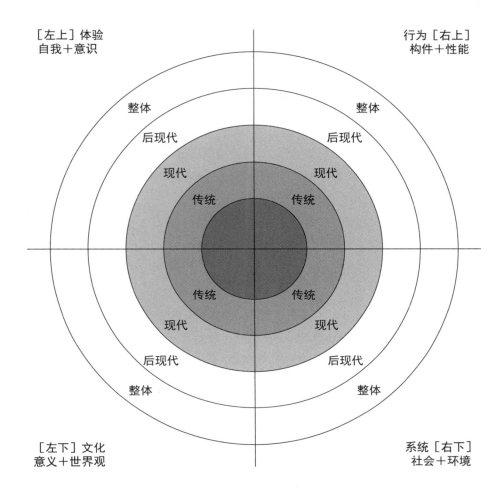

[左上] 体验　　　　　　　　　　　　　　行为 [右上]
自我＋意识　　　　　　　　　　　　　　构件＋性能

整体　　　　　　　　　　　　整体

后现代　　　　　　　　　　后现代

现代　　　　　　　　　现代

传统　　　　传统

传统　　　　传统

现代　　　　　　　　　现代

后现代　　　　　　　　　　后现代

整体　　　　　　　　　　　　整体

[左下] 文化　　　　　　　　　　　　　　系统 [右下]
意义＋世界观　　　　　　　　　　　　　社会＋环境

图 9.1
横跨不同象限的层级共同构成的框架

图景：交叉的视角与层级

图景的概念：视角 + 层级 = 图景

如果我们以一个发展层级系统来贯穿四个视角，就会出现一张更为全面的设计地图。埃斯比约·哈根斯与齐默尔曼将这些交叉部分命名为"生态位"（niches），生态学中的生态位指的是特定物种在特定的栖息条件下生存（esbjorn-Hargens and Zimmerman，2009）。但在这里，对这些交叉部分而言，一个更为接近的比喻是"图景"。从某一层级的特定视角出发，某人所持有的观念或图景与其他层级或视角完全不同。因此，不同的图景（角度）其看法迥然相异。第二层意思，未来的设计图景也有所差异。"图景"（prospect）一词源于拉丁文"prospectus"，意思是"风景"（view）。到了中世纪时演变为英语"prospect"，意思是远眺的视野。在其早期用法中，特指景观的视野，到现在仍然经常使用——这也最接近我在这里所用到的图景（prospect）的含义，既是这一地点本身的风景（view），又是从这一地点看出去的视野（view）。

四种视角加上四个层级的发展系统，我们就有了十六种图景。一个特定层级有四种图景，每个视角一个；而每一层级的四种图景是同时发生的，因为一个层级中的任一视角都是同一现象的不同方面。正如埃斯比约·哈根斯与齐默尔曼所解释的那样（用的是生态位，而我用的是图景）：

> 某一方面的内容并未发生在其他方面之前或之后，这些生态位是同时发生的。一个改变会导致其他一系列改变。生态位不是各自分离的现象。这并非将每一生态位的独有特质最小化，而是强调了在一个特定层级中所有方面之间的相互关联。
>
> （esbjorn-Hargens and Zimmerman，2009）

整体可持续设计的十六种图景

整体理论仍处于发展之中，而我们对此的理解也在不断更新。设计中基础理论方法的应用在复杂的实践中是显而易见的，但相对而言并未在设计理论上得到更多的探讨。为阐明可持续设计四种视角的发展，请考虑以下整体可持续设计所体现的模式（表9.1）。以下应用了四种复杂性的层级，每一视角都在不断增加的复杂性波形中发展演变，不断超越并包含前一个层级。

表 9.1　整体可持续设计的十六种图景

	内部视角		外部视角	
复杂性层级	体验（UL） 自我、意图与意识	文化（LL） 意义与世界观	行为（UR） 构件与性能	系统（LR） 社会与环境的
层级 4 整体的 转换的网络	自我调节	一体的自然	响应式结构	生命系统

	体验（UL）	文化（LL）	行为（UR）	系统（LR）
层级 3 后现代的 多元的实践	环境调节	保存的自然	循环模拟	复杂系统
层级 2 现代的 独立专业性	智性调节	利用的自然	建筑科学	逻辑系统
层级 1 传统的 行会之传统	感性调节	照管的自然	嵌印式实践	默认系统

表 9.2　十六种图景以及相关案例与思考

复杂性层级	内部视角		外部视角	
	体验（UL） 自我、意图与意识	文化（LL） 意义与世界观	行为（UR） 构件与性能	系统（LR） 社会与环境的
	自我调节	一体的自然	响应式结构	生命系统
层级 4 整体的 转换的网络	·进化及生态美学 ·关照包括人与自然在内的整体系统 ·体验生态意识	·全子体系：根植于文化中的自然 ·共享的模式语言 ·可持续发展	·多层级的技术选择 ·从摇篮到摇篮的物质循环 ·仿生学	·生命建筑、生态模拟 ·再生设计 ·全子体系环境：生物区与生态系统
	环境调节	保存的自然	循环模拟	复杂系统
层级 3 后现代的 多元的实践	·过程美学 ·关照资源共享与自然联结 ·体验自然过程（循环）	·在文化中保护自然（例如：栖息地保护） ·绿色设计伦理 ·绿色折中主义与新地域主义	·健康建筑 ·建筑与城市的生态影响 ·可再生能源设计与生产	·太阳能、生态技术建筑 ·绿色的历史性先例 ·作为文脉的景观
	智性调节	利用的自然	建筑科学	逻辑系统
层级 2 现代的 独立专业性	·视觉与概念美学 ·关照未来资源供给与体验 ·体验自然的变化	·自然作为资源为文化服务 ·客观的视野（例如，落地窗） ·作为绿色机器的建筑	·资源有效性（能源、材料、水等） ·气候设计 ·绿色指标系统（LEED，绿色全球）	·有机建筑 ·绿色预制、工业化 ·作为环境的场地
	感性调节	照管的自然	嵌印式实践	默认系统
层级 1 传统的 行会之传统	·感受力美学 ·关注管家式的创造 ·体验自然的现象与冲突	·文化与自然是对立的或者融合的 ·自给自足 / 离网的 / 回归土地 ·文化与自然的瓦解（乐园、新浪漫主义）	·基于行会的技术 ·可见的力量逻辑 ·试错式设计改进	·古典的与乡土的 ·作为文脉的历史 ·前工业形式的回应 / 类型

据作者所知，不同于大众层面对价值观、世界观、认知、道德甚至精神性等路线在发展层级上的研究，就建筑师、设计师与艺术家的内部发展层级而言，当代的实验性研究还极为少见。因此，这十六种图景可以被视为一种假说，它带有来自其他相关的经过验证的人类发展路线的某些逻辑。也就是说，从每一象限、每一视角出发的发展层级都已经得到过较为充分的研究，但结构主义者的发展性眼光尚未转向设计师所展现的复杂性。表9.2 的例子源于一个主导性的世界观及其所生发的各种要素，包括这一世界观所呈现的事实、对此普遍的文化解释、其中体现的社会组织形式以及秉持这一世界观、价值观的人所体现的个人关切之间的相互关联。

注释

1　威尔伯后来关于整体多元方法论的著作对每一个象限中的内与外进行了区分，形成了八种主要类别方法，这里我们将会探讨较为简单的四种。

参考书目

Esbjörn-Hargens, Sean and Michael Zimmerman (2009) *Integral Ecology: Uniting Multiple Perspectives on the Natural World*, Integral Books, Shambhala, Boston, MA.

10 内部视角展开的图景

体验视角展现的图景

复杂性	内部		外部	
	体验 [左上]	文化 [左下]	行为 [右上]	系统 [右下]
整体的	自我调节			
后现代的	环境调节			
现代的	智性调节			
传统的	感性调节			

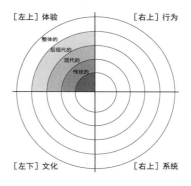

图 10.1
体验视角展现的图景

源于左上体验视角（个人主观性）的图景，强调了可持续设计师的个体自我以及他 / 她的设计意图与意识，当设计师考虑使用者体验的时候，这样的图景便得以展开（见表 10.1）：

1 从感性调节出发，通过身体的感觉体验设计作品或环境（层级 1 传统的）；

2 由头脑进行智性调节，概念构成了体验（层级 2 现代的）；

3 环境调节，通过个人在场所、文化等中的情形来定义与阐释个人体验（层级 3 后现代的）；

图 10.2
哈拉瓦住宅，阿加米，埃及，1975，建筑师：阿布德尔－瓦希德艾尔-瓦基（Abdel-Wahed EI-Wakil）
层级 1 感性调节：埃及的哈拉瓦住宅，在感受力的对比中，创造了一种关于自然的美学体验。通过设计中的各种感受体现出来。人在空间中的位置——室内或室外、阴影中或是阳光下、距窗户远或近都取决于气候条件。白天，你可以斜躺在窗边的阴凉之处，感受强烈的阳光由隔窗滤过之后的光影。晚上，可以在庭院中望见清凉的夜空。

4 体验的自我意识调节，当自我实现的设计师，意识到所有其他层级后，会在使用者体验层级的可能范畴内选择适当的经验来为其设计并解决问题（层级 4 整体的）。

请注意，可持续设计中体验的发展，既适用于设计师试图达成的最终体验，也适用于使用者所感受的空间体验。谁在体验之中，谁就为设计中的场所带来了某种层级的体验意识。可持续设计师可以为不同层级的体验而设计，观众也可以置身于设计中，在不同的层级中切身感受。如果设计师对于他 / 她自身在左上象限众多路线中所处的层级毫无意识，或者对公众可能具备的多样化层级一无所知，那可能预示着沟通受阻、阐释乏力的灾难。设计者有可能着力设计的是某一层级可持续设计的体验，而使用者接受的却在另一个层级。一个典型的例子是，当我们试图让使用者体验一种与设计相吻合的生态语境时，使用者却对生态意识毫无察觉。

正如我们在第 5 章中介绍过的，可持续设计美学也可以根据层级来进行塑造。当每一种新的层级都在尽可能地提升感知的复杂性时，人类的观察就会呈现出一种新的事实。因此，我们可以设计的体验同样是在不同阶段中展开的。可持续设计美学在其图景之中是这样发展的 [1]：

·层级 1：感受力美学体验。当使用者在环境中通过身体的五感体验，与形式发生直接互动的时候——诸如灯光的模式、温度的对比、落日之美等。

·层级 2：视觉与智性的美学体验。眼睛主导着众多的感官，而头脑则创造了一种理智的结构，透过它过滤、比较所有关于美的观念，时常独立于实际的感官体验和感受到的审美反应——如对空间秩序的欣赏、其感觉的独立性，或者对结构清晰度的美学满足等。

·层级 3：过程美学体验。其中设计如何适应太阳、水、能量、季节的循环与转换，都可以被感知与欣赏，如欣赏季节更迭过程中日出日落的变化。

·层级 4：生态与演进的美学体验。整体层级的美学感知，其中"关联模式"与"过程秩序"构成了一种关于生命系统更为宽广的美学感知，比如当设计努力适应当地的生态系统流，或者成为其中一部分时，使用者能够对这一方式与过程加以欣赏。

每一层级都是按顺序展开的。就我个人体验来说，现代美学从未逾越于传统之前。我们的教育要求我们欣赏来自现代视角的设计，而一个孩童的美学体验不可能从整体性的生态美学开始。每一个可持续设计美学体验的层级都超越并包含了它的上一个层级，没有哪一个层级更好或更坏。但我们可以分辨出，传统层级的美学体验是最为基础的：如果拿掉对感觉感知的欣赏，所有其他层级都是空谈。我们也可以说，整体层级的美学体验更为深入也更具包容性，因此在我们的四层级系统中最为重要，但也距基础层级最远。

图 10.3
巴塞洛缪住宅，科伦坡，斯里兰卡，1963，建筑师：杰弗里·巴瓦
层级 1 感性调节：宽阔的庭院、凉亭与游廊，使巴塞洛缪住宅不使用空调，也能创造出一种舒适的环境。在这样的空间中，居住者可以感受到他们与环境、温度、空间之间的直接关联。这里所用的材料是"诚实的"，没有层层的覆盖，木头是木头，石头即石头。结构直接、有序、可见。雨水从筒瓦滴落到池塘、石沟中，其走向也明晰可见。

图 10.4

低地住宅，普里勒特山，南卡罗来纳州，2005，建筑师：弗兰克·哈蒙（Frank Harmon）

层级 2 智性调节：住宅里的每一个房间都可以看到西边小溪的景色，也提供了对酷暑烈日的抵御与对飓风的防护。低地住宅使居住者沉浸于"客观视野"的场地中。风景的体验得以精心组织，从每一个房间穿过门廊、池塘、植被直达水边。门廊应用了大量带枢轴的金属隔板，当它们水平排开时，滤过阳光，投下阴影。当它们垂直时，又阻挡了这一地区飓风肆虐时飞卷的残渣碎片。头顶层层的隔板形成了一个完美框架，让我们得以体验在日子与季节的流逝中自然的变化，甚至风暴的剧烈变化。正如我们的"心灵之眼"所见，美是由头脑这一结构来加以组织和构造的，而心智的创造性则转向对体验与自然力量（阳光、热与风）的调节，因此尤其关注自然力量的来源。

图 10.5

玛丽短期住宅，肯普西，新南威尔士，澳大利亚，1975，建筑师：格伦·马库特（Glenn Murcutt）

层级 3　环境调节：通过大量自然通风的设计，玛丽短期住宅创造了一种通风制冷体验，墙上可调节的钢制百叶窗控制着自然通风的流量，而固定的木质百叶窗则使得气流从山墙下，以及开放的走廊穿过。宽阔的屋檐挡住了阳光，开放的平面与空间相适应，使空气流动。

"把这栋建筑想象为一个可以接收所有声音的乐器，就必须了解水文学、地形学、风的类型、光的类型，高度、纬度、你周围的环境、太阳的运行。了解夏天、冬天以及季节的运转。了解树的位置，因为树的位置将会告诉你关于河床、土壤深度、气候状况的信息。"（Glenn Murcutt in Drew，1999）

这一建筑将形式的关系体现在过程中，让居住者以被动的方式体验到了过程与场所之间的关联。

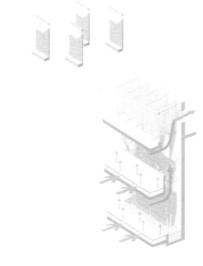

图 10.6

皮尔斯县环境服务大楼，钱伯斯河，华盛顿，建筑师：米勒·赫尔

层级 3 环境调节：对冷却式烟囱与邻近办公空间采光井的组合设计，使居住者体验到了一系列的展现过程：采光、通风、植物生长、夜间冲洗冷却的日常循环。

"空间规划是根据欧洲的办公模式设计的，桌子距离外向窗户不超过 30 英尺。在所有的工作区域，工作位都尽量靠近窗户，使户外景观最大化，引入室内植物、足够的自然光线与清新的空气。"（建筑师的阐述）

空间与结构将基于气候及社会环境之上的自然、机械过程组织起来，这些过程作为美与效用的结合，或者直接地，或者一段时间之后得以显现与体验。

图 10.7
树形大厦，为财富杂志的"明日之塔"而作，建筑师：威廉·麦克唐纳及其搭档
层级 4　自我调节："我们已经可以塑造一种结构，不单单对自然友好，还可以模拟自然。想象一下这样一种建筑，可以自己制造氧气、纯净水、生产能量，随季节而变化——同时，还很美。事实上，这样的建筑就像一棵树，屹立在如同森林一般的城市之中。"（建筑师的阐述）
这种关系显而易见地体现在覆满苔藓的外观、三层花园、带废物处理系统的温室，绿色的顶部之中，给予居住者一种在"此地"与自然连接的体验，这有助于提升他们的生态意识。

图 10.8

点屋，芒阿法埃·黑兹，北部，新西兰，建筑师：斯特罗恩小组

层级 4　自我调节：点屋的居住者体验到自然与生活交织一体，不可分割。大面积的滑门，桥与路面延伸到周围的灌木丛中，强化了景观与生活环境之间的关联。中间的玻璃屋顶通道覆盖了内外皆可的灵活起居空间，通道中滑动的百叶窗起到了通风帘的作用。

建筑需要与自身互动，以回应场所节奏。这是一种动态的参与性的生态意识，它使场地使用者进入过程中，并成为其中的一部分（因此超越并包含了过程的体验）。

文化视角中展开的图景（左下）

在左下象限，每一种世界观、价值观都引发了关于自然与文化关系的一系列看法，文化视角层级也随之展开。就文化视角而言，可持续设计将人们置于与自然的重要关系中。从这一特定图景出发，这种文化意图如何体现取决于自然是什么的观念。依照埃斯比约·哈根斯的观念，自然图景从以下几个层级逐渐演变：

1　照管的自然（层级 1 传统的）；
2　到利用的自然（层级 2 现代的）；
3　到保存的自然（层级 3 后现代的）；
4　到整体观共享的自然（层级 4 整体的）。

在每一种情况下，都有一个主导性神话，即我们关于自然的对话，让我们确定自身存在的位置，将我们与自然相连，也让自然与我们相连。设计也在关于自然的文化对话中定位自身，有意或无意地透过设计师自身的理解之后生成秩序与形式，告诉我们同样的故事。

复杂性	内部		外部	
	体验 [左上]	文化 [左下]	行为 [右上]	系统 [右下]
整体的		一体的自然		
后现代的		保存的自然		
现代的		利用的自然		
传统的		照管的自然		

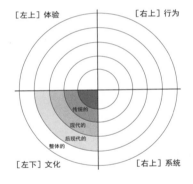

图 10.9
在文化视角中展开的图景

层级 1　传统图景：照管的自然

在照管自然这一传统层级视野中，文化与自然往往是对立的，而自然是人们必须加以征服的对象。人们必须在野性的自然中保护自身，辟出一片空地，并在其中生存下去。同时，上帝赋予人统治自然、照管自然的权力。自然作为一份神圣的信托被加以管理，小心使用，以便在下一个季节再次获得这份赠与，并在接下来的数年中持续为我们提供：氏族、部落、封建庄园、城市或国家。这一图景的视野也超越并包含了前一个层级的神秘观念，即把自然视为"乐园"，慷慨地供给我们所需的一切，而这里正是我们被驱逐的地方。更深一层的含义是，我们试图重建我们的环境，渴望回归。在可持续设计中，这几种态度都有所展现。

传统层级的文化视角在可持续设计中体现为"回到土地"的趋向，脱离网络、自给自足，在一个足够供给个人所需的地方生活。即使在当代的生活标准下，也可以依靠富饶而慷慨的盖亚提供就地的可再生能源。这里体现出的信仰是，只要我们支持并遵循自然的法令与准则，我们就可以在"乐园"中得到很好的照顾。同样地，可持续设计通常与一种基于农耕的理想化社区相关联，由此引发了众多早期实验与生态设计的尝试。田纳西州的农场、苏格兰的芬德霍恩、斯堪的纳维亚的生态村庄运动、加州戴维斯的村庄之家、丹麦与美国的共住房运动，都试图在当代语境中创造一种更为传统的、关联更加密切的社区关系。大多数都发生于村庄或者城郊的环境之中，个人可以进行有机农耕，而社区可以创造一种与土地的生产力密切相关的农业的或者近农业生活。

层级 2 现代图景：利用的自然

在利用的自然这一现代图景中，自然意味着水、材料、遗传信息、农作物产量、原材料等资源，为文化所利用，也为人服务。从经济上讲，现代工业生产系统是榨取式的：森林被大肆砍伐，以获取大量木材资源；山顶被削去以获取煤炭资源；在工业化的农场中，庄稼实行单一耕种；矿物燃料被快速提取，快速销售；金属从地球表层提炼出来。同时，这个系统是单线的：提取、消费、废弃。这些都是右侧象限的客观化视角，但它们体现了一种现代层级的将自然视为资源的文化立场。不再有照管的神圣契约，不再有传统社会中存在的当地食品与当地资源之间显而易见的循环，也失去了我们与它们之间存在的直接关联。在现代世界观看来，只有农夫才知道什么时候开始耕种，而只有垃圾处理公司才知道垃圾去往何处。

现代视野下的自然是客观化的。它是一种我们可以从建筑内部观看的令人愉悦的资源，或者像国家公园一样，是一种为了我们当代人以及后代人的享受而特意保存的资源。正如现代建筑师往往试图将场地抽象化，将建筑客观化，将它们视为一种可见的有所区隔的对象，与其环境相分离，这也营造了一种将自然客观化的观念[2]。在通常的现代设计中，地形是可以任意重塑的，雨洪只是一个工程问题，植物是在以视觉为主导的设计中可以应用的材料。自然不过是一种场地设施。

图 10.10

罗西·乔住宅，布拉夫，犹他州，2004，布拉夫建筑设计

层级 1　照管的自然：离网、自给自足、自己创造能源。罗西·乔住宅既保持了一种回避当前场地不利因素的对抗性态度，又以其回到土地的立场，实现了一种文化与自然的融合或消解。这是在充满敌意的荒野之中开辟的前哨，必须通过人为的努力，想尽办法，才能获得阳光和雨水，并加以适当的利用。

图 10.11

上图：芬德霍恩生态村庄，苏格兰；

下图：村庄之家，戴维斯，加州，迈克与朱迪·科比特，开发者，20 世纪 70 年代

层级 1　照管的自然：芬德霍恩（上图）是苏格兰的一个生态村庄。村庄之家（下图）是加州北部开发的一个郊区。两者都是按照他们的农业理想而建立起来的乌托邦。这里的自然不是荒野中必须加以控制的一种威胁，而是人们有责任来进行照管、合作与管理的温和的力量。

它们都结合了一种回到"乐园"的新浪漫主义观念，在那里，只要居民们充分协作，所有的东西都可以自给自足。同时，他们也把善待自然视为对人类的信任与托付，从而得以组织起来。

图 10.12
热带住宅，圣保罗，巴西，2008，建筑师：安德雷德·莫雷蒂
层级 2 利用的自然：利用一种由简单材料制成的预制系统（蚊帐、PVC框架、木结构）。莫雷蒂运用可操作的工业技术，在优雅简洁的现代构成中使材料与能源使用最小化，同时使现场的风力制冷最大化。这是为获取（或允许）风力、遮蔽烈日而设计的应用资源节约伦理的"机器"。

正如房屋是"居住的机器"，在现代的可持续设计中，建筑也成了"绿色的机器"，而景观则是"绿色的设施"。现代观念并非全然是黑暗、消费至上、消耗性以及无意识的；然而，即使自然是一种文化资源，我们也可以意识到其区别所在，正如现代科学在可再生与不可再生能源之间所体现的那样。我们对可再生能源的消耗必须依据其供给速度而加以限制。我们生产的废物必须根据河流、大气与土壤的可吸收承载力而加以限制。而不可再生的有限能源必须加以储存与再循环，使它们得以无限期地为我们永久延续。荧光灯是白炽灯的一种效能提升，白炽灯又是从蜡烛与木材的燃烧升级而来，这就是现代故事的进程。因此，现代的可持续建筑仍然是在这一层意义上看待自然，把它视为凭借人类的理性与智力而获取的资源，以最有效率的方式来为人类提供最高品质的生活——最重要的是，通过设计体现我们在自身目的的统摄下，对自然力与资源进行的富于成效的利用。这就体现为一种资源节约伦理（conservation ethic）：环境问题就是一个资源问题，因此，需要减少化、再利用与再循环。LEED以及其他绿色建筑指标体系就是这一世界观、这一自然的现代神话直接而积极的成果。然而，请记住，一个正常的现代图景超越并且包含了传统图景，因此，在一些现代设计中，也完全有可能见到传统层级中根深蒂固的自然伦理与关系。

层级3　后现代图景：保存的自然

> 自然本身即是有价值的，不仅是作为对人有用的机器，更是凭借其自身而存在。

在保存的自然这一后现代视野中，可持续设计开始对权利这一范畴进行文化上的扩展，将自然也囊括在内。在现代阶段，生命的权利与自由最终是扩展至所有人类的。而在后现代层级的多元伦理中，所有物种都拥有权利，生态系统也开始拥有权利。自然本身即是有价值的，它不仅作为对人有用的机器，更是凭借其自身而存在。

这导致了从资源节约伦理（conservation ethic）（更有效率地使用自然）到自然保存伦理（preservation ethic）（保持自然的完整性使其继续成为自然）的转换。正如我们已经知道的，现代利用自然的方式已经对生态系统的健康、物种的衰减、自然基础平衡的变化造成了极大的影响，如大气构成的变化及其对气候产生的冲击等。因此，普遍的后现代层级可持续设计既考虑材料、能源使用及土地使用的有效性，又考虑设计对生物性以及生态健康的冲击。可持续设计从"测量与权衡"转化到了对多种因素的更为广泛的思考（与医疗健康模式相类似）。后现代可持续设计也开始留意并关照自然的循环，以及设计对这些循环的适应性。

这一后现代伦理的扩展发生于对自然的文化保护中，但在某些时候，体现为一种较为病态的表达。因为，在激进的后现代视野中，所有的真理与知识都是阐释性的，所有的自然与人为事物都被视为由文化在语言中建构，也都可以从智性上加以解构——因此，从这一角度出发，自然本身即是由文化建构的。在（后现代阶段）较为普遍的说法中，我们可以看到有多种自然从多种文化中生成，在不同层面中发挥作用：一个自然可以从不同角度来看待。但在更为激进与病态的说法中，自然并不存在；自然只是由我们的文化所建构的一个泡影，是一种共同认定的幻想。即使其真的存在，它也是多元的，而非单一的。你可以选择你的自然（nature）或你的"自然界"（Nature），或者根本否认自然。你的自然观或许跟我的一致，或者同阿兹台克人、梭罗、震颤派教徒，或者孟山都公司一样。在极端的后现代视角中，客观科学是欺骗性的，因为客观性并不存在。因此，保存自然，或者与大自然有任何关系都是可以任意选择的。这是一种后现代解构主义者的思维，在凯根看来，是一种潜在的病态，最终将会成为人类意识发展的一个过渡性阶段。然而，如果我们对其理论应用这一极端的视角，其自身就会马上分崩离析。因为如果所有的真理都是相对的、被建构的，没有任何元叙事可以被允许，那么，从其自身标准出发，极端的后现代视角也不过是众多非真实状况的一种。作为一种宏大叙事来结束所有叙事，就其自身原则来看也是不允许的。因此，就我的看法，让我们暂且悬置如此微妙的观点，相反，要尊重后现代的"绿色的尊严"。

让我们回到后现代主义更具操作性的层面。自20世纪60年代起，这一层级中广为传播的意识便已经开始渗入西方文化，引发了对于权利更为广泛的延伸：女权运动、同性恋权利、残疾者权利以及极为重要的环境法案等。我们第一次开始意识到我们拥有选择权、我们可以自己选择，从而为我们的行为、为我们对其他物种，以及对这一星球的生命支撑系统所造成的影响，负起责任。在可持续设计中，这体现为栖息地保护、生态规划等。并非根据理性的分析，如麦克哈格的"设计结合自然"中提出的方法（1969），而是关照并考虑生态过程中空间的整体性。它体现为设计中更轻、更小的足迹，以及紧凑城市的概念。因为健全的后现代阶段超越并包含了传统与现代阶段，它仍然可以应用后者的最佳特性，因此通常以一种绿色折中主义的面目而出现。

> **这种环境的敏感性是设计中成熟的后现代思维的标记。**

图 10.13
大赦年校区，诺丁汉大学，英国，1999，建筑师：迈克·霍普金斯团队
层级 2　利用的自然：作为可持续设计中高科技的范例，大赦年校区结合低能耗的制热与制冷系统将棕地进行了转化。整个项目降低了约 75% 的建筑排放，同时为更大的校区提供了一个文化中心。
"低压通风系统使用走廊和楼梯塔作为风口，减少了空气流通所需的能量。在正常情况下，特别设计的风帽（上图）能产生足够的风效应，在炎热的气候条件下，中庭屋顶上的光伏电池为风扇驱动的通风提供补充电力。"（奥雅纳公司工程师）
这些"绿色机器"利用科学与建筑的结合来解决由工程所定义的环境问题，再由建筑师根据人的需要来提升空间的舒适性，从而节约资源，降低自然成本。

后现代可持续设计在表达方式上类似于可持续的新地域主义。正如后现代的多元价值观是多样而丰富的，在理论上也允许每一种文化都有权利作为文化而存在（排除帝国主义与殖民主义），适合特定地区文化或亚文化语境的地域性方案会优先考虑。这一后现代图景中的文脉主义包含了生态与文化的文脉主义。太平洋西北部的米勒·赫尔（Miller-Hull）、得克萨斯的莱克·弗莱托、卡罗莱纳州的弗兰克·哈蒙、西南部的里克·乔伊都体现了具有局部性、本地性、情景化特点，而非普遍化、可移植的形式、方案、策略与表达。在设计师群体中，也许很多人并未将这些设计师的工作纳入后现代范畴，因为它们体现的既不是迈克尔·格雷夫斯作品中的矫饰古典主义，也不是弗兰克·盖里惯用的解构性表现主义。但这些设计师的确在作品的组织、材料与表达上体现出了对场地与区域的尊重与回应。这种对文脉的敏感性是成熟的后现代设计思维的标志。尽管我们也会发现现代主义时期的某些例外（例如保罗·鲁道夫的弗罗里达大厦以及萨拉索塔派的建筑师），但后现代文脉主义的确是一个根本上迥异的思维方式。

图 10.14
北部鹰屋，洛杉矶，加州，2009，建筑师：杰瑞米·莱文
层级 3 保存的自然：该项目围绕三棵树来搭建这个住宅/附属小屋，小规模地体现了建筑的可持续设计伦理。设计师并没有砍掉所有植被来适应一个既定方案，而是围绕保护场地内现有的大树来设计整个项目。多样化的庭院使业主能够欣赏大树之美，也使他们在大树的庇护下获得阴凉。绿色屋顶实现了微观生境的保护与关怀，景观也通过灰水循环与雨水收集而得以灌溉。建议将此项目与层级 1 和层级 2 较为普遍的"砍伐与挖掘"做法相对照。

图 10.15

香格里拉植物园与自然中心，奥兰治，得克萨斯州，2004，建筑师：莱克·弗莱托（Lake Flato）

层级 3　保存的自然：作为让游客了解当地生态系统的场所，植物园巧妙地利用周围的场地，将它变成其整体建筑的一部分。这个获 LEED 铂金奖认证的项目主要是作为这一场所本地生态系统的阐释说明中心，以及作为学习研究的场所而建立的，场地中有柏树、水紫树与沼泽地、林木繁茂的丘陵、草原洼地等。

"项目团队应用了生态清单来定义各不相同的生态区域以及它们的交错带（区域中重叠的部分）。这个场所的规划目标是：

·将生态区域的扰动与碎片作用最小化；

·将之前未扰动区域的作用最大化，以保护当地的生态区；

·将场所设施的侵入最小化，同时强调群落交错带的可达性。"

自然中心是美国的实践项目中，最为清晰地表达了可持续设计层级 3 的后现代文化视角的项目之一。

当文化视角在设计作品中得以运用与体现时，关涉到我们的集体性神话、故事与信仰。我们告诉自己的故事就是我们的解释性理论。而主导性的现代设计故事就是在设计中表达并回应了：

· 它的时间（现代时期，工业化设计的民主性）；
· 它的特定场地，带有普遍的场所特质（理性思维与国际风格的可移植性）；
· 它的具有时代性的技术（钢与玻璃、悬臂、跨度、宽度与摩天大楼）。

这些现代故事又被转化为主导性的后现代设计故事，其中设计表达并回应了：

· 它的时间，置于连续的时间之流中（锚定历史深处的前沿性）；
· 它的特定场地，在一个地区性的场所之中（位于一个生物与文化的区域之中）；
· 它的技术，以前或现在存在于本地或其他地区的（现代的或者是传统的，视其需要而定，地方性的材料与结构逻辑，以及便携性的，通常更高的技术）。

层级 4　整体图景：一体的自然

从文化视角中整体图景的视野出发，自然、文化与设计再次以不同的方式呈现。其精神实质是整体、包容的，目的在于整合并尊重自然。

> 对整体主义者而言，自然是以一种全子体系的关系根植于文化之中的。

我们如何看待并定义文化与自然，即是每一个层级的差异所在。对传统主义者而言，文化是深植于自然中的，自然作为一份神圣信托被我们照管，也基于人类族群对后代人的关爱而被我们管理。对现代主义者而言，自然与文化截然不同，自然是一种可利用的资源，因此（在一个有限的星球增长的极限之后，已经开始有这样的意识）要以有效的手段小心地计算。对后现代主义者而言，自然与文化或者是互不相关，各自分离的（激进的解构主义观点），或者是文化再次深植于自然之中（生命系统之网的观点）[3]；不管在哪一种情况下，自然都需要来自文化的保护。正如我们先前讨论过的，对整体主义者而言，自然是在一种全子体系的关系中根植于文化内部的。自然对文化而言，是一种最为根本的复杂生命系统（阶序跨度更广），但在重要性上却比文化稍逊一筹（阶序深度更浅）。

回顾一下第 4 章中的见解，整体设计伦理是尊重宏大的存在之链，亦即全子体系的宏大存在的一种全子体系的洞见。它假定人类文化取决于心智，心智取决于生命自然，而生命自然取决于物质（Lovejoy，1964；Wilber，2000a）。生命世界的价值，除其与生俱来的存在的权利外，还是所有更高级全子的基础。而自然一旦破坏，文化就会摇摇欲坠，这就使得自然的根本性更加凸显，哪怕它在重要性上稍逊于文化。自然同时具有外在价值（价值在于其局部性）、内在价值（价值在于其整体性），以及根本价值（价值在于其存在本身），这一伦理视角出自一种整体层级视野，也是来自文化视角中整体图景的对话[4]。

位于整体图景中的设计师，认为自然与文化是在当地以及全球的网络中互动的。在此地实践的设计师能看到并关注到整体的生命系统，他们努力建构并保持整体模式，也意识到每一个象限中的发展。从整体图景出发，个人要为更大的系统负起责任，这也是整体设计师关注的重心所在。设计师具备了多维度的意识与认知之后，自然与文化就会在他们那里将自身展现为系统的系统的系统。

> **整体的可持续设计师将自然的多样化进程与文化的多样化进程相整合。**

在新兴的整体设计故事（每一层级都有其故事）中，设计表达并回应了：

·它的时间——既作为演化的当前阶段（经过了某些阶段，即将经历更多的阶段），也作为现在这一开放的领域，其中存在着所有的可能性（创造性的选择以及从今天开始的责任）；

·它的特定场地，带有嵌套式的全子体系文脉（邻里、街区、城市、景观、地区、全球系统等）；

·它的技术，就像人类历史上所有文化区域的技术一样，适用于该地区所需要的情况（现代或传统水平的地方材料、进口材料与构造逻辑，视需要而定）；生物与生态构成了技术上的选择（与自然系统相结合，建造污水处理湿地、生命墙与屋顶等）。

整体可持续设计师将自然的多样化进程与文化的多样化进程相整合，这一图景的自然具有与文化在功能、认知与意义层面进行联合、重新整合以及重构的可能性。

精明增长与可持续发展

可持续发展对前整体层级而言是一种毫无意义的概念，而"精明增长"只是 EPA（美国环境保护署）的一种政治术语，并未对现代层级的经济学理论提出质疑：我们必须以指数方式增长，才是健康的。它甚至没有意识到这一主题的现代科学性：一个有限的星球，包括这一星球上所有有限的子区域，都不可能无限承载（在任何情况下）指数般的无限增长。精明增长理论指出，一个建成环境的大规模扩张（现代世界观）是可以在保护环境（后现代世界观）的同时得以发生的。因此，它试图解决这两个相互冲突的价值观。后现代环境主义者很乐意接受这一折中方案，因为他们可以通过临近交通线的紧凑发展保存更多的自然。现代开发商也非常开心，因为在更少的土地上消耗更少的设施成本来进行更加高密度的开发，可以让他们继续挣大钱。从这一点来看，精明增长理论是一种整体的过渡性概念，它涉及了两个层级问题。然而，这绝不是可持续发展。精明增长理论的聪明之处在于其现代的高效率，但在后现代层级最多只能算是对自然循环与多种因素的回应。

实际上，可持续发展意识到增长与发展是两个不同的范畴。发展是质的提升，变化在于复杂性的增加，变得更加精密、先进或完善，尤其是生命进程开始进入一个新的层级或阶段之时。人类学习的目的在于发展思维。成人之后，人脑的容量并未变得更大，但其内部的相互联系却更加紧密、更加强大，同时它所思考的概念的复杂性也进一步增加了。

从整体图景来看，可持续设计师可以将"文化中的自然"视为一种持续性的可持续发展机会。在可持续发展中，生态学中的生物物理学法则制约着这一星球上所有生命，人类正是基于这样一种语境，获得他们的所需。人类有权利存在，也有权利为了自己的居住改善环境，创造一种他们得以繁衍兴盛的栖地。后现代层级则难以真正认同这一看法，他们的解读是，人类以毫无防卫之力的自然作为代价，正是因为人类的盲目自大。保存自然的战役还在继续，但对环境主义者而言，这几乎是一场注定失败的战役。因为目前人类还是"将自然作为牺牲品"的主导者，因此，最后的破坏几乎是无可避免的，而缓慢的精明增长不过是减缓其崩溃的速度而已。

整体可持续发展最终转换了这种对自然的看法，将自然视为文化中绵延不断的全子部分，视为最终完全为文化自身的存在而存在，视为在这个星球的所有场所中与之共存的一种空间范畴，只是自然与文化两者各有不同的比例。这种共存的叠合空间将自然与文化绘制为相互关联的涂层，而不是地图中相互分离的区域。自然不在那里，不在城市之外，也不在城市之内。它永存于所有场所之中——文化亦然。设计问题由此变为：

在自然产物与文化产物共存于同一时间、同一空间的前提下，我们应该如何设定
与配置文化产物呢？

我们要如何设计才能在一个生命星球上继续生存？

图 10.16

上图：纠缠体，重塑达拉斯竞赛，达拉斯，得克萨斯州，2009（未建成），多元化建筑咨询

下图：前进达拉斯，重塑达拉斯竞赛，达拉斯，得克萨斯州，2009（未建成），数据工作室 + MOOV

层级 4　一体的自然：文化超越并包含了自然，这一观念驱动着以上两个项目。两者都展示了一种可持续发展的文化态度，即人类与自然在一个合二为一的世界中相互依赖。两者都应用了大量技术（光伏的、风涡轮机、垂直社区花园、雨水收集与灌溉、被动式太阳能与太阳能热处理技术等），但都是由整合自然与文化这一目标所驱动的，也表达出对它们复杂关系的赞赏。他们试图建构并保持整体的模式。不仅仅是这两个项目，这次竞赛中其他几个项目也清晰地讲述了一种新的文化故事，阐释了更为整体的可持续生活。跟其他众多的 LEED 铂金项目不同，这几个项目的目的是建构一种可见的可持续发展，将人们置于与自然——包括生物的与非生物的自然——的重要关系之中，这是我们所不能忽略的。

图 10.17

马斯达围墙城市，阿布扎比，阿拉伯联合酋长
国，2007（未建成），建筑师：福斯特及其搭档

层级 4　一体的自然：马斯达围墙城市以传统
的围墙城市，以及其中根深蒂固的高密度、
步行者友好观念为基础，试图成为世界上第
一个零碳、零废物城市。马斯达计划利用周
围的土地作为风力与光伏农场以及研究性的
牧场，以保持这座城市完全自给自足。这个
号称"未来可持续城市蓝图"的无车城市采
用了最古老和最前沿的技术，既将其锚定于
阿拉伯的沙漠文化中，又为后石油时代的阿
拉伯联合酋长国创造了一种新的愿景。狭窄
的街道、浓荫密布的开发区、多样化的庭院、
全覆盖的循环系统，以及花园内部的乐园，
与高科技、智能水系统以及复杂的大众运输
系统融为一体。

注释

1 在美学感知的系列复杂性命题中，我区分了两种情况，一种是理论 / 哲学层面对美的解释，一种是针对美的情境的个人审美经验。

2 是的，亲爱的批评家，当我在这一领域以现代设计来进行笼统的归类时，还有很多例外。我希望读者能注意辨识何以会形成这种例外解决方案的那些意识，而不是简单地将"现代"这一标签贴到某个时期的所有事物中，或者某个人的所有作品中。

3 详见第4章，关于根植于自然的文化以及根植于文化的自然的相关讨论。

4 详见第4章，关于整体可持续设计伦理，以及关于自然与文化全子体系关系的整体观讨论。

参考文献

Drew, Philip (1999) *Touch This Earth Lightly: Glen Murcutt in His Own Words*, Duffy & Snellgrove, Sydney.

Lovejoy, Arthur O. (1964) *The Great Chain of Being,* Harvard University Press, Cambridge.

McHarg, Ian L. (1969) *Design with Nature*, Doubleday/Natural History Press, Garden City, Ny.

Wilber, Ken. (2000a) A *Theory of Everything: An Integral Vision for Business, Politics, Science, and Spirituality, Shambhala*, Boston.

11 外部视角展开的图景

行为视角展开的图景

复杂性	内部		外部	
	体验 [左上]	文化 [左下]	行为 [右上]	系统 [右下]
整体的			响应式结构	
后现代的			循环模拟	
现代的			建筑科学	
传统的			嵌印式实践	

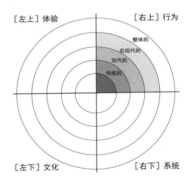

图 11.1
行为视角展开的图景

层级 1　传统图景：嵌印式实践

　　我们对技术的理解大多来自现代思维。对我们而言，要想象行为象限中传统视角的图景往往十分困难。（但实际上）经验世界中经科学检验的事物、人与能量的行为都是嵌印在传统的文化实践之中的。例如，在传统思维中，一个石拱的结构性能要历经数百年甚至数千年不断探索、演变，才能定型于特定建筑文化的建造实践之中。一个十八世纪的泥瓦匠，不会通过计算结构荷载、承受力等来决定拱券可允许的跨度、深度或者曲率。拱券的性能嵌印在普遍、共享的实践之中，在特定的地方建筑文化中体现为形式的规定与风格的约定俗成。每一个准备加入行会的人都清楚地了解砌体建造的规范与正确方式，了解码放、黏合、连接的有效方法。

总体而言，这种由试错而形成的形式上的缓慢演化，往往嵌印在建筑行会共享的文化知识之中，或者嵌印在一个文化整体的共享实践之中，由此而创造的形式，其性能的体现是显而易见的。尽管传统层级中缺乏关于工程的计算工具，但解决重力、弯曲度、连接性、剪力、偏斜角、悬臂、横向支撑等的方法都凭借直觉而得以发展。传统的乡土做法中有解决问题所需的张力、压力以及形式等最为直接的表达。阿巴拉契亚悬臂式粮仓的木架构、哥特式教堂的扶壁以及西南部印第安人村落中大量的小型入口，都以一种可以直接体验与感受的方式，将其中的各种作用力体现出来。而那些经过精心计算的现代办公大厦，结构则隐藏在悬挂的吸声天花板或开放的角窗之上，通过对工程悬臂所需作用力的智性计算，使现代住宅的隐形支撑得以可能。

对可持续设计而言，有关性能设计的传统方法为可靠的规范提供了可能，今天的建筑规范就是传统策略（规则制定）在现代科学的基础上得以运用的一个例子。关于世界如何"运行"，传统的理解是非常直接、感性的，由此产生了一些人类历史上与建筑相关的意义深远的经验。在体验视角的传统层级中，设计被视为与环境感受力有关的美学经验，他们与形式相关联，通过人的五感得以体验。可持续设计的问题是：

我们如何才能理解自然与自然力量（传统层级的），从而在设计回应中达到一种
体验形式的深度实现，并在其中感受到这种力量呢？

请注意同一层级中图景之间的相互关系，关于效用以及世界如何运作的传统观点（L1，UR），与以下内容密切相关：

·一种形式回应（右下象限，层级1）；
·一种个人体验（左上象限，层级1）；
·一种意义（左下象限，层级1）。

性能部分传统图景的价值还在于，一定程度上，生命与自然的模式是一种固定的规则——昼夜转换，季节更迭，石头抗压，重力全球一致，人的高度不超过8英尺，父母与孩子形成一个社会单位——因此是可以编码、有效的、永恒的、真实的。形式实现的模式既是可能的，也是可取的。如果某种文化中太阳的轨迹及其季节性的循环是已知的，并且这也是其整个文化中已知的核心现象之一，那么重要的文化模式就可以由此衍生、共享并嵌印于类型之中：如干热气候中的庭院住宅、寒冷气候中的保护性入口、温和气候中朝南的户外空间等。

图 11.2
悬臂式粮仓，凯兹山谷，大烟雾山国家公园，田纳西州，C1870—1915
层级 1　嵌印式实践：悬臂式粮仓通过可见的力量逻辑体现了它的结构，在数代人的试错实践中得以发展和改进。这里没有一个设计师，建造工艺通过一代代农夫之间的口头传承得以延续。你可以根据其形式回应的秩序，来解读雨水、重力、阴影与太阳、动物以及人类劳动等模式。这些力量嵌印于形式之中。技术既不独立于其空间表达，也不脱离于场所与农耕知识之外。

图 11.3

扎卡里住宅，扎卡里，路易斯安那州，1999，建筑师：斯蒂芬·阿特金森

层级 1　嵌印式实践：阿特金森的扎卡里住宅在当代结构中采用了路易斯安那乡村特有的 "dog trot"（风廊）的精华。这一简单的两居室住宅，由单一的山墙形式贯穿，中间的开放空间将住宅一分为二，凭借文丘里效应加速了风的流动，提供了阴凉的户外空间。伸出屋檐的陡峭坡屋顶，使这一结构与庇护所和家的深度原型直接相关。尽管其结构由波纹状的现代金属材料与轻型木构架支撑，已经不可能回到最初的原型，但是，仍然有一种与悬臂粮仓类似的传统之美，也就是阿特金森所说的"谦逊、永恒，以及对目的的直接表达"。这是对层级 1 行为图景的完美总结。

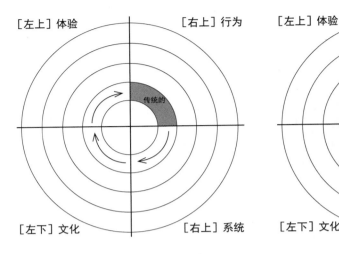

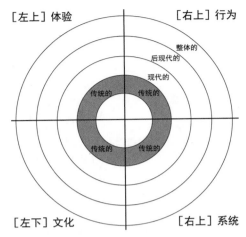

图 11.4
行为象限图景与其他所有象限的相关性

图 11.5
所有象限中的传统层级

层级 2　现代图景：建筑科学

> **图景之间息息相关：新的科学、新的形式、新的形式经验以及新的关于自然的意义。**

　　现代科学及其衍生物——工业化——最终为新的形式以及设计性能的新层级提供了可能。这些理性、经验性的方法以及它们所传达出的客观性意识也引发了关于自然的新经验与新意义的探索。数学工程方法衍生出了无比纤细的柱子，也导致了相对于传统方法与材料而言墙的消失——最大程度地应用开放性的玻璃，建筑外壳则去物质化了。勒·柯布西埃通过现代的平屋顶结构以及防水系统（我们今天仍然在使用这一原理），宣告屋顶花园成为可能，开启了与自然之间的新关系。钢结构技术将建筑外墙从结构角色中解放出来，窗户的处理不再受砖石结构限制。在砖石结构中，由于起承载作用的梁跨度有限，窗户只能纵向排列，但经由我们创造出的幕墙系统，水平横窗的处理成为可能。这在柯布西埃看来，就是在人与景观之间创造了一种新的、水平的、以头脑为枢轴的关系。显然，现代思维与科学在建筑上的应用已经创造出一种新的建筑系统，改变了我们与外界、内部、光及热能的关系。我们再一次发现，图景之间息息相关：新的科学、新的形式、新的形式经验以及新的关于自然的意义。

其结果就是各种现代认知的出现，即将世界理解为可预测、可量化，以及像机器一般可操作的对象。人类的舒适感大幅提升，工作可以晚上做，极寒与极热地区开辟出的新领土也可以有大量人口居住，公共医疗与卫生得以改进，室内空气可以永保新鲜，同样的工作只需耗费更少的燃料。尽管传统空间具有心理上的诱惑力，但鲜有现代人愿意回到过去的年代，愿意重拾油灯照明、燃薪取暖、火炉烹饪的生活方式。对可持续设计而言，现代层级的优势在于提供了更多高效使用能源的技术，以及更多与自然相关联的方式。

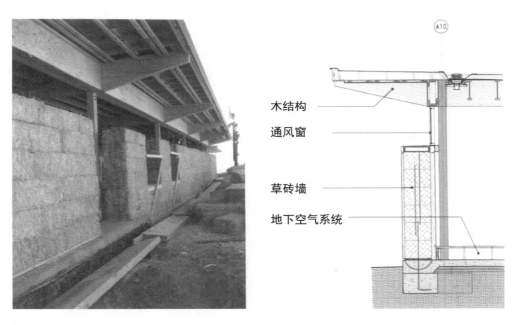

木结构

通风窗

草砖墙

地下空气系统

图 11.6
圣克拉拉运输维修设施，圣克拉拉市，加州，2008，建筑师：HOK 建筑师事务所
层级 2　建筑科学：第一个获 LEED 金奖的草砖建筑，这一超级绝缘的建筑利用多层级的技术（建筑运行所需的能量一半由光伏电池提供），可以针对沙漠气候中极热/冷的温度指示自动反应，以适应气候状况。它有效地利用了地下的气流组织以及高性能玻璃。高技术与低技术方案相结合的运用，使得这个建筑比加州严格的能效标准还节能40%。

图 11.7
国际动物福利基金会全球总部（IFAW），雅茅斯，马萨诸塞州，2008，建筑师：设计实验室（DesignLAB）
层级 2　建筑科学：AIA 十大绿色建筑之一，它利用低技术、低成本材料，考虑了气候设计原则诸如选址、朝向、自然日光、通风以及高效能机械系统等，获 LEED 金奖评级。合理的参与性规划节约了 50% 的人均工作空间。与符合当前联邦标准的建筑相比较，节水措施将水的消耗减少了 46%。雨水花园与生物沼泽地对场地上的雨水进行了 100% 的过滤与补充，先进的污水处理系统使 100% 的废水处理达到了第三级标准，能耗为 32%，低于办公室的普遍能耗。
简而言之，其（层级 2 的）可持续性主张源自参考量化标准（能源与水指标）以及比较性的多元指标而形成的测量逻辑（或模拟性预测）。

层级 2 现代图景中的可持续技术促成了性能标准的建立以及最终的高性能与零能耗建筑，甚至净能量输出建筑的概念。它促成了建筑设计、运行以及拆卸过程中的减少化、再利用与再循环思维，提倡使用更少的材料、水与能量来满足需求。这一图景中产生的绿色建筑指标系统，对从再循环到能量消耗，从废气排放量的制定到现场雨水径流处理等多个层面的建筑性能进行评估与量测。

> **绿色建筑科学是当代可持续设计的核心。**

层级 2 现代图景中，对建筑作为这一世界经验上已知的客观对象，如何与其他经验上已知的自然模式相关联进行了详尽分析，包括生命周期分析、环境影响分析以及气候设计分析等。例如，气候学家已经在长达一个世纪或更久的时间内，评测、记录并分析了这个星球上绝大多数地区的气候类型。与可预测的气候模型相结合，我们可以生成关于每小时风、雨、温度、云量、照度、辐射以及湿度等的年度数据图。基于这些模式以及对人类舒适度量化模式的研究，我们可以预估哪一种策略更适合哪一种气候以及使用到什么程度。不同气候类型的归集，结合数百种经过归纳的气候回应策略，使设计师可以从中进行选择，然后从尺度上设定重要建筑的特征，包括采光窗尺寸、对流通风孔径、浮力通风式烟囱高度、太阳能加热的南向孔径、蓄热体质量等。随着价值工程、优化技术等允许计算机进行性能模拟的技术日益成熟，精密的计算模型已经发展起来。今天，这一类技术的发展如此迅速，因此多层次的设计循环与评估已经实现，这一事实改变了设计的过程与最后的形式结果。

正如当前的实践，以及通过美国绿色建筑协会等组织及 LEED 系统所体现的那样，层级 2 的绿色建筑科学已经成为当代可持续设计的核心所在。

层级 3　后现代图景：循环模拟

层级 3 后现代图景就某个层面而言可以视为一种从行为到系统，从还原主义到整体主义，从等级分类到网络等的转换。但我们同样也可以看到一种在行为视角内部的自身发展，例如：

- ·从线性认知到循环认知与现象的转换；
- ·基于一种现象或类别检测另一现象或类别的性能表现；

·多因素同时比较的综合"成绩单"。

以上现象也可以在可持续设计领域对健康建筑的关注中见到，通过应用一种有机体的隐喻，健康建筑需要监测多重的生命体征，而其中健康的概念远远不止不生病这么简单。我们为人所创造的环境被潜在地视为健康的、干扰性的或是致病的。我们认为某些建筑是致病的，因为其机械系统及施工过程中带来霉、霉菌以及其他疾病传染源。这种隐藏在室内环境中的污染，可以通过从源头上减少现代工业建筑材料（涂料、密封剂、黏合剂、地毯中的挥发性有机化合物等）中较为典型的污染物、致癌物、激素干扰物以及病原体等得到改善。健康通风率的确定，以及空气质量因素的有效监测，都是在应用现代层级方法的同时，又在后现代层级的价值观以及基于时间的过程意识的影响下得以完成的。

层级3后现代价值观（左上）的特点是更为广泛的关心与关注，以及自我中心的削弱。经验主义工具开始用来发现并评测建筑与城市对其他物种的冲击、对影响自然的诸要素的冲击以及对生态健康系统的冲击。文化价值观的发展推动了行为视角中方法的拓展。正因为如此，对日趋复杂的自然现象的认识催生了更多复杂的工具、方法与阐释理论，为越来越多的可变因素提供解释。同样地，对模式、概率以及混沌系统的定量或数据描述也是必需的，而"经典"现代科学中的确定性和优雅简洁则被淘汰了。

对可持续设计而言，这对我们理解可再生能源与资源，以及从自然世界的循环层面来看待它大有裨益。现代意识发现了线性的模式，现代层级的可持续设计关注减少资源消耗、减少建筑施工与运行中的浪费。后现代层级的可持续设计除了关注减少建筑外壳的热能流失，还回溯到传统的空间组织模式中，发现它们对性能的贡献（例如，南方的风廊或城市的排排房）。它还可以通过被动设计与可再生能源生产，找到可充分利用可再生能源的设计方案。我们可以通过风力分布与风速模型，选择适宜风力发电的场所；我们可以根据日间云量及其季节性的变化模式选择适宜的太阳能加热策略；我们可以根据太阳、热损失、热增加以及占有模式与储存的日间循环设计适宜的解决方案。

尽管我们可以说，后现代科学体现了后现代体验以及后现代文化观之间的关联，但事实远不止于此。后现代科学与工程是一种更为复杂的秩序，包含并超越了一种更为线性的、复杂程度较低、系统化较低的（层级2）现代科学。埃里克·詹奇在《为进化而设计》（*Design for Evolution*）中将此命名为从理性逻辑到进化逻辑的转化，以他的话来讲，这是一种从线性思维到循环思维的复杂性升级（Jantsch，1975）。我们可以在右上行为象限中看到这一客观图景的发展过程：

图 11.8
洛伊拉住宅，悉尼，澳大利亚，2008，建筑师：詹姆斯·斯托克韦尔
层级 3 循环模拟：该项目为被动式太阳能设计，其整体组织体现了一种对景观空间序列的模拟与实现，以及作为这一场所中气候循环参与者的角色。
并非巧合的是，它利用层级 3 "未完成"的空间序列，形成空间的层次与过渡，消除了正式的入口。
该项目专注于 "利用循环供暖、制冷系统支持的简单被动式供暖、制冷、通风与声学处理"。住宅自造电力、自供水源，应用一种被动式可再生能源的分层逻辑，对建立在被动式智能系统基础上的高效能机械进行了有效利用，这正是层级 3 图景的指征。

图 11.9

5.4.7 艺术中心，格林斯堡，堪萨斯州，2008，建筑师：丹·罗克希尔

层级 3　循环模拟：由堪萨斯大学的毕业生设计并建造，艺术中心利用了多层级的主动式与被动式能源系统：光伏电池、风力发电机、地热采暖与冷却、集热、空气对流与竖向风道通风、绿色屋顶等。这是堪萨斯州第一个获LEED 铂金奖的项目，它收集雨水来灌溉野牛草，使用可再生的隔热层、墙板与台面。

作为层级 3 图景的项目，它不仅节约了资源（层级 2），还将多层级的能源、水与材料系统连接起来，使建筑开始成为一种对生态系统的模拟。

·从层级 1 解体的与内植的；

·到层级 2 线性的（变化）；

·到层级 3 循环的（过程作为变化的次序）；

·到层级 4 系统的（在多样化全子体系层级中的多种互动过程）与进化的（系统过程中的变化次序）。

请注意，一栋靠太阳能供热的建筑，尽管是一种复杂的能量过程及其循环的体现，但还不是我们所设想的，可以作为一种生态系统来与其环境中的生态系统相整合（系统的）。它比较简单，不够复杂，也缺乏生命力。我们已经讨论过自然界的运作及其与设计之间的关系。但事实上，人类及其群体的行为日益复杂，相应地适应人类活动及其生物力学的形式回应模式也越来越复杂，这也是我们应该注意的。

层级 4　整体图景：响应式结构

如同所有第二级图景（second tie）一样，层级 4 的个人观察者也认为之前的所有图景在不同环境中都具有潜在的作用和价值。在这一范畴中，个人观察者的感性植入有效，控制性的客观评测与科学方法也有效；在某种程度上，其他所有层级文化中的认识论从具体情况来看都是有效的。关于世界如何运作，传统、现代以及后现代视野都可以纳入其中。一个层级的视野相对另一个，尤其是更高层级的视野相对于更低层级而言也是有效的。例如，归档与分析（新理性的）的现代工具，可用于发现根植于传统城市与建筑中的基本形式类型并加以运用。有很多工具与方法，也即多种存在方式，在充分完全地体现我们所能客观了解的真理方面，都是有用的。爱默生、梭罗与惠特曼都是经验主义、个人化的，但他们发现的真理不仅适用于个人，也不仅局限于分离的科学方法。无论如何，他们都是自然界极富远见卓识的观察者。

对可持续设计而言，有关科学与工程的层级 4 整体图景开启了一个复杂性的新层级，以及一个疑难问题的新层级。在我们看来，物质现在不仅按照从摇篮到坟墓的路径线性发展，也按照从摇篮到摇篮的路径循环发展——不仅从个体循环的视角（水、物质、能量等），也从以复杂的方式相互关联的生态视角出发。就此而言，在一个人体细胞中，有比整栋办公建筑，甚至一个百万级人口的城市更为复杂的系统形式与过程。在整体层级，行为与系统视角休戚相关，不可分割：客观性方法由系统环境所驱动，而系统同样是通过其构成部分的性能而得以理解。

行为部分的层级 4 整体图景可以通过仿生学的概念来理解，"一种通过研究自然的最佳理念，再模仿其设计与过程来解决人类问题的新原则"（Biomimicry Institute，2010）。仿生学是一种生物科技定义的新转向，完全不同于那些用来影响生物的更常规的技术。

> 高效能建筑源于白蚁堆被动制冷技术的启发，无毒织物整理剂源于疏水性莲属植物的启发，这些都是今天的仿生学改变世界的实例。但是，在通往这个星球可持续生存的路上，还有很长的一段路要走。在这个极具生物多样性的星球上，数百万种物种——每一种都经历了近 40 亿年的田间试验——都蕴含了卓越的技术观念，有助于我们在如何成为一种可持续物种这个极其重要的探索中获得成功（Biomimicry Institute，2010）。

当然，整体设计师也许会倾向于从一个更为广泛的概念来看待仿生学，亦即从自然系统、环境中的有机体，以及生态系统的组织原则中找到灵感与模型。

整体层级的可持续设计将会越来越多地应用智能的、可响应的技术，来完成我们早期的序列。如路易斯·沙利文所宣称的，以及功能主义-减少主义-现代主义者所曲解的，"形式服从功能"；西蒙·凡·德·赖恩（2003）在其更新的《生态设计》中谈到的，"形式服从流服从形式"；埃德加·施塔赫（Edgar Stach）所宣称的，"形式服从进化"（Stach，2002）[1]。但这种新兴的设计与技术语言，还不能非常充分地回应过程与循环的动力（层级 3 图景），以及生态系统（层级 4 图景）与进化（也许甚至是层级 5 图景）。这一图景中与可持续技术相关的部分如何在右上象限中展开，大致可简述如下：

·层级 1 传统可持续技术。绝大多数都是无意识的隐性知识，内置于传统建筑文化的实践之中，与当地的文化一同演进，由历史上乡土建造成功适应场所的经验所构成。

·层级 2 现代可持续技术。通过低流量节水装置、再利用、再循环与可再生材料、高绝缘结构、气密层、通风热回收、高效能加热与制冷系统、轻型结构、高效电力照明、辐射屏障等手段将能效最大化。力求通过技术控制自然的现代模式，达到更好的效果（更高效、更少污染）。

·层级 3 后现代可持续技术。通过"被动的"、基于场地资源的设计方法，将性能效应整合到热、碳、光、风、水等自然流循环的环境之中：传统的空间组织与平面规划（紧凑平面、高窗、缓冲区、采光区）与最新的有关自然的复杂科学逻辑（月度降雨率、云量类型、气候数据分析等）相结合，生成"自然"采光、被动、混合以及主动型太阳能加热与制冷、可再生能源生产（风力发电、光伏电池）、"智能型"双层外表面等策略。

·层级 4 整体可持续技术。将"建筑结合自然"的原则应用于不同规模的生态环境之中（从元素、建筑、场地直至全球的大气层）。这有利于我们发现生态系统的秩序，做出能适应这一秩序的设计（生命景观作为一种环境）。也有利于我们发现根植于生态系统中的设计模式，并利用这些模式作为人类生态系统设计的模型（生命景观作为一种模拟）。

新兴的表现形式包括但不限于：

·人工湿地（建筑内外）中的生物性污水处理；

·整合能源利用、可再生生产、场地碳封存与材料碳封存的碳平衡、碳循环方法与技术；

·整合雨情、雨水收集、消耗、再循环与再利用、渗透、径流、下游水生生境等的水平衡、水循环方法与技术；

·"建筑作为一种生态系统"的隐喻式与模拟式方法；

·在景观（尺度）生态学中出现的整合空间模式与生境过程的景观规划；

·某些类型的"智能"建筑系统，利用建筑监控与响应来适应多个不断变化的变量；

·整合日光、电力照明、占用模式以及外层可调节遮阳、通风与反射的照明系统。

在层级4整体图景中，每一种设计方法都需要对经由科学工程思维与工具揭示出的各自分离的现象进行客观研究，并将其置于系统的语境中，这就为行为视角中设计思维的运用提出了新的要求。在我们的理解中，这种各自分离的现象与系统相连接，而系统既是其系统本身（整体），也是一个更大系统的参与者（部分）。

图 11.10
滑动式住宅，萨福克，英国，2008，建筑师：dRMM 建筑设计公司
层级4 响应式结构：可移动的屋顶、墙体结构，根据每天以及每个季节中的不同时间，在一个三段式（主间、客间、温室）的住宅上滑动，以营造独特的环境，满足居住者的需求。"当滑行体移动的时候，住宅内部静止的元素加上不断变化的视野、光照与围护感，形成不断转换的户外生活区域。"与此同时，庇护、日照与隔热程度也随着丰富多变的气候条件而有着生动的变化与回应。
尽管这是一种简单的大规模响应，但它确实提示了一种可以纳入层级4中的图景，其中建筑与场地如同生命体一样进行着灵活的响应。

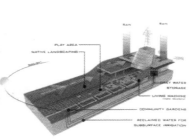

图 11.11

从摇篮到摇篮之家，罗阿诺克，弗吉尼亚州（未建成），2006，建筑师：科茨设计建筑事务所

层级 4 响应式结构：这是"从摇篮到摇篮（C2C）"国际设计竞赛的获奖方案。从具有光合作用与趋光性的随太阳移动的皮肤，到大豆泡沫墙板、植被覆盖的屋顶系统，"从摇篮到摇篮之家"整合了多层级的技术，涉及建筑与材料的全生命周期循环，从而创造了一种可持续的"生命建筑"，超越了现有绿色建筑评级系统的范畴。层级 4 行为图景往往体现出仿生学与生态模拟的方法。

"……这种生命肌肤是具备光合作用与趋光性的。它跟随太阳的轨迹而生长，其产生的电力已经超过了一个家庭所需的量。"

"这一设计表明，社区的相互依赖是未来发展必需的基础。一所房子庇护了一个家庭，还创造了一种惠及更多人的资源。"

系统视角中展开的图景

为了完成我们对可持续设计十六种图景的简要阐述，我们需要关注以下系统视角的发展层级。

层级 1　传统图景：默认系统

在层级 1 中，我们今天所理解的系统并不存在。关于世界上的事物如何运行这一复杂性层级是一个谜，但不一定需要解释。自然、人体的运行与社会的秩序都是既定的。城市零散有机地发展，没有理性的规划。但系统在传统世界是有所呈现的。在古埃及，有机体与环境之间便具有生态系统上的关联，中世纪的欧洲这一演进不断持续。对一代又一代人而言，社会就是人际关系的网络所在。过去的几千年中，盖娅的行星大气层一直努力运行着，但是，除了罕见的具有远见卓识的人，几乎没有人意识到系统世界的复杂性。

在层级 1 中，系统是根植于这一文化中理所当然的实践、律令、习俗、风格、形式以及行会之中的。梅萨沃德的阿那萨齐人，或者处于前哥伦比亚印第安村落中的埃克马人，可以将热流、质量与屋顶几何结构的力学理解为头脑中的抽象概念吗？恐怕不会。所谓的形式解决方案都是在一段时间内以一种循序渐进的方式，伴随着形式所支撑的神话与社会实践，逐步发展起来的。作为社会与生态环境的系统，无论是乡土的还是古典的，都在某种建筑文化的传统与类型中得以呈现。基于我们目前对环境的理解，我们可以分析出传统的设计者或建造者在适应环境方面或成功或失败的经验，但一种系统的环境意识以及对其进行有意识响应的能力，却绝对是后传统的。

正如不止一个观察者曾经指出的那样，在一段时间内，传统建筑通常会在适应一种"微观环境"的有机、零散、渐进式的过程中，从某种渐进式的类型发展到另一种类型。另外，传统世界观所共享的背景是一种历史文脉，一种由祖先给予的世系，一种值得尊敬的传统，这些"古老的规则"定义了我们是谁。但是，历史不是"回到那时"或者停留在过去，而是作为一种永恒的当下而存在着。事物的秩序，无论是由祖先、上帝，还是帝王的权威所赋予，都是永久固定不变的。我们相信它既符合那些超越性力量所设定的轨迹，又与那些我们试图为之塑形的事物一致。

复杂性	内部		外部	
	体验 [左上]	文化 [左下]	行为 [右上]	系统 [右下]
整体的				生命系统
后现代的				复杂系统
现代的				逻辑系统
传统的				默认系统

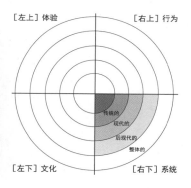

图 11.12
系统视角展开的图景

传统与可持续设计

层级 1 传统的"系统"在自然界中是以种族为中心，通过共享的实践而形成的，并且几乎完全是潜意识的。那么，这意味着右下象限中关于环境的传统观念不适用于可持续设计吗？当然不是！我们今天的优势在于，可以识别出传统世界观中往往未能发现或者未能加以解释的那些或成功或失败的模式。对整体可持续设计而言，我们希望了解传统社会中，在运用本地能源与材料的情况下，针对环境问题的解决办法哪些是有效的，哪些是无效的。

图 11.13
山地乡村棚屋（周末闲居），管溪，得克萨斯州，1999，建筑师：莱克·弗莱托
层级 1　默认系统：山地乡村棚屋（墨西哥术语，指一种披棚结构）应用前工业化的策略，借用了一种乡土的披棚结构，其设计是对一种已经存在数个世纪之久的建筑系统、实践以及模式的一种颇具当代意识的运用。
　　"由雪松杆支撑的简单庇护式结构面向小溪及夏季风盛行的方向，而石墙则庇护了这一生活空间免受冬季西北风的侵袭。厚重的石灰岩墙住宅带有一个户外的洗浴间、一个堆肥厕所，并可放置双层床。这一庇护式的生活空间及其开放式的门廊，在简单的单坡屋顶下沿山地跌落。"

我们并不是要从现代设计所导致的灾难中（记住同样也有优势）回归，进入一种"高尚野蛮人"与地球和谐相处的理想年代或浪漫年代，或者一种完美平衡的经典黄金时代，而是要对传统层级的优势与弊端进行审视。一些土生土长的族群因为过度捕猎导致食物灭绝，或者因为对森林的滥砍滥伐以及过度灌溉导致的土地沙化等原因而消亡了。所有的族群中都有不同形式的奴役现象。就算忘掉所有多元化的后现代主义带来的，诸如残障人士、妇女、所有种族以及不同性别的权利扩张等利益。对大多数人而言，前现代世界仍然不是一个可供我们安居的乐园。

当然，人类的演进与创新仍在继续。适宜于场所与文化的解决方法不断出现，并在几个世纪中得以逐步完善：集中开放式平面，中庭、拱廊与天窗；双层表皮、冰屋顶、反光表面以及上千种遮阳设计；朝向太阳与风的房间、蒸汽式冷却塔与集风口；生土建筑技术、可持续获得的生物材料成果以及上百种砌筑石头的方式；盐盒式住宅、长屋、环绕的门廊、圆顶冰屋；防风墙、翼墙、文丘里风道和风车；阳光室、温室、冬季花园与朝南的户外房间——所有这些以及数百种更为成功的、适应环境的先例。也许传统的世界观可以阐释这其中社会与环境的原因以及它们的背景，也许不能。但无论如何，我们如此幸运，得以在这些处理方法逐步发展完善的漫长历史中，适逢其会，见到它们在多种文化与自然环境中所展现的可用性。

层级2　现代图景：逻辑系统

层级2现代图景系统一方面可以被定义为线性、抽象以及理性的，另一方面，从有机建筑的意义上讲，也可以视为有机的。现代思想利用了科学观察这一新的手段来拓展我们对于现象以及环境维度的理解。它还在一段时间内使工业经济得以发展，并作为一种背景而存在。

> 从层级2的思维来看，系统意味着事物之间如何相互适应，如同一部机械零部件之间的相互适应一样。

每个系统都有一个功能，每个构成部分在这一功能中都要优化自身特定的角色。以墙为例，每一个层级都有所不同：如外表皮、隔热层、结构、防水、气密层、防汽层、外部遮阳、内部遮阳、内饰等。现代意义上的系统是关于分化与专门化、复制与标准化、工业化生产与预制、创建组件与可移植原型，以及从家门口到整个都市的，在越来越大的模块累加层级组合中的微观单元集成。

　　同样的理念，在今天力图打造的可移植、模块化、预制化、板材化以及其他各种工业化系统化的绿色建筑之中也得以体现。这是件坏事吗？这种工业化的方法对于建筑而言很糟糕吗？不一定，当然也不总是如此。是的，用这样的方法不可能再像从前一样，让一种类型通过本地化方式渐进式地适应，也不可能获得传统手工结构中的随性之美。然而，在功能层面上完全可能，且实际上更有可能的是，一种工业化设计与制造的零件、板材、模块或者建筑将会使资源得到更好的利用。在限制性的条件下，我们很有可能会设计出一种系统化的方法，以适应当地气候的变化。而当本地的文化与经济崩溃时，如何应对关于灾难援助、临时性结构、难民住宅以及集体式住宅等的诉求呢？从整体性的视角来看，绿色预制在某些时候是可行的，但某些时候则不然。

> 层级 2 的设计寻求可以提升性能，联结场地与建筑、联结建筑各个部件以及人与场地的模式。

　　处于层级 2 现代图景的设计师，普遍地将本地场地中社会与物理层面的内容视为他们的环境，而不是将更大范围的生态系统或社会系统视为环境。这种看法是有用的、真实的，但我再次重申，也是片面的。对可持续设计师而言，这一层级对场地的适应至关重要。它对于当地环境以及使用者的体验都有最为直接的影响。其考虑的因素包括形式与空间的设计如何回应太阳方位、风向、地形图、坡度和坡向、雨流、太阳光影模式、入口、步行者行为、入口序列、停车、场地内外的视野、现场人的使用与活动、地方化社会群体的性质、与场地边缘邻近区域的关系、维修专用通道、场地本身的空间序列等。这些对设计师而言都是极为熟悉的要素。从层级 2 现代图景出发，可持续设计师尤其需要审视以上每个要素中环境层面的内容，寻求如何组织设计要素，才能作为与本地相关联的系统来促进可测量的环境性能。位于这一图景的设计师寻求可以提升性能，联结场地与建筑、联结建筑各个部件以及人与场地的模式。在朝着整体生态思维目标沿图景螺旋上升的过程中，培育一种相互关联的意识只是第一步。有关层级 2 如何看待场地的一个清晰例子，是由加拿大政府发布的可持续设计导则（请注意该导则中"场地与自然作为资源"这一谨慎的倾向）。

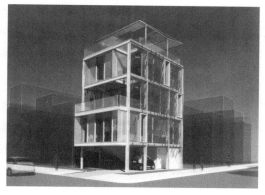

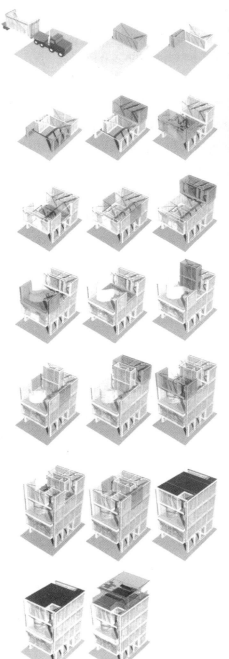

图 11.14
玻璃纸住宅（a）已完成，效果图，（b）集成序列，安装：基兰·廷伯莱克合伙有限公司

层级 2　逻辑系统：玻璃纸住宅是一个为 MOMA 现代艺术博物馆的展览而预制的场外装配式住宅："速递之家，预制现代住宅。"其主要依靠模块预制，具有惊人的建筑效率，灵活的系统可以根据现场的不同情况而进行构造。这是一种机械化的速成式可拆卸系统，逻辑上也是可重构、可替换，以及可循环的。

建筑师基于层级 2 的逻辑系统图景讲述了建筑的故事：

"建筑，究其根本，不过是一种形成围合的材料集成"

"某种程度上，实际材料如何根本无关紧要；而恰恰是它们连接一体的方式定义了建筑的实质。"

"项目开始时，以系统作为基础，允许建筑构架在机会和限制中灵活变化。"

当选择一个新的建筑基址的时候，开发者会评估基址中风向与水流的自然模式、所有季节中的日照以及特别的景观特征（例如露出岩石、成熟的树种）。认真的基址评估与规划会使建筑完全利用自然的优势，诸如日光与风障，并最小化雨水径流等对环境的冲击。当一个现有的基址面临重新开发的时候，对当前结构中积极和消极的因素以及其他的场地开发要素进行评估，都应该纳入规划要素之中。另外还要考虑结构与材料的再利用。

（Sustainable Buildings Canada，2010）

这种相互关联性在早期现代主义的有机建筑中有所体现：如弗兰克·劳埃德·赖特（流水别墅/考夫曼住宅，熊跑，宾夕法尼亚州）、布鲁斯·戈夫（Bruce Goff）（贝文格住宅，诺曼，俄克拉荷马州）、伊姆雷·马科韦茨（Imre Makovecz）（路德派教堂，希欧福克，匈牙利）、巴特·普林斯（Bart Prince）（格雷登住宅，阿斯彭，科罗拉多州）、费伊·琼斯（Fay Jones）（荆棘冠教堂，尤里卡温泉，阿肯色州）等。

赖特对有机建筑的双重理解：1）所有因素整合到一个统一的组合体之中，关联起从材料到场地这一设计统一体的多个规模层级；2）通过设计形式与场地的亲密关联，营造一种人与自然的和谐：

我站在你们面前，为有机建筑布道：宣告有机建筑是一种现代典范，如果我们可以看见整体的生活，从现在起服务这一整体生活，不去揪住伟大传统中所必需的"传统"，会发现这样的引导是如此需要。忘掉任何强加给我们的预想形式，无论过去、现在还是未来。相反，让我们赞扬作为常识——或者是超感觉，如果你愿意——的简单法则，通过材料的性质来决定形式……

（Wright，1939）

从某种意义上讲，赖特关于统一体的观念体现了一种整体性视角（形式与功能一体），并且至少使他成为整体性思维的先驱。然而，以上引言是将他作为现代主义的思考者来看待的：与过去决裂，不带成见地创造新内容，在寻求普遍性设计法则的同时，体现个人对独立的、完全个性化的、整体的、自我实现的、自我意识到的"自我"的个性表达。同时，在赖特的思想中，一种"第三级"（后整体）的大自然神秘性显而易见（超感觉），其中一个更深层的思想是，将"有机"与伟大的传统（永恒之途，自然与建筑之道）看齐——但那是第四部分的主题了。

> "建筑作为一种建筑师针对客户要求所进行的创造性回应的综合结果；从场地、气候中收集数据……"
>
> （巴特·普林斯）

其中的关键在于，有机建筑从层级 2 的现代性表达转向将大自然视为场地及已知原则的理解。在一些有机作品中发现的关于曲线与自然主义的、非线性几何的自然意象，并不是一种在建筑中起作用的，根本性的复杂生态或者生物过程的表达。相反，它是在关于设计的文化对话的语境中（从左下象限），就意义层面进行的一种隐喻性交流的意图。就它们与自然之间的实际关系来看，绝大多数的有机建筑（现代时期）在其与 20 世纪晚期的可持续观念联系起来之前，是将场地作为一种视觉与空间构成的机会，来尝试体验的可能性以及材料的潜力的。层级 2 的建筑师，即使是层级 2 有机"自然主义的"建筑师，也是在适应一种被设想为由一系列力量、形式、有机体、地质学及其地方化的独特结论所构成的"场地系统"。这种对场地的回应几乎完全没有涉及更大的文化范畴（LL 左下象限，层级 3）及其价值（也许除了作为一种回避或批评），或者将场地视为一种复杂社会与自然系统（LR 右下象限，层级 3）。当然，也没有从包含生态系统与生物区的嵌套系统的角度，对场地进行回应（LR 右下象限，层级 4）。

层级 3　后现代图景：复杂系统

层级 3 后现代图景中的系统，与后现代主义作为客观世界的解释这一通常的理解完全不同，必须加以区分。绝大多数的后现代理论家采纳了一种文化视角，且只从这一视角出发来定义后现代理念。在左下象限的层级 3 中，"设计即是其在文化中生成的意义"。

> 现代建筑曾一度被理解为纯净、抽象的客观体，独立于其周遭环境之外。而现在，使建筑适宜于其建筑环境的概念则受到了越来越多的关注——换句话说，要确保建筑回应了其周遭环境中大量与建筑有关的诉求。　　（戈登伯格，1981）

图 11.15
橡树小屋，圣母橡树静修中心，阿普尔盖特，加州，2007，建筑师：西格尔＋斯坦

层级 3　复杂系统：橡树小屋坐落于一个较偏远的位置，将周围景观作为文脉贯穿其设计之中。建筑角度沿地形轮廓转折起伏，以容纳场地中成长的大树。为了与耶稣会照管环境的使命一致，这一综合体也体现出低成本、低技术的可持续观念，如草砖结构与通风管等。宿舍的一翼通过通风廊、门廊与会议室相连。

这一项目相对而言是低技术的，其设计师将景观解读为一种结合了结构、气候与生态维度的复杂环境。将景观视为一种复杂系统，属于层级 3 图景。

图 11.16

切萨皮克湾基金会菲利普美林中心，安纳波利斯，马里兰州，2000，建筑师：史密斯集团公司

层级 3　复杂系统：从太阳能到收集雨水的蓄水池，菲利普美林中心利用多种主动与被动可持续系统，成为环境保护宣传的一个教育基地。作为首座 LEED 铂金奖建筑，它将建筑与景观都视为由多层级过程构成的复杂系统来进行处理。

比如，水是该项目的核心主题，贯穿于整体的组织之中，建筑整合了雨水收集与再利用、堆肥厕所、蓄水池、生物滞留过滤等技术，跟普通的办公建筑相比，节约了超过 90% 的用水量。项目结合生态恢复、本地景观等，采取了一种整体系统的生态技术视角来进行水的设计。

而我们讨论的是一种与后现代意识一同出现的系统视角的新层级。在右下象限，从层级 3 系统图景出发的视角将系统视为循环的，是一种置于更大环境模型中的抽象模型，是超理性的。也就是说，右下象限层级 3 将理性提升到了一种新的复杂性层级，并且将系统视为动态控制的环环相扣的线性科学模型。右下象限科学进程的一个例子是，当我们理解自然界中物种之间的关系时，其顺序是按如下阶段发展的：

· 从食物金字塔的角度（层级 2 线性的）；

· 食物链（层级 3 循环的）；

· 食物网（层级 4 网状生命系统）。

层级 3 系统，如同右下象限（LR）的任何事物一样，是物理性、生物性与社会性的。理解层级 3 系统的关键在于，文脉主义（contextualism）的后现代视野。在层级 3 系统中，科学观察与社会合作都具有功能（UR 右上）、美学体验（UL 左上）与意义（LL 左下）的文脉。换句话说，其他三个象限也同样构成了系统视角的语境。

就社会层面而言，尤其是在非住宅性的项目中，这一图景的设计师可以在实际付费的客户之外，看到利益相关者的关注点。用户与那些处于项目语境中的居住者都进入设计过程中。比如克里斯托弗·亚力山大（俄勒冈大学规划，俄勒冈实验）、斯特劳德·沃森（Stroud Watson）（查塔努加市中心）以及 AIA（美国建筑师协会）的 R/UDAT（地区性 / 城市设计辅助团队）所做的工作。公共设计工作坊已经非常普遍。从形式上看，历史与建筑传统及文脉已经成为某种必须的回应、关联以及适应的东西，正如在詹姆斯·斯特林（赖斯建筑学校，休斯顿，得克萨斯州）、史蒂芬·哈普林（Stephen Halprin）、威廉·特恩布尔（William Turnbull）、查尔斯·穆尔（海边牧场）、拉菲尔·莫内欧（Rafael Moneo）（市政厅，穆尔西亚，西班牙）等人的作品中所体现一样。现代的"客观建筑"（一种带有贬义的后现代术语）并非层级 2 现代性中的要素，作为现代主义者对其世界观的一种表达方式，它只是在系统条件下关于什么是真实、什么有价值的一种体现。只有在倡导文脉适应性的后现代价值观中，当文脉被定义为一种极具包容性的系统时，"客观建筑"才真正成为一个问题。对现代的个人主义者而言，当我们把条件中的所有特定因素，如成本、客户、气候、场地等加以考虑的时候，客观性即是表达，是独特性，甚至是一种美德。而在层级 3 中价值观从现代的"此时"转换到后现代的"此地"，从"典范的"转换到"相对的"。

这一伦理源自一系列观念，而这些观念甫一出现，即被奉为圭臬：简·雅各布斯对城市多样性的坚持；艾达·路易丝·赫克斯特布尔对保护建筑地标的激进式拥护；威廉·H. 怀特力图将街道从汽车手中交还与人的努力；甚至在现代建筑师群体中蔓延的，对暴力强加于城市意象中的现代规划及城市更新概念的不满情绪。

（Muschamp，2001）

建筑的文脉主义已经开始成为一个常用词，正如以下关于文脉主义的词典定义所体现的：

> [用于]建筑。一种美学立场，主张一栋建筑或类似构筑物的设计，应该与这一周边区域现存的其他要素形成一种和谐或有意义的关系。

（Dictionary.com）

为循环与过程的可持续设计

当设计走向物理与社会层面的文脉主义，走向阐释文脉中的风格与美学表达的时候，可持续设计在创造一种能量、水与物质循环的科学方面，也提升了经验建构的复杂性。高技术变成了生态技术，而这正是宽泛的生态隐喻。太阳能建筑体现了能量的每日过程与季节性过程，它利用建筑元素的配置，完成了太阳热能的收集、储存与分配，平衡每日循环中建筑收集太阳热量与散失表面热量的动力。直接获得、日光室、热能储存墙以及空气收集系统都是在与气候形成的系统关系中将"建筑作为热能交换器"的例子。被动制冷系统——对流通风、竖向风道通风、下吸式蒸发冷却塔、风斗、屋顶水池等都是建筑在炎热季节中的循环秩序系统，其设计旨在适应气候环境。而回应循环模式的同样复杂性也在采光系统中发展起来（Mazria，1979；Watson and Labs，1983；Brown and Dekay，2001）。

作为文脉的景观过程

如果说层级2的可持续设计将地方的场地视为其自然的文脉，层级3的可持续设计师则将景观与气候作为他们的自然文脉，例如泽西恶魔（Jersey Devil）（山间住宅）。层级3的场地设计策略包括本地植物与景观、节水耐旱园艺、雨水收集与循环、整体水循环设计、最小化建筑生态足迹、透水表面以及保存基于自然雨洪管理的场地植被与景观等。所有这些策略都将场地的运作视为更大循环过程的一部分。但还没有把场地理解为一种复杂生态系统，而是作为一系列相对独立的水、材料、植物、气候等类型的循环。层级3的回应试图创造一种高效的现场系列循环系统，或者最小化设计对这些系统的影响。但这种循环还不是复杂的网络，只有在层级4整体图景中，才真正开始设计人类生态系统与修复自然生态系统。

层级 4　整体图景：生命系统

> ### 设计旨在求解生态模式。

　　从系统的整体图景出发，在系统套系统永无终止的嵌套文脉中，任何事物都息息相关。自然由生命系统构成，人类系统同样如此。人类系统并非超级有机体，但人类在生存层面上，却仅仅将森林一类视为生命系统。设计的任务并不仅限于最小化我们对自然的影响（现代），或者创造模拟自然循环，甚至是适宜自然循环环境（后现代）的人工产物，而是要创造动态的、灵活的网状人类生态系统，使自然与社会在生命的全子体系层级中整合为一个网络（记住物质—生命—心智的序列）。更严格地说，文化产物与自然产物在一个关系网络中相互作用，由那些在相互作用层级所呈现出来的秩序与法则统领（即是物理的，也是生物的）。简而言之，设计旨在求解生态模式。

　　在可持续设计中，层级 4 图景将动力系统理论与生态学等复杂科学的全子体系观纳入思考之中，已经生成多种多样更新的，也更为广泛的设计议题：生态模拟、生态设计、生命建筑、可再生设计、生态修复、生物地区主义、景观生态设计、朴门设计、生态产业园等。在第 1 章系统视角中阐述过的原则都是这一层级 4 图景在系统中的表达：

　　·在三种全子体系层级上设计：建构一个更大的整体，创造一个整体，以及组织更小的整体。生态设计师们在嵌套网络的多种层级上思考。

　　·以生态学为模型设计生命系统：使流适应于当地的可再生系统，同时也支持技术工业的生态系统。自然界的组织模式意味着垃圾等同于食物，再循环地方化，资源本地化，以及太阳能供给所有燃料。

　　·适应特定场所的设计解决方法：将本地场所、更大的邻里社区以及这一地区纳入考虑之中。自然系统中的结构与功能模式总是根植于本地模式中，同时也构成社会模式的文脉。

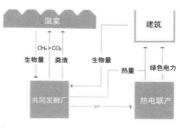

温室

建筑

$CH_4 > CO_2$

生物量　粪渣　　生物量

热量　　绿色电力

共同发酵厂 → gas

热电联产

图 11.17

朱伊德卡斯项目，阿姆斯特丹，荷兰（未建成），2009，建筑师：保罗·德·瑞特

层级 4　生命系统：通过在一个综合体（居住的、商业的、教育的以及公园式的）中结合多种项目与大量系统来生成并储存能量（温室、发酵设备、热电联产发电装置），朱伊德卡斯项目提供了未来建筑生态系统的一个范例。受政府建筑部门委托，"朱伊德卡斯项目的主要目的是在实现环境指标上，尽可能得到高分"。

"城市温室或温室村（Zonneterp）的概念，一方面在温室与共同发酵的植间之间产生关联，另一方面，也在温室与已建成的环境之间建立了关联。这一概念涉及五种再循环流：垃圾、水、热量、二氧化碳与能源。"

这一方案类似于保罗·索勒里关于高密度三维生态功能城市的缩小版。

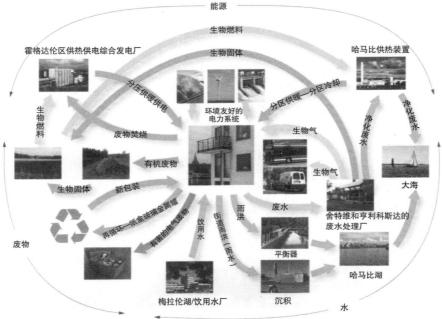

图 11.18
哈马比·斯约斯德，斯德哥尔摩，瑞典，2007—2009
层级4 生命系统：生活在哈马比·斯约斯德社区的人都被视为哈马比模型这一生态循环圈的一部分，他们的能源、废物、污水与水以一种可持续的方式加以管理，以此促使人们把生命系统作为一种生活方式来予以实现。
该项目可容纳25000人，所有住宅的建造都符合可持续标准，家庭居住在公寓之中，预制完全规范化，曾经工业化的场地得以重新适宜居住。项目对城市之中生态循环何以可能提供了解决之道。它展示了生态修复、可持续发展、棕地再利用以及社会性再生的过程。这一图景中的可持续性将生物区也纳入文脉之中，并试图建构一个其功能组织如同自然一般的社会（生态模拟）。

这一层级互联性思维的例子，体现在阿特·路德维希（Art Ludwig）为墨西哥莫雷洛斯州迪波茨特兰的维维考伊奥特生态村（Huehuecoyotl）设计方案所写的说明中：

维维考伊奥特生态村的房子主要由自然材料建造，大多就地取材。丰沛的雨水汇集到地下蓄水池，供给由太阳能预热的高效供水设施，再经由灰水系统处理，用来浇灌果树，使其在夏天为房屋遮阳，冬天将阳光反射进房屋，阻挡凛冽的寒风，并供给果实。

走向再生的发展轨迹

整体意识可以纵览螺旋形的发展过程。只有从层级 4 整体图景，而不是之前的任何层级出发，并且只有在这一视角（右下）之中，比尔·里德（Bill Reed）所表述的以下环境意识设计的发展轨迹（Reed，2006）才得以显现：

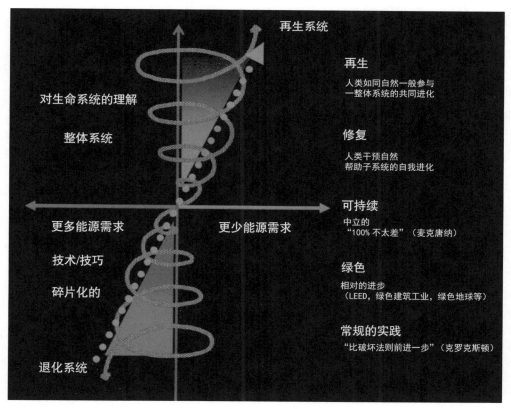

图 11.19
里德的环境责任设计演化轨迹

环境设计的发展轨迹

1 高性能设计（减缓恶化）。在建筑结构、建筑运行以及场地活动中实行增强效能与弱化影响的设计。这一术语暗示了一种技术性更为高效的设计方法，但也可能限制了对更大范围自然系统的优势进行探索。

2 绿色设计。一个通用术语，表明了设计改进的方向。例如，为人类活动与自然系统健全统一的整合进行持续改进，一些人相信这对建筑与技术而言更为适合。

3 可持续设计。见"绿色设计"，但更强调达到一种使地球上的有机物与系统在时间变迁中仍然得以维持健康生存的状态。可持续性是一种从减缓恶化到健康再生的转折点。

4 修复性设计。这一方法对设计的思考着眼于利用设计活动与建造来修复当地自然系统的能力，使其重新回到一种自组织的健康状态（如本地湿地、森林、滨水系统等）。

5 再生设计。这是一种进入整体系统的设计过程，我们只是其中的一份子。设计以场所为基础。通过使这一场所中所有重要的利益相关者与过程参与进来——人、其他生物系统、土地系统以及一种将它们关联、赋能的意识——设计过程培育了人们参与建立持续健康关系的能力。通过持续性的学习与反馈，使系统的所有层面都成为那一场所的生命过程——共同进化的一个整体性部分。

在这一简单的四层级发展系统中，里德的轨迹并未涉及传统层级。他对于高性能的描述属于层级 2 现代的，绿色设计是层级 3 后现代的，可持续设计从层级 4 整体的开始。他关于再生设计的定义完全就是层级 4 整体图景在系统视角中的表达。如果你认真阅读，你将会注意到根植于每个层级中的是一种逐渐上升的性能层级，从效能开始，以净生产力结束。这些都是右上行为视角的评估，总体上与它们赖以生成的系统方法（右下 LR）相关：线性的、循环的、生态系统的以及最终（对层级 4）共同进化的网络化社会与生态系统。

在约翰·莱尔看来，再生设计意味着：

> ……以源、汇、消耗中心的循环流取代当前线性系统的生产流。再生系统通过其自身的功能过程，为维持其运行的能源与材料提供持续的替代更新。再生必须与生命本身的再生相关，如此才能为未来带来希望。

（Lyle，1994，pp10-11）

生命建筑

系统视角整体图景的项目案例包括以下作品：迈克尔·科贝特（Michael Corbett）与朱迪·科贝特（Judy Corbett）（乡村之家，戴维斯，加州）、约翰·莱尔（再生研究中心，加州州立理工大学波莫那分校），卡斯卡迪亚绿色建筑委员会发起的生命建筑竞赛中的项目及标准，西蒙·凡·德·赖恩（真品太阳能生命中心店，霍普兰，加州），未来生活研究会（Living Future）（蒂尔农场，亨廷顿，佛蒙特州），BNIM 建筑事务所（艾比中心，博兹曼，蒙大拿州），约翰·托德（John Todd）（新炼金术协会生物庇护所，法尔茅斯，马萨诸塞州），普林尼·菲斯克（Pliny Fisk）（洛雷多德州示范农场）等。

在鲍勃·伯克拜尔（Bob Berkebile）与詹森·麦克伦南（Jason McLennan）（2003）对生命建筑的定义中，此类建筑：

· 就地获取所有自身所需的水与能量；

· 适应特定场地与气候，主要使用当地材料建造；

· 运行零污染，不产生对其他建筑与周围环境无用的垃圾；

· 促进所有栖居者的健康与幸福——与现有生态系统一致；

· 由最大化能效与舒适性的整合系统构成；

· 是美丽的，且激发我们的梦想。

社会关系与设计知识

当系统思考者某些时候为所有象限与视角解体到右下象限而深感不安的时候，也为文化解体到生命网络之中而深感不安（正如我们所见，文化是比自然更高的全子）。生命建筑或再生设计对"生态系统作为模型"，在概念理解上并不完全一致，但当我们以这两种不同的方式来设计的时候，整体层级的系统视角都是非常有用的：

1 一种社会关系与组织的系统性全子体系观，如我们在《空间语法》（*Space Grammar*，Hiller 1984，1996）[2] 以及《建筑模式语言》（Alexander et al.，1977）中所见到的。

2 一种设计知识与解决方法的系统性全子体系观，如我们在《建筑模式语言》（Alexander et al.，1977）、《环境结构的层级》（Habraken，1998，2002）以及《人类聚居学》（Doxiades，1969）中所见。

例如，希勒（Hiller）的《空间语法》探求了人类活动如何形成城市的这一过程，以及城市街道网络形式之间的关系。亚历山大关于模式的观念则总是将一种空间模式与一种社会或自然事件的模式相关联，而且这些事件都是在等级化的嵌套网络中得以连接并相互作用的。哈布雷肯（Habraken）对仅出现于这一图景的共享的主题知识进行了总结：

> 系统使我们在一种社会机体中共享知识与方法；模式使我们找到客户与用户
> 之间共同的基础所在；类型为我们提供了跨学科协作的语境；层级则帮助我们保
> 持在同事间进行干预的等级。这些关联都是各种不同的线索，通过其穿插编织，
> 建立起专业主义的结构体系，形成一种知识资源，一种对形式构成的启示。
>
> （Habraken，1996）

到目前为止，由设计专业团体发起的源自这一图景的设计思维是最为复杂的——尽管我早前所提出的第三级有可能更为复杂（但并不一定更令人费解），这是超越整体图景边缘的超个人层级。整体图景才刚刚兴起，因此，在四种当代层级中发展得最不充分。从这一角度而言，景观设计比建筑设计走得更远。层级4中最好的景观设计师已经可以修复生态系统，创造出新的充满活力的生态系统结构，尽管这些方法并没有十足成功的把握。层级4的系统必然需要新尝试、新团队成员、新教育系统，以及分享与获得设计知识的新方式。

注释

1　埃德加·施塔赫（Edgar Stach），田纳西州大学建筑学教授，主持 UT 零能源住宅项目，UTK 智能结构研究所负责人。
2　空间语法，经由比尔·希勒教授与朱利恩·汉森博士合著的《空间的社会逻辑》（剑桥大学出版社，1984）与比尔·希勒教授所著的《空间即机械》（剑桥大学出版社，1996）而广为人知。

参考文献

Alexander, Christopher; Ishikawa, Sara; Silerstin, Murray; Jacobson, Max; Fiksdahl-King,Ingrid and Angel, Shlomo (1977) *A Pttern Language: Towns, Buildings, Cnstuction*,Oxford University Press, New York.
Benyus, Janine. (1998) *Biomimicry: Innovation Inspired by Nature*, Harper Collins, NewYork.
Berkebile, Bob and McLennan, Jason (2003) 'The living building: Biomimicry in architec-ture, integrating technology with nature'.
Biomimicry Institute (2010) .
Brown, G.Z. and DeKay, Mark (2001) *Sun, Wind & Light: Architectural Design Strategies*,2nd edition, John Wiley & Sons, New York.
Doxiadis, Constantinos A. (1969) Ekistics: *An Introduction to the Science of Human Settlements*, Hutchinson, London.
Goldberger, Paul (1981) 'Architecture: Buildings in context, *New York Times*, 3 December1981.

Habraken, N. John (1996) 'Tools of the trade: Thematic aspects of dsiging'.

Habraken, N. John (1998) *The Strucure of the Ordiany, Fom and Contol in the Bult Environment*, MIT Press, Cambridge and London.

Habraken, N. John (2002) The use of evels, *Open House Itermational*, vol 27 no 2.

Hillier Bill and Hanson, Juiene (1984) *The Social Logic of Space*, Cambridge UniversityPress, New York.

Hillier, Bill (1996) *Space is the Machine*, Cambridge University Press, New York.

Jantshch, Erich (1975) *Design for Evolution*, George Brazillier Inc., New York.

Lyle, John Tillman (1994) *Regenerative Design for Sustainable Development*, John Wiley& Sons, Inc., New York.

Mazria, Ed (1979) *The Passive Solar Energy Book*, Rodale Press, Emmaus.

Measuring buildings without a yardstick, *New York Times*, 22 July.

Reed, Bill (2006) 'The trajectory of environmentally responsible design', Integrative Design Collaborative, Inc., Arlington, Massachusetts.

Regional/Urban Design Assistance Team (R/UDAT) Program of the American Institute of Architects.

Stach, Edgar (2002) 'Form follows evolution: Synthesis of form, structure, and material newtendencies in lightweight structures', Lecture, The Chinese University of Hong Kong,March 2002. See also Smart Structures

Sustainable Buildings Canada (2010) .

Van der Ryn, Sim. (2003) *About the Ecological Design Institute.*

Watson, Donald and Labs, Kenneth (1983) *Climatic Design,* McGraw-Hill, New York.

Wright, Frank Lloyd (1939) *An Organic Architecture: The Architecture of Democracy*, Lund Humphries, London.

12　设计主体的扩展：可持续设计师的转换

层级与整体可持续设计

西蒙·凡·德·赖恩在《设计生命》中，吸取吉布塞尔与其他长青哲学支持者们的观点（Van der Ryn，2005），应用了一个发展模型，将吉布塞尔的阶段描述为"文化演进的螺旋上升"。凡·德·赖恩将整体阶段的意识等同于"生态逻辑"时代，而一个更为准确的标签是"整体的"。因为，虽然层级 4 整体意识是生态设计所必需的，但生态学只是一种右下象限的系统视角。换句话说，生态思维是右下象限的层级 4，而整体层级却覆盖了所有象限。而且他也相信整体意识会重新连接自然与文化，重新连接身体、心智与精神。这些当代广为人知的分裂状况，在后现代主义的病态版本中达到了极致，而在他看来，一种整体意识是有可能将其重新整合的。凡·德·赖恩发现在整体意识中，我们可以"体验物质世界的短暂性，我们与其千丝万缕的关联，以及宇宙的流动感"。正因为如此，人们应该"朝着一种由变化万千的生命万物所激发的生态智慧与热情"迈进。由上可知，凡·德·赖恩是一个整体思考者，很好地体现了可持续设计的整体层级。

可持续设计并非设计的一种新层级，它在当代设计实践的任何一个层级中都有所体现，而业主与用户也通过这样的设计实践逐步形成他们对设计的理解。在当代的专业领域中，有少数设计师在奉行一种较为传统的世界观，多数人在实践一种基于现代主义的中心意识，还有少部分人以后现代的世界观为指导，更有一小部分逐渐兴起的整体实践者。而可持续设计需要来自以上每一个层级的元素、方法与思维。可持续设计师们正面临的挑战是，营造让具有不同世界观的人都能满意的场所，如同我们这个具有多层谱系的社会，用户、居住者与客户同样具有多层级的世界观与价值观。而有效的可持续设计为包容与欣赏不同层级的人创造了价值与机会。

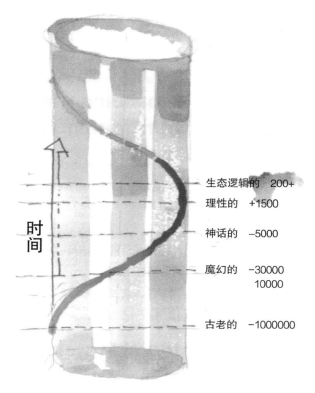

生态逻辑的　200+
理性的　+1500
神话的　-5000
魔幻的　-30000
　　　　10000
古老的　-1000000

时间

图 12.1
意识 / 文化的螺旋上升
来源：Van der Ryn，2005

　　为简要回顾从四种当代结构出发的可持续设计的发展次序，我们可以参考以下的归纳框架。埃斯比约·哈根斯利用螺旋动力学为生态学建构了一种八层级结构。下列适用于可持续设计师的命题也应用了同样的方法，但只使用了我们曾探讨过的四种方法中最为普遍的当代层级。我们可以将这些命题视为一种具备可能价值的假说。它是总体发展理论在可持续设计师的价值与目标层面的应用。记住，序列中的每一层级都有其价值与适宜性，其中较高层级涵括了较低层级。

整体可持续设计师的四种层级

　　当设计师在任何一个层级运作时，让我们来深入探寻他们是"谁"。需要记住的是，我们每个人都力图把握一个主要的世界观取向，那是我们在绝大多数时候的出发点。当然，我们也可以在任何时候转换到更早或更晚的世界观层级。诸如此类的转换是非常频繁的。但我们往往对此毫无察觉。也许有 50% 的时间，我们都是依靠价值观而不是主导的世界观在运作。考虑到如下因素，既然世界观没有与生俱来的好坏之分，所有的世界观在它们的序列中都是合适的，那么，整体设计师完全可以根据当时情境的需要选择任何一种世界观，并据此来工作。

传统世界观：生态管理型设计师（层级 1）

· 在一段时间内逐步解决某个较为稳定的问题，获得有效的解决办法。

· 针对前现代层级的需求（庇护、安全、前景与避难），提供令人满意的解决办法。

· 编码的建筑文化营造出完整而令人满意的场所：历史类型学的、手工的以及有先例可循的解决办法。

传统价值观的用户：完全信赖权威或某种正确的方式；寻求符合规则的意义；根植于教堂、乡村的自我意识；种族中心；牺牲现在以获得未来；永恒即美。

环境目标与价值观：保持和谐与稳定；现在适当管理自然，未来会获得自然的馈赠；追随更高的权威，服从法则与规定以避免惩罚。

例子：地球是伊甸园；清教徒式的道德；男童子军与女童子军；环境立法；濒危物种法案；环境保护机构，地方乡土建筑，历史性保护，国家公园体系、荒野保护区指定。

现代世界观：生态策略型设计师（层级 2）

· 关注公共卫生与安全，为能源资源的利用效率以及可预测的行为而设计；

· 民主空间与普遍规则体系的发展；

· 个体创造性的释放；

· 对新的社会与技术语境的积极反应；针对新问题的新办法，解决方案最优化。

现代价值观的用户：个体的自我与自由；我（主格）/ 我（宾格）/ 我的；自我的可能性思考，争取更好的；当下创造美好生活；信仰科学、技术、民主与资本主义；新即是好。

环境目标与价值观：进步；自治与独立；赢得人生；获得财富上的成功；竞争导致进步；科学与普遍权利；"市场的力量"。

例子：自然资本主义；资源保护主义；生态科学；实用主义视角；环境心理学；行为主义方法；LEED、绿色环球评级系统；生命周期成本核算；环境会计；本地植物园；节水型园艺；太阳能建筑。

后现代世界观：生态多元论设计师（层级3）

· 文脉主义：设计旨在帮助建立 / 治愈更大的整体；

· 环境主义：以设计促进生态健康；

· 多元主义：重新认识多样化方法的价值，包括历史上的先例与前现代的语言。

后现代价值观的用户：包括其他物种在内的每一个体的幸福；建立共识；多元主义；多元文化主义；我们（主格）、我们（宾格）、我们的；人文主义关怀；反等级制；精神疗愈；校正传统与现代的问题。

环境目标与价值观：促进社区联合；跨越社会鸿沟共享资源；探索他人的内在世界；环境责任与生活方式；亲身参与自然。

例子：深层生态学；生态女性主义；社会生态学；动物权利；生物中心主义；生态中心主义；生态心理学；环境公平；绿色政治；自然的社会结构；生态文脉主义。

整体世界观：生态整体主义设计师（层级4）

· 在整体系统中设计的能力；

· 能够理解螺旋形的发展，并在必要时利用可持续设计所有层级的优势；

· 能够洞悉可持续设计的知识基础，并善于利用多层级视角。

整体价值观的用户：满足所有基本需求，以探索更高层次的人类潜力；灵活适应变化；应用互联的大视野方法。

环境目标与价值观：包容相互冲突甚至矛盾的真理；允许完全真实地通过开放系统表达自身；整合自然中的多样化过程；强调存在主义意义上的存在与个人责任；肯定所有视角的价值，理解所有人；非线性能力；透明性；混沌与复杂。

例子：可持续发展；系统生态，盖亚假说；加塔里（Guattari）的《三重生态》（*Three Ecologies*）；夏尔丹（Chardin）的人类圈；贝特森的《生态思维》（*Ecology of Mind*）；层次理论；埃尔金（Elgin）的《苏醒的地球》（*Awakening Earth*）；从摇篮到摇篮分析法；莱尔的可再生设计；全系统生态网络思维；碳平衡方法；为景观生态（生境模式）而设计。

当每一个层级，都通过扬长避短的方式，超越并包含了其前一个层级时，就呈现为健全状态。这种更高层级的思维在一个更大整体中包含了较低层级，包容了它的立场，成为一个整体。对可持续设计而言，这一问题变为：

一种整体的设计方法是否能够超越传统、现代与后现代设计，同时又能涵括每一层级中最有价值的不朽真理呢？

这是一种从"非此即彼"到"兼容并蓄"的转换。

整体转换练习：整体设计师的培养

> **如果我们的确渴望创造一种整体建筑，那我们就需要一种整体方式来实现它。**

第6章确认了整体层级的意识（道德、认知、价值观、自我）是复杂性生态系统思维与内在生态行为的最低层级。只有在整体层级，我们才能获得复杂性生态系统设计（右下）的机会，也只有从整体图景出发，我们才能获得真实的生态意识（左上），因此，才有可能在建筑与自然之间达成真实的文化认同（左下）。于是，问题就产生了：

我们如何转换自身？我们如何创造出一种沿螺旋形发展路径转化提升的建筑文化？

即使作为专业人士，我们对此往往也一片茫然，不知如何作答。当我们回顾建筑的情况时，我们会发现这样一种整体练习、流派或教育系统根本就不存在。如果我们的确渴望为有意识的整体可持续设计师创造一种整体的可持续设计练习方法，我们就需要一种整体方式来实现它。正如我们所见，这一方式不仅需要更多知识，还需要深入人类潜力的更高层级。对倍受创伤、分裂和毫无意识的自我而言，整体性的可持续设计概念是全然无效的。

开发潜力

设计师需要的是一套整体可持续设计方法的练习，设计师的一种整体瑜伽。瑜伽在这里的意思是一种有组织的自我训练：一整套的练习。在印度，瑜伽是作为一整套全人的、自我转换的练习而得以发展的，通过持续不断地安突破个人自我局限性，达到发掘出更高个人潜力的目的。总体而言，符合此类描述的一整套练习正是设计训练所需要的。当我们通过四种视角的标准——个人体验、文化意义、功用性能、社会生态适宜性——开始进行的时候，这样一种整体的转换练习就发展了身体、心智、灵魂与精神（全然存在的整体性自我）。发展的练习必须伸展我们作为个人在社区以及自然界中的意识。在每一个意识图景中（左上），为了使人进入螺旋形发展的下一个层级，就必须发展某种特性与认知，同时消解或者移除其他的特性与认知。因为西方 12 年级的教育，相对而言比较擅长将人带入传统层级的意识（螺旋动力学中的蓝色层级）中，那我们可以从这里开始，看看每一层级都需要哪些东西来促进其进一步的发展与提升：

如果这些因素以及相关能力是转化至新的意识层级所必需的，那么，什么样的练习可以促使人们以这种方式转化呢？

表 12.1   沿价值观路线自我转换至新层级所需的条件

层级 （价值观阶段）[1]	每一层级的演化升级需要改变的类型	
层级 4 整体的 （黄色）	发展	整体视野、精神平衡、共同体、对生命系统的理解、超—理性、非凡的能力
	消解	孤立、身份依附
层级 3 后现代的 （绿色）	发展	灵活性、原则、整合、技巧手段、系统思维、自律、知识生态学
	消解	政治正确的教条、情感依附、害怕、接纳的需要
层级 2 现代的 （橙色）	发展	同情、移情、合作、真实性、团队技巧、相互依赖、平等主义、自我投射
	消解	竞争、物质主义、自我中心、还原论、贪婪、偏狭
层级 1 传统的 （蓝色）	发展	自治、独立思考、目的、理性、选择性思考、勇气、抽象
	消解	负罪感、冲动性、神秘性、种族中心主义

来源：摘自贝克与考恩（Beck and Cowan，1996）

整体转化练习的特征

迈克尔·墨菲，伊莎兰的联合创立者，在他的著作《身体的未来》（*The Future of the Body*）中，对卓越超常的人体功能进行了全面的归纳。他将整体转换练习的特征描述为能够进行"人的多方位成长"（Murphy，1992）。他总结到，整体转换练习在众多练习中：

·动用了全部的有机体：身体、心智、灵魂与精神，并支持它们同时发展；
·培养了整体发展所需的良好品性与特质：诚实、创造性、勇气；

· 平衡、平静、稳定性与适应性；

· 需要一种实践团体或社群的支持；

· 需要几位导师；

· 必须是灵活的，适宜每个练习者的个体情况；

· 尤其受激发创造性的个人特质所推动；

· 结合了趋向整体的驱动力，运用完整的意象；

· 在不同的意识状态中推动意识的转换；

· 依赖于超越身体／思想两分法的超越性意识的发展；

· 必须经过长时间的练习。

墨菲多次呈现了在人体功能性设计中，身体与心智紧密关联的证据。他主张在练习中将身体与心智以一种个人意识重新整合，并且认为任何层级的整体练习都可能会包括：

· 身体的有氧练习与力量训练；

· 灵活性与思维意识练习；

· 节食练习；

· 思维专注与调适练习。

因为我们的文化专注于层级 2 与层级 3，而这可能会导致四种视角的分裂与孤立，所以，许多设计师无法一开始就看见设计与饮食、身体练习（右上的练习），或者冥想练习（左上的训练）之间的关联。然而，从整体世界观来看，这会带给我们完美的感觉。实际上，身体的状态、思维的灵活性甚至道德观与价值观的发展，如果在发展过程中被抑制了，都会阻碍可持续设计的创造性进程。

你也许会注意到，在螺旋形发展中的上升是一种从自我中心到种族中心再到世界中心价值观的变化过程。这是一种趋向更大的包容、更广的接纳以及更宽泛的伦理范畴的过程，一个人对他人的价值与责任范畴得以扩展。在全世界伟大宗教与哲学传统的最高表达中，通过转换性练习而进行的品性培养，已经进行了数千年时间。在加州大学尔湾分校的精神病学、哲学与人类学教授罗杰·沃尔什（Roger Walsh）的著作《灵性精华：唤醒心灵与头脑的七种核心练习》（*Essential Spirituality*：*the 7 Central Practices to Awaken Heart and Mind*）中，概括了在几个主要宗教中较为普遍的原则与练习方法（Walsh，1999）。他对这些练习的阐释也许是较为精当的，当它们与身体的练习相结合时，对任何人包括设计师在内都是一个适于进行整体性转换练习的好纲要。从沃尔什的视角出发，任何层级的整体练习似乎都要包括：

- 转换与专注欲望的练习；

- 培养情感智慧的练习；

- 发展伦理生活的练习；

- 头脑集中与放松的练习；

- 唤醒神圣视野的练习；

- 培育更高级智慧的练习；

- 奉行慷慨与服务的练习。

设计师的未来

如果这将我们导向一种整体的转换练习，我们仍然会有一个疑问，如何才能把这些普遍的规范转换成一种设计师的整体瑜伽呢？我们也许会从异象艺术家亚历克斯·格雷（Alex Grey）《艺术的使命》（*The Mission of Art*）一书中发现一些更为深入的阐释，他讨论了艺术可以作为一种转换发展练习的几种方式（Grey，2001）。

格雷写道，"要使艺术成为转换性的，主要的工作在于消解自我"。这与大多数的发展性观点一致，其中每一系列的发展层级都与一种逐步扩展的自我认同意识相关，一个人的转换：

- 从身体的认同；

- 到家庭的认同；

- 到种族的认同；

- 到对进行个人自由思考的个体理性自我的认同；

- 到后来扩展至包括所有人甚至所有生命在内的世界自我的认同；

- 最终，就像伟大传统所提示的，认同所有从那无形的源头中生发出来并超越它的一切。

消解自我就是不再受困于更具限制性的自我，进一步扩展更具包容性的自我认同。把格雷的方法套用到设计练习中：

- 通过高度聚焦的关注，全神贯注于目前所进行的工作任务之中，设计本身即是一种沉思方法。就实质而言，这一工作可以称为一种冥想。

- 设计师可以培养一种奉献的态度与崇高的意愿，使工作日臻完美。

- 设计师可以与工作融为一体，融入建筑的情境，沉浸于问题、场地、用户、客户以及创造的空间中。

> "没有一种层级、路线、象限意味着任何严苛的、先入为主的、妄断的方式。发展性研究的关键不在于将人们分门别类或者从内在或外在去评判他们，而是作为一种指引导向一种尚未被使用的潜能。"
>
> （Wilber，2000）

    设计师整体转换练习的发展，其理想化的开端始于设计教育的过程中，尽管我们已经不再有全人式的教育，而只是与身体、心灵分离，与灵魂、精神无涉的头脑教育。整体设计瑜伽的发展也是实践者们的责任，因为任何伟大训诫的练习都是一种贯穿终生的行为。企业负责人的责任尤其重要，他有责任作为向导，带领他的团队在整个发展过程中沿螺旋发展路线健康的运行。在此，强烈推荐贝克与考恩的《螺旋动力学：把握价值观、领导力与变化》（*Spiral Dynamics：Mastering Values，Leadership，and change*）。

注释

1　在贝克和考恩的螺旋动力学系统中，其价值观路线发展层级所使用的色彩并非一种评判式的标签。

参考文献

Beck, Don Edward and Cowan, Christopher C. (1996) *Spiral Dynamics: Mastering Values, Leadership, and Change: Exploring the New Science of Memetics*, Blackwell, Cambridge.

Grey, Alex (2001) The Mission of Art, Shambhala, Boston.

Murphy, Michael (1992) *The Future of the Body: Explorations into the Further Evolutionof Human Development*, J.P. Tarcher, Los Angeles.

Van der Ryn, Sim (2005) *Design for Life: the Architecture of Sim Van der Ryn*, Gibbs Smith,Salt Lake City.

Walsh, Roger (1999) *Essential Spirituality: The 7 Central Practices to Awaken Heart and Mind*, John Wiley & Sons, New York.

Wilber, Ken (2000a) *A Theory of Everything: An Integral Vision for Business, Politics,Science, and Spirituality*, Shambhala, Boston.

Wilber, Ken (2000d) *The Marriage of Sense and Soul, One Taste, The Collected Works*, vol 8, Shambhala, Boston.

结论

第二部分探讨了整体理论全象限、全层级（AQAL）的可持续设计模型。作为对前面讨论过的各种原则的总结，我们将下列读者们已经熟悉的观点再做一个简要的回顾。总体而言，以下的几个原则适用于发展层级的所有形式：

·复杂性的提升需要经过一系列阶段；

·每一个象限视角都依据复杂性展开。从任一视角方法出发的研究者都会发现阶段式发展；

·人类沿着多种能力路线向序列化的层级发展；

·较低层级是较高层级的基础，无法逾越其中的阶段；

·每一种逐渐上升的层级都超越并包含了前一个层级；

·阶段并不像建筑中的层级 1 般各自分离，而是如同重叠的波浪或者概率云。

当考虑到个人或者设计师的发展层级时，关注下列在第二部分中讨论过的观点：

·如同罗伯特·凯根的表述，意识与认知是发展性的。

·生态思维需要整体层级的认知。

·价值观与世界观都是发展性的，如同唐·贝克、吉恩·吉布塞尔以及肯·威尔伯的书中所描述的那样。

·因为这类发展都在一个生命周期内发生，设计的用户与客户体现出了多种路线中的不同层级，将这些因素考虑在内有利于促进设计方法的适宜性与针对性，以及设计师作品的传达效果。

·设计师身上同样展现了多种路线中的不同层级。

作为建筑外部类型、特征的形式或风格（右下）的历史，以及驱动这些表现形式的观念，还有它们对我们的意义（左下），都可以视为一种在系列层级中的发展。

·设计史某种程度上可以视为那些作品的创造者们意识层级的体现。传统、现代与后现代时期都有各自的优势与不足。

一种关于世界观发展的整体视野可以帮助我们理解在当代设计界中持续不断的文化冲突与价值观冲突。

· "超越与包含"的观念以及我们都在层级中推进，在起点重新开始的事实，使我们得以不囿于乌托邦的终极结果而"进步"，不妄加评判而发展。

· 一个人当前以及之前所有的世界观层级，都有可能在任何时候呈现或强化。

当我们研究视角与层级，以更好地理解设计时，我们发现：

· 不同路线的层级可以在一个共同的框架中相互关联并得以校正，使价值观、认知、世界观等路线的层级对齐；

· 当设计意识的四种当代基本结构在当下的实践中呈现出来的时候，我们可以用设计术语对其进行重构：

—层级 4 整体的：转换的网络；

—层级 3 后现代的：多元的实践；

—层级 2 现代的：独立专业性；

—层级 1 传统的：行会之传统。

· 当这四种层级的当代世界观与可持续设计的四种视角相交叉的时候，就得出了整体可持续设计 16 种图景的框架。

当设计师考虑用户体验的时候，来自体验视角（左上）、关涉个体自我的图景体现为：

· 从体验设计作品或环境的感性调节出发（层级 1 传统的）；

· 到智性调节（层级 2 现代的）；

· 到文脉调节（层级 3 后现代的）；

· 到自我意识调节（层级 4 整体的）。

在左下象限，文化视角的层级作为文化与自然之间的关系体现为（在哈根斯的论证之后）：

· 从照管的自然（层级 1 传统的）；

· 到利用的自然（层级 2 现代的）；

· 到保存的自然（层级 3 后现代的）；

· 到整合一体的自然观（层级 4 整体的）。

在右上象限，行为视角的层级体现为：

· 嵌印式实践（层级 1 传统的）；

· 到建筑科学（层级 2 现代的）；

· 到循环模拟（层级 3 后现代的）；

· 到响应式结构的整体视野（层级 4 整体的）。

在右下象限，系统视角的层级体现为：

· 从默认系统（层级 1 传统的）；

· 到逻辑系统（层级 2 现代的）；

· 到复杂系统（层级 3 后现代的）；

· 到生命系统的整体视野（层级 4 整体的）。

整体设计的展开

整体层级中设计的潜力在于以重构超越解构。采取一种整体层级的视野，不仅意味着在所有视角整体图景的展开中新的结果（自我调节的体验、共享的自然、响应式结构、生命系统）成为可能，还意味着其他图景中所有的价值与优势都可以为设计师所用。从整体层级出发，发展进程本身进入视野中，我们可以看到可持续设计的演进轨迹，正如比尔·里德为我们所指出的那样，体现出演进的轨迹。正因为整体层级意识是复杂生态系统思维与内在生态行为的最低层级，这种发展的事实对设计行业，尤其是对复杂生态设计的实践与学习而言有巨大的意义。

整体可持续设计借由四种当代成人发展的层级，整合了设计的四种基础视角，依靠一种正在兴起的整体设计瑜伽，使建筑师得以改变，并拉动其他设计、建筑与发展中的社群向上提升。

在可持续设计复杂性的哪一个层级运作取决于设计师的发展层级。设计师在哪一个层级，就会为设计作品带来那一层级的意识。第 12 章归纳了整体可持续设计师的四种层级：

1　作为生态管理者的设计师（传统层级）；

2　作为生态策略者的设计师（现代层级）；

3　作为生态多元主义者的设计师（后现代层级）；

4　作为生态整体主义者的设计师（整体层级）。

每一个层级都以不同的方式来看待自然的本质，为自然赋予不同的价值，具有不同的环境目标与价值观，也形成不同的哲学与设计观念。

设计行业期待着设计师整体转换练习与技能实践的结合。由第二层级的整体设计师进行的整体设计实践，也许是跳出单一的测量评估与系统图谱之外实现可持续设计的唯一路径。这很有可能是一种让可持续设计变得真实、美丽的同时又与其文化语境相关联的可行方法。继续往前看，这是我们在通往更具超越性、包容性与整体性的第三级设计道路上必须跨越的大门。

第三部分

生态设计思维：六种认知的转换

引言

令一些人感动得会落泪的一棵树，在其他人的眼里只不过是一件绿色的碍事儿的东西。总是有一些人觉着自然界可笑而且丑陋，即使这样，我不会因此而改变我对大自然的审视眼光。有些人甚至看不到自然界，但是在充满想象力的人的眼睛里，自然界就是想象力本身。人是什么样的，他就会以什么样的方式看世界。这就像为什么我们要有眼睛，它的作用也是如此。

（William Blake，1799）

六种认知的转换

进行生态设计，首先需要设计者能够从生态角度进行思考。然而，生态思考对人类来说是全新的，是人类意识结构上一次革命性的飞跃。目前，我们正处于这种转变中。对我们大部分人来说，这是一项艰巨的任务，因为每一次的革新都标志着人类心智思维的结构化和复杂性的提升。

肯·威尔伯认为，人类意识的转变首先需要人们去思考生态危机问题，之后对所要采取的行动达成共识，最后付诸实践。这种转变过程伴随着人们的关注点从自我中心移向了社会中心、世界中心。

盖亚（Gaia）的主要问题并不是工业化、臭氧损耗、人口过剩或资源枯竭。它的问题在于当人类社会面临这些问题时，缺乏共同理解，不能达成共识。

（Wilber，2000b）

威尔伯在这里强调的共识指的是人们要具备生态意识和进行生态反思的能力。在"现代层级（第二层级）"（Level 2 Modern）早期，人们的理性意识已经能从认知角度去理解那些反映社会问题的数据，接下来对环境问题的关注会出现在"后现代层级（第三层级）"（Level 3 Postmodern）。然而，要具备能用生态系统的思考模式来理解和解决问题的能力则出现在"整体认知层级（第四层级）"（Level 4 Integral）。每种新的认知层级都对应着一种新的价值层级。本书的第四部分会讨论到，这种随之而来的各种价值观层级会引申出对自然界的新理解，也会触发各种保护、管理、结盟自然的行为。

假设，为了解决各种复杂的环境问题，意识的发展已经进入整体阶段，那么从这一认识角度来思考，世界、自然界、生态系统、环境问题以及可持续设计会是什么样子呢？这种生态思维模式又是如何要求设计师们转变和拓展他们的视角呢？本章将深入探讨"左上象限"（UL）对我们的思考模式所带来的启示，以及从"右下象限"（LR）系统逻辑的生态观点出发，对于未来可持续设计的指导意义。

正如威尔伯在《性、生态和灵性》（*Sex，Ecology，and Spirituality*）（Wilber，2000b）一书中详细论述的：世界的秩序，按照系统科学说法，即一种动态系统，关于它的模式和认知是以"客观的自然主义语言（它语言）"呈现出来的，然而"这些模式和认知在'我语言'（美学）和'我们语言'（伦理学）所描述的范畴中的运用却并不成功"。威尔伯关注的是三个基本观点：自我、文化和自然，这也是传统价值领域的"真""善""美"。威尔伯其中的一个重要观点，也是界定他整体理论的一个基本原则就是这三个价值领域之间是不能相互取代和补充的。

进行生态思考也就是进行系统思考，因此本章的讨论就代表了从"行为视角（Behaviours）（右上象限）（UR）"向"系统视角（Systems）（右下象限）（LR）"的过渡。例如，人们如果把感知从右上象限的传统科学思考（基础的自然）拓展到右下象限的生态系统思考（复杂的、有生命的自然），那么人们需要寻求能揭示文化语境、自然意义以及可持续设计的认知转换。最终，可持续设计思考会超越生态思考而涵盖所有四个象限以及本书第二部分所讨论的各个方面。于是，我们在第三部分讨论的认知转换自然而然地从"系统视角"（右下象限）（LR）拓展到了更加整合的视角。

生命系统模式下生态设计的理论基础

根据可持续设计的生态观点，设计师们常常以自然系统为参照模型，以期能创造出在地球上生存并构建一种生态可持续的方式。以下简要概述、概括了近三十年来生态设计论点的主要进展。

·21 世纪，我们的自然生活和社会生活的供给体系呈现出愈演愈烈的崩塌趋势。随之而来的是，当前的技术、经济和社会环境将我们置于一种生态危机中。

·人口财富激增，技术革新滞后，导致各种生态的功能缺失、生物多样性减少以及栖息地遭到破坏，这三种因素（人口、财富和技术）正是生物学家保罗·埃尔利布（Paul Erlich）（Ehrlich and Holdren，1971）所提出的环境影响（$I = P \times A \times T$）定义。

·这些影响因素其实就是伴随着我们的世界观而出现的一些信念、价值观和决策。而这些，在环境学家看来，太过机械、等级分明、笼统简化，并且是以人类为中心的。

如果像"第三层级：后现代层级"（Level 3 Postmodern）中环境学家所声称的，在"第二层级：现代层级"（Level 2 Modern）文化中，我们是借助理性秩序意识的眼光和思想来看世界的，它表现为资本主义、工业理性主义、机械的功利主义以及现代个人主义。我们可能会问：

不同的思想和观点会怎样影响我们的信仰、价值观和决策，由此形成人口、财富、

技术的不同类型与比例，以及不同的环境影响呢？

继续以"系统视角"进行生态思考：

·我们对于生存如此关注，对于自然以及自然的发展过程我们也饶有兴致。大自然所呈现的生态系统和生态法则正持续发展着。我们世代延续，仅仅是因为生命自身的繁荣兴盛（正如一张复杂的生命之网）。

什么样的思想和观点会创造出一个能够有助于大自然繁荣发展的系统呢？

生命之网的思想是什么？

生态素养（Ecological Literacy）

在系统领域，这种将自然系统作为设计模型的观点对描述生态系统的工作模式以及所面临的危机是很有说服力的。然而，当系统思维被用于其他象限领域时，效果却并不理

想。那些领域需要他们自己的研究方法。但是，如果我们接受了这样一套生态逻辑在右下象限的有效性论断，那我们又怎样开始将自然界的设计范式作为人们进行可持续设计的模型呢？进行可持续设计，首先需要具备生态素养。"生态素养"指能够理解生态系统过程与组织中的原则。这一点，我们在第 3 章已经详细讨论过了。如表Ⅲ.1 所示，卡普拉提出了生命系统的三种核心标准。

表Ⅲ.1 生命系统的核心标准

组织模式（Pattern of Organization）	能决定系统中各个核心要素之间关系的结构
结构（Struture）	系统的组织模式的具体表征
生命过程（Life Process）	维持系统组织模式的各种活动

来源：卡普拉（Capra，1996）

卡普拉的公式与生态设计专家约翰·莱尔提出的景观中生态秩序的三个基本模式（结构、功能、位置）（Structure，Function，Location）（Lyle，1999）的公式很相似。

这些都是生态科学中很重要的概念，我们在此稍作讨论。

组织（Organization）（它的秩序模式）

一个特定事物各个组成部分的关系层级需要用某种关系图来呈现，例如椅子、自行车、树、建筑等。一个系统的组织就是它的秩序，我们通常透过地图、图表和图画等来认识秩序。因此，生命系统的组织概念常常是通过绘制系统中的关系图抽象地表达出来的。以建筑为例，一栋建筑的设计图和施工图同时描述了两种秩序、两种组织。

结构（Structure）（它的客体属性）

这一术语用来描述生命系统中的各个组成部分，如形状、构成、位置、分布等。在生态系统中，结构包含了所有的植物、动物、岩石、土壤、空气、水和其他景观的各种要素。对于一台机器来说，它的各个部分是固定的，然而对于一个生命系统来说，其各组成部分是在不断变化和再生的。从生态学的观点看，一栋建筑，结构指的是物质材料（如混凝土、框架木材和建筑涂料）、各构成成分（如窗户、隔墙、管道），以及建筑系统（如结构系统、围护系统和机械系统）。按照不同的参照标准，结构也可以指更大范围的系统成分，例如房间、整栋建筑或者建筑群。

我们在第 3 章讨论了关于生态设计的一些基本认识，也指出它衔接了形式和过程。我们常常称这种结构的秩序为"形式"（form）。

过程（Process）（它的相关功能属性）

过程是指与结构相互作用的所有生命活动。它们包含了加工处理、转换，以及能量迁移、信息迁移和物质的迁移。在动物界，例如呼吸、消化、新陈代谢和繁衍都是过程。在建筑界，过程包括了与结构相互作用的下列各事物，如水、碳循环、热流、照明、动力系统、资金、废物、人类生命活动等。事实上，看上去静态的建筑，却是持续不断地与长期过程和短期过程相互作用着。

对于生态学家来说，结构和过程是不可分离的，它们是相互依靠、相互诠释的。对一个医生来说也是如此，他不会把解剖学与生理学割裂开来单独去研究。然而，我们却在设计领域，特别是设计教育中一直干着这种傻事。大部分建筑学核心课程把"基础设计"视为根基。它探讨了建成环境的形式和视觉秩序，即"结构"的重要性。在那些导入课程中，几乎没有篇章提及"过程"这个概念，对于那些看不见的、变化的对象，课程却没有涉及。而这种观点正是大多数设计师接受的所谓的"基础教育"。

举一个关于结构和过程关系的例子，沙丘的结构是由风和重力这两种力量在不同质量的沙粒上发生相互作用而形成的。相比较重的沙粒，轻一点的沙粒会被吹得更远，这个过程不断重复使沙丘上出现了条条纹路，最终构造了沙丘这一形态。同样地，河流系统的组织也是结构和过程相互作用的结果。景观的结构引导了水的流向，而水的流淌过程又重塑了景观的结构。古老的河流都是蜿蜒盘曲的，将它们的河床外形塑造成了曲线形，并且会在下游的蜿蜒部位沉积大量泥沙，构建出沙洲，更丰富了河流的曲线美。

从这个角度思考，会让设计师们感兴趣的问题是：

我们怎样在结构和过程之间搭建起有益的组织关系模式？

对于可持续设计师来说，问题会是：

我们如何构建出有益生态化设计的组织体系呢？

对于那些旨在打算将人类系统设计为生命系统的设计师们来说，这些都是至关重要的问题。

图 III.1
阿拉斯加的冰河：结构与过程之舞

认知的转换（Perceptual Shifts）

> 生态设计的任务是创造出连接结构与过程的组
> 织模式，以保持我们这个世界的健康和活力。

　　下面让我们基于生态系统原则（ecosystem principles）和生态系统组织（ecosystem organization）的特征（概念详见第 3 章），通过考察一系列认知转换的过程来解答这些问题吧！从某种意义上说，设计的学科设置使之能很好地吸纳生态学的观点。设计，作为一个包容性很强的专业，会涉及许多范畴，讨论整体与部分、形式与功能、模式与过程等之间的关系问题。这些讨论虽然不是直接指明生态问题，但在某种形式上，却跟设计的语境和过程是紧密相关的。

　　整体来说，将设计理解为"设计是配置和整合系统的一个过程"是比较容易的。但是如果我们将之称为"维持生命秩序的一个过程"就会比较困难，可持续设计的任务就是要创造出连接结构与过程的组织模式，以保持我们这个世界的健康和活力。在这种情况下，我们就是在设计一种特定种类的系统——"生命系统"。

　　从生态可持续设计的角度出发，我和你共同居住在这个充满生命力的星球上，这里离不开生态科学。如果要想生活在生机盎然的星球环境中，我们就需要与大自然相互依存。如果我们不想在将来去面对社会和环境的噩梦，就需要现在就采取积极有效的措施。

　　涉猎领域广泛的人类学家格雷戈里·贝特森（Gregory Bateso）曾指出："生物体之所以能生存是因为生物是一种生存在环境中的有机体"（Bateso，1972）。我们之间的关系是如此紧密（你、我以及在生态系统环境中的各种有机体的生态过程），无论是呼吸一下、喝一杯水、在房间里睡一晚，还是吃一口食物，都离不开生态过程。自然界的过程维持着我们人类的组织模式。因此，如果我们说跟自然界是有联系的，这是毫无意义的话。同样，从系统的观点来看，如果我们谈论怎样减少人类对外部自然界的影响也是无意义的。因为我们本来就是在一个生命系统中的一个整体，你、我和环境，都是生物圈的术语。所以，不管是与自然界的联系还是脱离，都只是我们主观思想的一种错觉。正如在本书第四部分我们将会深入探讨到的那样，这种与自然界的关联是具备视角（perspective）和层级（level）功能的。对整体的生态设计而言，这种关联需要我们清除自我主观认知的障碍，也就是把我们的自我意识转换为生态意识。

　　下面这些认知转换的过程，正是我们逐步认识生命系统网络中的生物属性（人类思想和文化方面之外的属性）的过程。相对于更为人们所熟悉的现代主义科学理性思潮引领下的绿色设计和灰色设计而言，这一探索将会使人们获得对客观世界和主观世界更丰富和更全面的理解。在我们尊重生命系统中的生物属性的同时，我也将会通过认知转换的方式来超越并涵盖这一客观系统认知。这些认知转换包括了人类内心主观的认知转换，以及人类对外部自然界所持有的价值观的认知转换。

　　转变我们的认知并不是什么新的理论或观点。这种超越了我们以前认知方式的转变必然是一种进步，它将我们意识秩序的范畴向更精确更真实的方向提升了。下面列出了六种认知转换。之后各个章节将会简要讨论这些转换的属性，在此新认知下人们将重新建构设计的概念，也提出了设计师们所需掌握的基本技巧。

　　这六种认知转换是：

1　从客体到关系再到主客关系（subject-object relations）的转换；

2　从分析到文脉再到"分析—文脉—场域"（analysis-context-ground）的转换；

3　从结构（structure）到过程（process）再到演变（unfolding）的转换；

4　从物质性（materiality）到组构（configuration）再到模式语言（pattern languages）的转换；

5　从部分（parts）到整体（wholes）再到全子（Holons）的转换；

6　从等级（hierarchies）到网络（networks）再到全子体系（Holarchies）的转换。

注释

1　在此我要向弗里乔夫–卡普拉（Fritjof Capra）致谢，感谢他将这些认知转换的前半部分从理论角度进行了梳理（Capra，1994a）。另外还要感谢整体认知研究机构的巴雷特·布朗（Barrett Brown），是他对此书的初稿提出了宝贵意见，并将系统认知扩展到了整体认知的范畴。正是这些建议才使得我研究出这些转换的后半部分。

参考文献

Bateson, G. (1972) *Steps to an Ecology of Mind: Collected Essays in Anthropology,Psychiatry, Evolution, and Epistemology*, University of Chicago Press, Chicago.

Russell, Archibald G.B. (ed.) (1906), *The Letters of William Blake*, together with A Life, by Frederick Tatham, Methuen & Co, London.

Capra, Fritjof (1994a) 'From parts to whole, systems thinking in ecology and education',Seminar Text, Center for Ecoliteracy, Berkeley.

Ehrlich, P. R. and Holdren, P. (1971) 'Impact of population growth'; Science, vol 171,pp1212-1217.

Lyle, John T. (1999) D*esign for Human Ecosystems*, Island, New York.

Wiber. Ken (2000b) *Sex Ecologyk and Spirituality: The Spirit of Evolution,* Shambhala,Boston, p41.

13　从客体到关系再到主客关系的转换

　　从"系统视角"（SYSTEMS PERSPECTIVE）出发，"部分"是由一系列的"关系"、更小的模式以及不可分割的关系网络中的各种模式所组成的。从某种意义上来说，这就像一种"图 - 地的转换"，事物之间的关联和变化与事物本身同等重要。不仅如此，我认为首先要能理解"关系"的重要性，之后才能深入和完整地理解这个由各种客体所组成的世界。

　　在自然界中，"生态系统中的各个成员都在一个关系网络中相互关联、相互依存（Capra, 1994a）。在生命系统中，关系起着主宰的作用。那么，客体又是什么呢？客体是各种模式之间的界限，正如图 13.1 看到的这种关系网。

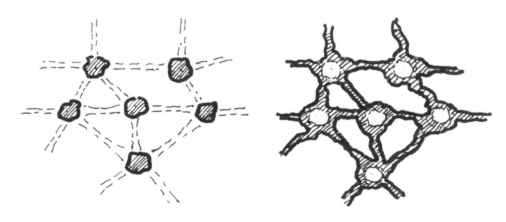

图 13.1　从客体到关系的转换。我们更关注哪一个呢：是孤立的事物，还是事物之间的关联？

图 13.2
国家设计学院，艾哈迈达巴德（Ahmedabad），印度，1961；建筑师：卡帕迪亚（Kapadia）＋班克（Banker）
图中的建筑物不是一个孤立的对象，而是包含了内部和外部、人与气候关系变化的整体结构。在不同条件下，其室内空间、庭院以及底部空间都能在不同时间发挥其作用，开放式的墙体可以在炎热的季节起到通风作用。

举例说明，树是一个客体，但同时，它也是一个综合体。从结构的角度来看，相对树枝、树干、树叶和树根等结构成分而言，树是这些成分所构成的关系模式的综合体；从过程角度来看，在光合作用、土壤养分流动、蜜蜂授粉、鸟类栖息传播树种、昆虫翻土微生物繁殖的过程中吸收了地下水分等过程中，树也是这些过程所构成的关系模式的综合体。正是树的各个组成部分以及各种过程之间的相互关系使得树成了树，而不是一堆木质纤维。

另一种理解关系的方法是将它视为过程之间的相互作用。在建筑物中，能让我们感受到"关系"这个概念的就是"设计活动"。设计师们对此会提出这样的问题：

> 人类活动的模式是什么？它在建筑设计中怎样体现？怎样利用空间关系模式的设计来辅助和加强人类活动之间的关系？

当然，这种认知就是设计的基础。柱、梁、隔墙之间的关系构成了结构系统，而窗户及其附属部分、墙体及其分层、结构和围栏、色彩和光线，所有这些就组成了建筑物。可持续设计针对作为一种"关系"的设计，会进一步探讨以下问题来建构这种认知：

> 由设计产物（例如房间、建筑物、花园、景观、城市等）所构建的生态关系，其模式是什么？建筑形式的模式（关系的配置）又如何与生态关系的模式相契合？

"关系"的设计技巧

这种设计技巧的练习和发展即是进行"关系"的分析。换句话说，这种"所见无物"的技巧，指的是将我们的认知转换为能够同时看到客观的物体及各组成部分之间关系的模式。设计师们在进行"超越客体、呈现关系"的设计创作时所采用的方法常常是制作关系图（diagram）。

为了强调《祥和人生》（*Being Peace*）这本书中个体自我本质的问题，一行禅师（Thich Nhat Hahn）采用了诗一般的语言将什么是组成一张纸的"关系"清晰地呈现出来：

> 正如纸作为一种产物，它是由各种被称为"非纸元素"的元素所组成的集合。同理，个体也是由各种"非个体元素"所组成。如果你是一位诗人，你可以清晰地看到在一张纸上有着云朵在徜徉。为什么呢？如果没有云，就不会有水；没有水，就没有树；没有树，就没有你所见到的这张纸。所以，云就在那里。这页纸是依存着云的存在而存在的，它们是紧密相连的。

让我们来想想其他事物吧。例如阳光，阳光是很重要的，因为森林的生长依赖阳光，人类的生存也依赖阳光。伐木工借助阳光去伐木，而树木也要借助阳光才能成长，因此，你能看到阳光与这页纸的关系。如果你看得再深入一点，用菩萨的眼睛来看，用智者的眼睛来看，你不仅会看到云和阳光，你还会看到所有的事物都在这页纸上，例如：小麦做成了面包以维持伐木工和他父亲的生存。所有这一切，都在这页纸上了。

（Hahn, 1987）

关系的内部

那么，解决了生态关系的问题之后，是否就能成功地做到生态可持续设计呢？所有的设计师都知道，要想解决设计中出现的问题不止一种方案。但是，一种成功的设计方案却需要能同时解决各种相互关联的矛盾性问题。这些矛盾性包含了自然界的各种关联（例如重力、气候、水文地理等）、人类社会的各种关联（例如人类行为与社会交往的关联、人类感知和经验与各种文化关系之间的关联）。

要进行生态设计，以及要思考人类社会内部的关系，就要求设计师要从生态功能的角度出发，去关注怎样用设计出的关系结构，将人类置身于自然界的各种关系中，从而体现出文化的意义。从这个意义上讲，无论是我们设计出的各种生态关系，还是我们设计出来用于匹配自然界的各种生态环境，其目的都是使人类可以获得一个极佳的居住环境，人类能在其中与自然界产生紧密联系。

可持续设计作为一种关系的设计，不仅是基于决定论的一种生态关系的认知，而且需要思考得更加深入。例如，我们可以提出下列问题进行反思：

设计产物所介入的生态关系，其基本模式是什么？

如何使这些关系具有文化意义和适宜性？

文化的重要性和意义来源于在一个时间段内某个社会成员主体间的对话。要想对这些与各种设计产物相融合的生态关系构建起一个有意义的语境认知，就要求我们要去感知和体验这些生态关系。而可持续设计正是可以促进我们的感知和体验的首选方案。关于可持续设计，我们会提出以下问题进行思考：

这些重要的生态关系，以及设计创造这些关系的方式，是怎样内化为宝贵的人类经验的呢？

更广的含义：在生态设计关系中整合主体与客体

> 客体总是"关系中的客体"，正如有机体总是"环境中的有机体"一样。

正如我们所知，生态关系既包含了外部的、客观的现实，也包含了内部的、主观的联系。 每一种系统的生态设计背后都有着一系列的各种生态关系。例如，一个低影响开发（LID）现场水文的解决方案中，使用了绿色屋顶、水收集、透水停车场以及本地植物和生物的过滤和渗透等。同时，在设计与人类的相互作用中，也会产生一系列的各种关系，例如：水流的内部认知图示、对于不熟悉事物的审美认知体验等。另外，随时间推移，可持续设计的文化含义也在各种群体语境中得以体现——景观设计师对于绿色设计高性能问题的专业认知；城市雨水工程师的不安全感，因为过去工业社会时期的设计思维惯性，生态设计理念的缺乏，造成这些设计方案的不可靠；居住者新发现的一些事物与自然界循环的关联，并由此引发了许多茶余饭后的谈资；比邻而居的人们关心的屋顶上的花花草草对他们自家房产价值的影响。

可持续、生态智能、基于系统理论的设计，其最终的生态效益都是要求设计能涵盖内部和外部所有的生态关系。要达到最大效益，就需要这些整体可持续设计师们具备"整体层级（第四层级）"（LEVEL 4 INTEGRAL）的认知。整体层级的认知，是人类意识首次发展到了这样一个阶段，即不仅能充分见证自己的主观视角，还能洞悉到他人对设计产物所持有的多重主观感知。掌握可持续设计，最终意味着不仅仅要具备生态素养，也不仅仅是为了生态关系而设计，还要置身于人类个体和群体的关系之中来进行设计。众所周知，人类群体是一个非常复杂的生命体系。有效的生态设计要求能以恰当的方式来适应其文化语境，以鼓励人们在设计产物中去体验各种生态关系——也就是人们能融入由建筑物、城市和景观等组成的各种与生命息息相关的生态关系中。

整体可持续设计师们应该具有更为开阔的视野，不要像形式主义者那样，把设计对象仅仅视为一堆物体；也不要像系统理论者们，仅仅把设计对象视为各种关系，而是要从主体探究的视角出发，将物体与关系整合起来看待，这样对设计者才是有益的。 客体总是"关系中的客体"，正如有机体总是"环境中的有机体"一样。同样，物体的关键特征也是取决于各种关系的设置。接下来我们将会看到，关系在复杂性中既会向上延伸，也会向下延展。

图 13.3
安德伍德家族索诺兰（Underwood Family Sonoran）景观实验室，图森市（Tuson），美国亚利桑那州（Anzona），Ten Eyck 景观设计公司，2010

这是一个用整体认知方法来表达生态关系和社会关系的项目。它具备社交空间，也有教育设施。它将周围的建筑融为一体，既提供了遮阳空间也收集了建筑物存剩的雨水。这个案例很好地体现了可持续策略在雨水收集、气候治理、空气水资源净化、资源回收、城市野生动物栖息地以及人类和谐生活等方面的运用。之前的灰色地带，现在采用藤条景观将其南部的建筑进行遮盖，使其变成了一个欣欣向荣的居住地。一口 11600 加仑的大水缸用来收集建筑物排下的水，以此来灌溉其附属花园（ASLA，2010）。

参考文献

ASLA(2010) 2010 ASLA Professional Awards, American Society of Landscape Architects.

Capra,Fritjof (1994a) 'From parts to whole, systems thinking in ecology and education',Seminar Text, Center for Ecoliteracy, Beerkeley.

Hahn,Thich Nhat (1987) *Being Peace*, Parallax Press, Berkeley, PP45-46.

14 从分析到文脉再到"分析—文脉—场域"的转换

从系统理论出发，各个部分的属性已经不仅是其原有意义上的属性，而是包括了置身于文脉中的属性。为了理解事物，我们需要将其代入一个更为广阔的更大的整体文脉中。这与以前的那种机械的分析模式相反，分析模式要求我们将复杂的事物拆解成基本组成部分，在不可分割的基础上探索它的本质。

从事物所处文脉这个角度去解释事物，也就是要在一个特定的情形下去解释它，即"置于环境中"（in-environment）。这即是指将每个有机体都视为其他有机体所构成的环境或组织的一部分，是生态系统的一部分。其重点在于：一是要理解部分在整体的组织体系中所起的作用；二是要理解部分在拥有自身属性的同时，当其参与组建更大的体系时，是如何展现其形式和行为特征的。这种思维的转换对于部分与整体所扮演的角色来说，是与我们正常认知逻辑相悖的。

正如贝特森所说，在自然界中我们必须将环境中的有机体视为一个整体来考虑。物理学家亨利·斯塔普（Henry Stapp）说过"基本粒子不是一个独立存在且不能分析的实体。本质上，它是向外延伸到其他事物的一组关系"（Stapp，1972）。举例来说，如果我们只分析蜂鸟的各个部分而不去研究与蜂鸟喙共同进化的特定品种的花的形状，我们就不能理解蜂鸟的本质属性。同样，橡树一生中生产不计其数的橡树子，紫荆树开出成千上万的花朵，但在这其中只有一两棵新树可以生长到成熟阶段，而除非我们能够理解它们生长环境形成的复杂生态关系，否则对于这些自然现象我们将无法解释。

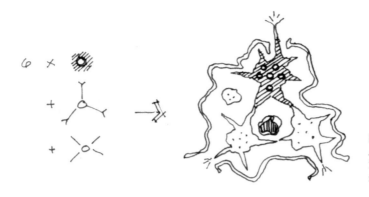

图 14.1
从分析到环境的转换：我们究竟是将整体解构成了部分，还是将其置于更大的整体中了

文脉设计（Contextual Design）

建筑设计的产物也是如此。举例来说，如果我们只是通过鉴定一面墙体是由多厚的保温材料、多重的钢材、石膏以及多少的涂料与聚乙烯所组成，那么我们完全不能理解这面墙体的本质属性。为了去理解它，我们必须将其置于多重文脉中，例如：去理解它与空间类型的关系、它与所界定的空间功能的关系、它在结构体系中的作用和不足之处、室外气候的属性、墙体未封闭处的视野情况、制造它的生产系统、它是怎样与室内其他元素共同创造出该空间的，以及它所处的时代和文化环境等。每一种文脉所带给我们对它的理解，都是解剖式的分析模式所不能给予的。反过来说，分析模式也可以给予我们在文脉模式的思考中所不能得到的理解。

我从 1979 年开始在杜兰大学（Tulane University）学习建筑专业，"文脉"一词从来没有在我的任何课程中被提及。杜兰大学是一所主张现代主义建筑的学校，而现代主义的观点认为建筑是一个独立的物体并且追求雕塑般的表现手法。当时我学到的是"由内而外"的设计理念。然而随着后现代主义多种多样的思维方式出现，建筑物怎样来应对多样化的文脉已经成为建筑学中一个常见的论题，"由外而内"的设计方式应运而生。如今，设计的好坏是根据其适应性来给予评价的，这种适应性包括历史人文传统、气候文脉、建筑的现场文脉、地形文脉、区域文脉、城市文脉、文化阐释文脉以及如今所提到的生态文脉的可持续性。

图 14.2
学生模型，由文脉产生的形式之研究

这是一个处于城市文脉中的项目。关于日照的研究是为了保证项目建筑区域能接受足够的阳光，这样就构建了这个项目独特的建筑体量。看起来可能是在某个地方随机出现的事物其实都隐喻着该处潜在的规则与秩序。

图 14.3
阿尔伯克基市（Albuquerque）附近的格兰德河（Rio Grande）（上图）以及华盛顿（Washington）附近的哥伦比亚河峡谷（Columbia River Gorge）（下图）

这是两种不同的景观，一种降雨丰富，另一种较为干燥。那么整体可持续设计师能以相同的方式在这两种文脉中进行设计吗？

图 14.4
斯堪的纳维亚（Scandinavia）气候下的建筑，根托夫特中央图书馆（Gentofte Central Library），丹麦（Denmark），亨宁·拉森（Henning Larsen）

南北方向的比较（上图）以及在下雨时内部空间与周边空间的比较（下图）。在这种气候中，对光线的需求是设计时首先考虑的问题。在冬季晴朗的日子，光线只从南面透入，而在阴雨天，光线就只能是来源于顶部的天空。按照这个气候特点，在北面入口处，设计了一处类似温室构造的阅读区，让人们身处其中可以欣赏到周围公园的风景。像这样的一座建筑设计是不可能出现在美国的。

从文脉的角度去思考，设计师会提出以下几个问题：

设计所介入的更为庞大的文脉系统——社会的、文化的、生态的、建筑学的抑或物理的——究竟是什么？

为了创建一个更大的整体，除了设计本身的范畴之外，设计还会与哪些事物进行对话与合作？

对于可持续设计师而言，设计的问题则变成了：

这座建筑（或景观）所处的生态文脉是怎样的？

我应该如何塑造形式，才能最大限度融入、支撑和修复这个包含了设计产物的生态系统？

为了彻底地理解设计作品或者设计难题的本质，设计师必须将他们代入更大的文脉中去：

· 一把椅子所处的文脉；

· 一间屋子所处的文脉；

· 一座建筑所处的文脉；

· 一处景观所处的文脉。

文脉体系下的设计技巧

通过对文脉体系的感知，设计师可以在设计过程中使用一些相关技巧。

从外部塑造形式：使用这种技能，首先要从设计对象所处的多样文脉中去认识对它起作用的文脉因素，包括社会的、秩序的、经济的、周边环境的、历史文化的等因素，然后用设计去体现上述文脉因素。这是目前为止一种常见的后现代设计手法，从逻辑上说它是生态的，并且与生命系统的可持续设计方法是完全一致的。虽然生态思维运用了文脉思维，但并不是所有文脉思维都是生态的。实际上，目前大多数文脉主义设计都与生态系统没有关系。

进一步的文脉设计手法，是将建筑内部空间组织与建筑外部文脉组织进行多角度多维度的关联。举例来说，在建筑专业的规范中，内部空间可能会通过设置一个凉廊与庭院相连接，同时庭院也可能会通过设置大门或通道与更大的开放空间相连接。正是内部与外部存在着联系，这一技法才有着广泛的应用。

建立更大的模式：斯特劳德·沃特森（Stroud Watson）是田纳西大学（University of Tennessee）的名誉教授，也是查塔努加市（Chattanooga）城市再生设计的发起者，他传授了这样一条设计原则：每个建筑的首要任务是为一条街道、一个公共场所、一个健康社区以及一个城市的创建做出应有的贡献。

> 每一件事物都可以被视为文脉系统的一部分。同样地，每一件事物也可以被视为是由各种各样的关系所组成，而这些关系可以通过分析的手段去揭示。

每个人、地点、事物都是许多更大系统中的一部分。设计师的任务是去挖掘出设计作品所归属的各种物理的、生态的和社会的模式。在生命系统中，较大体系的规则秩序只有通过较小组成部分的自身活动以及它们之间的相互关联才能显露出来，而这些较小组成部分同样也是一个个独立的系统体系。对于入口、循环、公共设施、日常维护、公众空间以及视觉通透性等所对应的内容和带来的问题，通过文脉体系的感知和思考可以让我们明白如何去进行设计。此外，生态文脉主义者（ecological contextualism）强调建筑文化的各种文脉，例如栖息地、气候、土地、水文以及物理基础等。包括生态系统在内的各种系统，其实都是为了帮助我们建立认知而创设的一些概念框架。每一件事物都可以被视为文脉系统的一部分，同样每一件事物也可以被视为由各种各样的关系所组成，而这些关系是通过分析手段去揭示的。整体可持续设计师将这些观点整合到了一起。

文脉体系的内部

在设计中要尽可能地具备多文脉视角，尤其是在生态系统中。但是要培养这种设计意识，存在着一个潜在隐患。具有复杂性、客观性和系统性的外部表象所呈现出的整体逻辑是非常有魅力的，然而，它并不是最终规则与秩序，而只是最终规则与秩序的一个重要方面。尽管我们对生态系统的许多方面已有了解，尽管生态在作为系统时存在一些非常具象的事物，但是对这个包含了多样有机体的系统边界设定却并不容易。生态系统的界定取决于人们所持有的观点，而这些观点因个人认识的不同会呈现出多种多样的形式，它是观察者对生态的感知和认识。给系统下定义和描述系统的内容，这两者都需要具备一定的内在知识深度。正如约翰·莱尔所表述的：生态文脉主义在设计时意味着"设计人类的生态系统"。人类生态系统包括了两部分，一是人类社会系统，二是与其相对应的非人类的自然系统，而这两者是一个整合在一起的复杂体系。

从内部来说，人类是其所处的生态系统的组成部分。相对于仅从外部客观地去观察一个系统来说，当处于系统内部时，不只是看起来会有些不同，而是确实会有区别。当我们生活在生态体系内部时，从生物角度而不是从文化角度来看，我们也总是在修改它、改造它、设计它以及破坏它。在争论究竟是城市属于自然还是自然属于城市的问题时，这种认识将会很关键，正如我们在第4章中讨论过的关于环境伦理观的问题。不管怎样，我们对于生态系统环境本质的理解，可以帮助我们去关注我们在自然界中所处的地位。生态系统对我们意味着什么，我们该怎样来解读这个关系，这将会深刻影响我们对生态系统所采取的行为。第四部分将会对这些概念进行深入的探索。

图 14.5
格林学校（The Green School），巴厘岛（Bali），印度尼西亚（Indonesia）2008，约翰和西娅哈代（John and Cynthia Hardy）以及 PT 班布（PT Bambu）

该项目处于印度尼西亚境内，这所学校有着非常优越的校园环境，它完全由当地可持续生长的竹子建造而成，并且能源上全部运用当地的水力发电及太阳能电池板，可再生能源系统包括了一个使用竹子锯屑来烧水和烹饪的系统。这个设计作品反映了当地气候、区域、文化和生态的文脉。

更广的含义：整合分析、文脉与场域

在复杂的系统之外，还有设计师的意识。

后现代主义有过这样一个见解：任何重要的概念和作品都可以被解构，这样可以让人们更好地理解当初它是如何在其特有的文化环境中被构建起来的。按照这种思路来思考时，我们经常发现每一个文脉又有其自身所处的文脉。从这层意义上说，学术争论通常"无法提出新概念、新观点"（影响体系和参照体系的无限循环）或者否定实证方法的有效性（形式不能完全通过功能去解释，因此功能可以不被看作是形式的起源）。这会是文脉主义思维所带来的结果吗？

那么从另一个更为整体的视野来考虑。正如我们之前建构了"整体层级（第四层级）"（Level 4 Integral）的认识。如果我们能够认识到文脉及其局限，那我们就能有一种更大的文脉的意识，这就是意识的文脉。那么，是什么包含了这些相互对立的状态呢？是什么既包含了分析，又包含了文脉呢？涵盖实与虚的领域是什么？承载网络中的节点与链接的矩阵又是什么？在复杂的系统之外，还有设计师的意识。

关于将分析思维和文脉思维应用于人类内部，还有另外一种方法。文化可以通过分析拆分成更小的单元，小到一个个的个体以及个体的性格；同时，通过观察个体是如何介入各类文化文脉中而去进一步认识个体。"现代认知层级（第二层级）"（Lvevl 2 Modern）的理性意识倾向于关注我和你、我和它、我和我们之间的主体和客体的区别。"后现代认知层级（第三层级）"（Lvevl 3 Postmodern）的意识（多元相对主义）开始去评估所有文化（多元文化主义），同时去保护它们的差异性。尽管存在着差异，第三层级还是将照顾、关注和权利扩展到了所有个体。在认识环境的过程中，第三层级认知可以让我们理解在"现代认知层级（第二层级）"（Lvevl 2 Modern）所涉及的关于生态生命迹象的理性结论。同时也可以帮助我们扩展认知范围，从原来的仅包括人类（第二层级的价值观）扩展到包括各个物种和它们的栖息地。

当以自我为中心的意识减少时，同情心将会增加。以自我为中心的意识越强，人类个体就越难将自己视为更大系统的一部分，而不断发展的意识将会感知到更多、更大和更复杂的文脉。

图 14.6
肯迪拉玛酒店（Kandalama Hotel），丹布勒（Dambilla），斯里兰卡（Sri Lanka），杰弗里·巴瓦（Geoffrey Bawa），1991

这个项目既是一种优雅的地形回应，也是一种与场地的融合，其中，人类思维与生物世界的整合得到了清晰的表达。"混凝土构架用来支撑用木质遮阳板做成的第二层表皮，这个木质遮阳板又可以支撑起一个植被屏幕，同时屋顶平台则成为一个热带花园。"（Geoffrey Bawa Trust，2010）

　　在"整体意识（第四层级）"（Level 4 Integral）这个更具整体认知的阶段，个人可以感受到一种在全球性的普遍意识中与所有人合一的体验。整体意识常常被威尔伯象征为人首马身（Centaur），可以使人类的身体和意识重新整合。同样地，这一层级的感知带给我们的是人类思维与生物世界的整合，这也恰好是生态设计所要求的。在"超个人意识（第五层级）"（Level 5 Transpersonal）中，个人可以感受到与包括人类及自然界在内的所有显化世界合一的体验。

为什么所有这些对意识发展的关注都很重要？正如凯根所观察到的，在每一个新的意识层级，原有的主体现在都变成了一个新的扩展性主体的客体。从更高的阶段来看，文脉扩展了，意识的客体就扩展了，"我"作为主体也得到了扩展。这对于生态设计来说非常重要，因为随着一个人认识到自己更深层次的内心世界以及更大范围的外部事物，那么就会越来越自发地采取行动去修复和保护环境。由于对"我"的感受扩展了，所以对利他主义而言，就没有了牺牲这一概念。实际上，利他主义就变成了"我们做了什么事"或者"什么是恰当的"。

当自我意识线的发展继续超越整体到超个人意识的层级时，那么自我意识就会扩展到去认同在显化世界中升起的一切。这不仅由个人的悠久历史和针对众多传统的心理学研究所报道，也是最新的发展心理学研究所报道的。

对整体可持续设计来说，"分析—文脉"与"客体—及其所处的更大系统"这两对关系，不能仅视为固定不变的现实，而应该将它们视为一系列的不断转变和扩展的认识，而这种转变和认知对象是自身、观察者、客体、文脉所特有的本质属性及维度。

参考文献

Geoffrey Bawa Trust (2010) 'Solo-Contextual Modernism'.
Stapp, Henry (1972) 'The Copenhagen Interpretation and the nature of space-time', *American Journal of Physics*, vol 40,PP1098ff.

15 从结构到过程再到演变的转换

过程思维是系统思维的三大主要分支之一，另外两种分别是模式思维和语境思维。本章题目所述"结构"一词，并不是指土木工程意义上的结构概念，而是指生态结构，也是我们之前讨论过的生命系统的核心标准之一。也就是说，结构是构成事物的物质、材料以及事物的外形。正如生物学家或医师无法将解剖学与生理学截然分开，生态学者也无法将生态结构与生态功能相分离。从生命系统理论的角度看，结构是潜在过程的表现形式，只要这些过程保持完整，结构就会维持它的形式不变。生命过程创造了不断变化但又稳定的结构。由于这些系统在维持一个稳定的组织形式时，同样也在开放接纳持续的能量、材料和信息流动。因此，这些系统也被称为开放系统（Von Bertalanffy，1950）。

米勒（Miller，1978）确立了 19 个对所有生态系统都很关键的子系统，这些子系统包括如下功能：摄取、分配、转换、生产、存储、记忆和决策（最重要的子系统）。能量、物质和信息在系统的各元素之间以及系统层级之间互相转换。这些转换关系是互助共生的，并且对整体的稳定和各层级中个体的利益都存在着有利影响。

那么问题在于，我们大多数人都只看见了这些关系的结构层面。这是可以理解的，原因如下：

1 过程大多数是不可视的并随着时间流逝而改变，然而结构对象通常可以用肉眼观察并常常处于静止状态。

2 具象思维的发展先于过程思维，过程思维是需要发展的高度抽象的认知，我们并不是生来就具备抽象的能力。

设计师更倾向于将形式视为主导要素，如果他们感知到了过程，也常常将其归到抽象几何的范畴。如果从生态学角度上思考，如何将各种形式视为动态过程的展现和参与者，将会是设计师所面临的挑战。

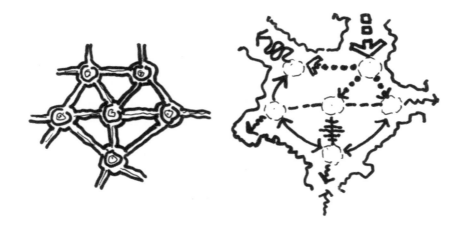

图 15.1
从结构到过程的转换：我们看见的是我们设计的形式与结构？还是它的"流"和生理机能？

过程设计

在第 3 章中，我们描述了生态系统的几条原则（Center for Ecoliteracy，2010），包括了以下两条：

·循环："生态群落中的成员依赖于持续循环的资源交换而生存。"一个生态系统内的循环与更大范围的地区循环、全球循环相互交织。例如，一座花园的水循环同样也是全球水循环的一部分。

·流：每个有机体都需要持续的能量流来维持生命。地球从太阳获得的源源不断的能量正是维持生命和驱动大部分生态循环的动力。在每一次转换中，都有一些能量通过热量的形式损失了，这就需要有一种持续不断的能量流注入系统中。

第 3 章也介绍了"结构"与"过程"两者关系的概念，这个概念是设计过程中最基本的生态认知。读者或许可以回想起这些例子：涡流、人类身体、建筑中太阳与风的运动过程、太阳能供暖建筑的详细案例、建筑形式的相互关系，另外还有太阳运动、气候更迭以及热量流的过程。第 3 章也指出了过程是通过现象展现出来的，正如之前提到的各个象限的视角观点所揭示的。第 7 章提出了设计意识的六种基本路线，每种路线都受到层级间发展的约束，这些路线包括了形式与空间、场地与环境、建筑系统、使用、体验以及观念。

那么现在我提出以下观点：如果我们将生态意义上的"结构概念"与"形式与空间"对等起来，那么剩下的五个设计路线都会展现为"过程"。从生态系统的观点来看，我们发现，设计的基本问题涉及我们怎样造出与"过程"相互影响的"形式"。下面我们来看看在建筑设计中的这五对具体的关系，如表 15.1 所示。

表 15.1　设计中"过程—形式"关系的种类

场地—形式	创造出"形式"去回应环境中的过程
行为—形式	创造出"形式"去呈现行为的最大成效
使用—形式	创造出"形式"去支持人类活动的各种模式
体验—形式	创造出"形式"去丰富人类的经历
思想—形式	创造出"形式"去体现想法和意图

图 15.2
米卡学校（MICA School），古吉拉特邦（Gujarat），印度（India），1991；建筑师：安南特·拉杰（Anant Raje）

庭院及西立面。通过对印度强烈日照过程的了解，设计了如下方案：没有朝西的对外出口，但是拥有一个朝向球场的出口，这是个嵌入式、有遮盖的巨大出口。通过对形式的梳理，所有光线都被处理成了非直接照射的。

这五对关系以及它们相互关联的指向性，产生出一种新方法，这种方法虽不敢说是全新的，但却是让我们更有意识地去感知和思考怎样通过设计去找寻和创造形式。

我们可以不再将设计形式仅仅理解为客观存在的样式，而是可以将任何设计模式都看成是"过程—形式"或者"事件—形式"。

我记得在学校时，我们学到关于建筑要有"大组织的概念"（one big organizing idea）。然而现在，形式引导"流"的生态系统思维超越了它。"大组织的概念"已经过时了。我们所依赖的地球是更为复杂的，要找到一个不去消耗大部分资源而生活在地球上的方法，就意味着我们要有整体的"生态理念"，无论这个概念的范围有多大。

生态设计意识意味着要理解生态意义上的"过程—形式"，在创造"形式"的过程中涉及了以下几点：

- 生态场地；
- 生态功能及行为；
- 人类对于必不可少的能量、信息和生命供给的使用和需求；
- 人类对于自然界丰富的体验；
- 体现出生态关系的文化意义；
- 怎样将人类置于与自然界相关的有意义的关系之中。

读者可能会注意到，这个列表扩展了关于系统视角的基本观点。它将系统视角应用到其他所有的视角类型中。也就是说，很多时候系统视角既不关注个体的内心体验，也不关注设计从文化内部中提取出的文化意义。然而，我们可以从系统的维度出发，认识到其实所有对于其他视角的关注都与系统视角存在关联。特别是，它们是以形式与空间（右下象限的设计产物）（LR）的系统组织形式展现出来的，进一步说是通过过程展现出的。事实上，所有象限都被互相联系了起来。

过程设计的技法

创造形式以引导"流"（flow）

如今的可持续设计师必须学习如何去识别和描绘过程，甚至要知道如何去设计过程。接下来，他们就要学习怎样通过形式去促进和支持过程。正如景观设计师约翰·莱尔所说的，"创造形式以引导'流'"（Lyle，1994）。为达到这个目标，首先我们要认识和理解建筑与景观参与了哪些基本的生命过程。莱尔将景观中的生命过程描述为以下几个词语：转换、分配、吸收、过滤以及存储。而这些，可以使设计师们能够创造出一种形式以展现出各种"流"与结构的相互作用。

　　这条原则适用于气候和地质这两个非生物性过程以及食物链和栖息地这两个生物性过程，同样，在社会过程中，例如循环、分组工作、在公共场所的行为以及朋友社交中，这一原则也得到了广泛的应用。

图 15.3
联排式住宅，2000 年博览会，斯图加特（Stuttgart），德国 c1996
由于住宅所在地的基本方位不是朝东的，因此该住宅的设计是沿着街道以及日照来组织的。具有太阳能收集孔的斜面朝向正南方。固定和可移动的遮阳物适应了夏天不断变化着的太阳运动轨迹。在交会处为保证自然通风而设置了可手动开关的天窗，这些天窗提供了极高的空气流通率，同时，可手动开关的天窗提供了一个稳定但流量较低的空气流通率。

更广的含义：在复杂性的演变中整合结构与过程

功能主义，包括生态功能主义，都有其局限性。可持续设计师在复杂的关系网中可以通过设计去让结构适应过程，但是这些过程也会随着时间而变化。根据系统理论，系统的运行情况可以通过一系列相互关联着的起源、生产（转化）、汇和反馈（信息的闭环循环）来描述。同时，这些处在动态平衡中的系统也在不断变化，最终使过程产生出一种新秩序。系统同样展示出具有动态的、适应性的、目标指向的、自我维持的以及进化等各种行为特征（Laszlo，1972，1994，1996）。从生态学的角度看，生命系统是协同进化的：

> 生态系统中的大部分物种通过相互的创造与适应来实现协同进化。对新事物的不断探索是生命的一个基本特征，这也在发展和学习的过程中得到体现。
>
> （Capra，1994a）

后达尔文主义为进化能力的演变提出了新的解释，它超越了关于随机突变和选择的传统观点。这些观点探讨的是长期进化的问题，但它并不能很好地解释各种与新奇性、复杂性及创新性相关的创造。当代进化论者提出了以下几项充满争议的方案（Kelly，1995）：

·共生：不同物种之间紧密和长期的相互作用，作为进化背后的一种具有选择性的力量，有时会导致相互依存的协同进化。

·定向突变：有机体可以通过有目的地重组基因来应对环境压力，以非随机的方法去"引导"进化过程。

·跳跃式演化：从一代到下一代的突然的非线性变化，与有机体的普通变异相比，这种变化很大或非常大；

·自组织：即系统的内部组织，在不通过外部力量的引导和控制的情况下，复杂性会增加，如生命的产生。生态系统会随着时间的推移而倾向于更复杂的形态进化。正如第3章所介绍的，卡普拉明确地表述了生命系统的组织模式。我们回顾一下其中的要点。在生命系统中，有些信息会随着循环回到它们的原点（反馈），从而影响着未来系统的行为。通过反馈，系统可以保持它们自身的动态平衡（自我管理）。因为生命是由许多自我管理式的过程组织起来的网络，它可以进行自身的组织（自组织），包括自身的方向、目的以及创造性的自我超越（Capra，1994a）。

在混沌理论、普遍系统理论以及新的复杂性科学的视角下，进化是一个恒定的线性过程的传统观点正在得到修正。埃里希·詹奇（Erich Jantsch）在他《为进化而设计》中将进化定义为"过程的秩序"，即系统性过程会随着时间而改变自身的属性（转化）

（Jantsch，1975）。他将诺贝尔奖得主普里高津（Prigogine）"通过涨落导致有序"的理论从物理系统和生物系统扩展到了社会文化知识系统、人类意识以及设计过程等领域。在这个理论中，人类进化（个体和文化的发展）作为整个行星进化的代表是非常重要和有意义的。

从"整体层级（第四层级）"（Level 4 Integral）的意识角度出发，复杂性的演变适用于自然界、社会、文化世界观以及个体意识。换一种方式说，所有象限的视角都体现了一种发展。这一主张通过不同领域的数百项发展性研究得到了证明。正如我们在第二部分读到的，在人类研究的各个主要领域，研究人员都报告了复杂性的进展。

过程思维可以考虑当前的过程甚至更复杂的生命循环过程。从"整体层级"（Integral Level）的可持续设计的角度出发，过程思维通过复杂性秩序而扩展，包括了过程的发展或演变。这意味着，整体可持续设计师需要去关注他们自身在人类发展螺旋中的演表过程（从第二、第三到第四层级，甚至更高层级）。同时要关注设计复杂性意识的演变。生态思维变成了进化思维，其中"进化"一词在更广泛的概念中表示循序渐进的发展。从这种进化演变的角度出发，设计问题则变成了：

我们如何设计随时间演进的建造形式系统，当他们所引导的过程也因时而变的时候？

对建筑生命周期的认识有多种形式，包括生命周期成本、环境生命周期分析、周期性维护系统、组织增长和设施扩展的设计，以及为适应性的再利用而设计（或是为了强有力的结构持久性）。按照斯图尔特·布兰德（Stewart Brand，1994）的观点，那么设计的问题就是：怎样设计建筑物，使之具备学习能力呢？

我们已经讨论过，复杂性的演变发生在各种各样的知识领域和价值领域。当我们看到我们周围的过程时，我们也看到高雅过程的美以及粗糙过程的笨拙。我们看到设计有效地组织各个过程的美，也看到设计与过程并不适合的部分。有一种显而易见的"过程美学"，其自身也是一种演变。这里要提醒读者，我们在第 5 章中探索了美学感知的层级，在第 10 章中也提到了体验视角的展开图景。个体首先会意识到能够通过各种感观感受到的静态形式，接着是与过程产生关联的形式，再接着是与生命循环层面上的过程产生关联的形式，最后是与过程变化（进化）的演变产生关联的形式。生态审美的感知似乎是随着设计师过程意识的展开而演变。从这个角度出发，整体可持续设计师会提出以下问题：

我们如何通过设计去提升使用者对于过程和过程变化的感知力？设计要如何创造机会，使人们可以去感知过程秩序与结构秩序之间的精妙关系？

图 15.4
作为生命系统的景观，上海后滩公园（Shanghai Houtan Park），上海，中国，2010，土人景观（Turenscape），中国，景观设计师以及北京大学景观设计学研究院（Peking University Graduate School of Landscape Architecture）
"后滩公园是一处位于上海黄浦江河滨区的再生生命景观。这个公园是通过人工湿地、生态防洪、工业构件和材料的回收利用以及城市农业构建起来的，它们都是全面恢复策略的组成部分，其目的在于以一种令人愉悦的美学方式去治理污染的河水和恢复退化的滨水区。"（ALSA，2010）这是一个过程生成形式的案例，也体现了设计师对于场地内景观和社会随时间而产生的变化和发展所采取的负责的态度。

社会和科技系统同样会随着驱动它们的过程的变化而变化。认知能力的发展（复杂性思维的更高阶段）给予了建筑在社会和技术层面上的发展。通常情况下，设计是去响应变化，而不是提前去计划所要发生的变化。然而，科技变化的某些方面相对来说是可预测的，例如化石燃料时代的终结。以可再生能源、生物再生材料、工业循环为基础的经济，在现今的建筑生命期内是很可能会涉及的。从科技发展的角度看，可持续设计师可能会提出以下问题：

我们如何将这些不断更新的可再生能源技术应用到建筑上呢？

在石油高峰时代之后的未来，可能自然通风会成为必备要素，人们将会在屋顶利用太阳能去加热水或发电，本地粮食产量大大提高，也实现了免费的被动式太阳能供暖（利用太阳能来获得南方冬季的阳光）。那么我们是否可以为这样一个未来去进行设计呢？

整体可持续设计师会有以下追问：

我们如何依据社会和文化演变的方式去设计？

如果人们不能认识到设计通常是在不断发展的社会和文化背景下进行的，那么上述这种想法听起来则是不可能实现的。正是由于对个体、组织以及社会的发展倾向，我们有很好的基于经验的认知框架，也能不断深化对同时出现的不同发展阶段和发展趋势复杂性的理解。因此，我们才能针对用户或机构当前复杂性的状态进行设计，也能考虑到下一步即将出现的阶段。

那么，整体设计师接下来就会问：

什么样的设计可以既体现用户现阶段的价值观（现代的理性主义），又支持他们下一层级的价值观（后现代的多元论）？

在同一例子中，整体可持续设计师或许会将设计问题理解为：

我们如何设计，才能既体现用户关于自然界的现有价值观（用现代主义的话说，"自然界如何让我获益？"），又支持用户更为复杂的生态价值观的发展呢（用后现代主义的话说，"我如何保护物种的多样性"）？

参考文献

ASLA (2010) 2010 ASLA Proesionat Awards.

Brend, Stewart (1994) *How Buildings Learn: What Happens After They're Built*, Viking, New York.

Capra, Fritjof (1994a) 'From parts to whole, systems thinking in ecology and education', Serninar Text, Center for Ecoliteracy, Berkeley.

Center for Ecoliteracy (2010) 'Explore Ecological Principles', available at www.ecoliteracy.

Jantsch, Erich (1975) *Design for Evolution: Self-organization and Planning in the Life of Human Systems* (The International Library of Systems Theory and Philosophy), George Braziller Inc., New York.

Kelly, Kevin (1995) *Out of Control: The New Biology of Machines, Social Systems and the Economic World*, Addison Wesley, Reading, MA.

Laszlo, Ervin (1972) *The Systems View of the World: The Natural Philosophy of New Developments in the Sciences*, George Braziller, New York.

Laszlo, Ervin (1994) *The Choice: Evolution or Extinction, A Thinking Person's Guide to Global Issues*, G.P. Putnam, New York.

Laszlo, Ervin (1996) *The Systems View of the World: A Holistic Vision for Our Time*, George Braziller, New York

Lyle, John T. (1994) *Regenerative Design for Sustainable Development*, John Wiley, New York.

Miller, James G. (1978) *Living Systems*, McGraw Hill, New York.

Von Bertalanffy, Ludwig (1950) 'The theory of open systems in physics and biology', *Science*, vol 111, no 2872, pp23-29.

16 从物质性到组构（Configuration）再到模式语言的转换

现在我们回到模式的重要性。生命系统是一个周而复始的系统，由各种受"过程"限定的关系和事件组成。正如克里斯托弗·亚历山大在《模式语言》（*A Pattern Language*）一书中曾详细阐述的，在建筑物中，各种事件的模式无论是自然的还是社会的，都总是与一种形式或空间的模式相对应（Alexander et al., 1977）。卡普拉认为，在西方思维中，我们太过关注材料而忽略了对形式的理解。我们常常会问"这是什么做的？"而不是"它的模式是什么？" 科学和哲学，这两种传统的认知区别在各个设计学校和专业期刊中是十分明显的——例如艺术与科学、设计与技术、创意与生产、设计工作室与辅助性知识课程等方面的分裂。

还记得我们之前已经将"模式"和"结构"作了明确的区别吗？"模式"是一个系统的组织构成，而"结构"是模式的具体体现。这种模式和结构，或者说组构与材料之间相互依赖的特征，使设计师们在认识建筑的属性时，可以对这一传统的对立观念融合理解。通常，当建筑师们提到"设计"（design）这一术语时，他们指的是建筑的平面、剖面、体量以及立面组织等模式（它的组构）。而他们使用"建筑物"（building or construction）一词时，指的是其具体性质（它的物质性）。在建筑行业，设计师们可以将建筑物的这两种性质都整合到一起。然而，不幸的是，在这个领域中常常出现争论，一方面是倡导整体认知的人们认为应该在整体认知的框架下来看待这些属性，另一方面是持不同观念的人们希望打破整体认知模式，用单一视角来评判这些属性，并且比较孰优孰劣。

设计中的生态思维不仅讨论材料或性能的效率，而是要求一种认知上的飞跃，即组构部分连接为系统，而系统的秩序反过来又驱动性能。

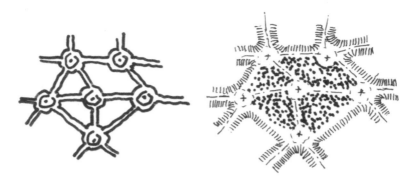

图 16.1
从物质性到组构的转换：我们是从构成之物还是从模式来看待我们设计的产物呢？

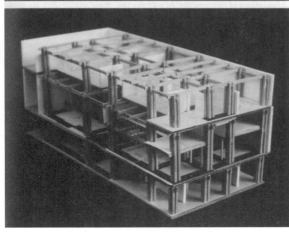

图 16.2
学生作品
在设计中，我们能看到基础物质和关键组构的各自特点。在这些例子中，材料被组合成各种模式，体现出空间和结构秩序的关系。

相互关联的设计

为了创造出生态可持续的设计模式，设计的首要任务是协调相互之间的关联性。因为我们认为模式就是各种关系的组构。正如我们所说，这些关系都是些过程的关系。因此，设计者们的问题是：

哪些模式可以有效促进各种过程之间的相互关联？

同样地，对可持续设计者来说，另一个相关的问题是：

哪些模式可以有效促进人类生态系统中各种过程之间的相互关联？

最终，我们发现，房间、建筑物、城镇等都由不同等级的相互关联的模式所组成。还记得我们之前在第 5 章中曾讨论过模式和经验，从事件模式与空间模式的关联角度去思考设计模式。这种模式就是能将事件置于空间、几何以及形式中的关键所在。那些建筑物和居住者们的角色地位，取决于在某个空间中各种事件的模式关系，并且这些关系是在不断变化的。对于这种情况亚历山大在《建筑的永恒之道》（*The Timeless Way of Building*）一书中清楚地阐述过：

> 显而易见，一些城镇或建筑物会比其他的城镇或建筑物更有活力。这种在某个地方充满生命力而在其他地方却毫无生气的现象，毫无疑问，是由模式所影响的。
>
> （Alexander，1979）

我们有一个观点：正如我们的意识可以感知，那些更有生气的模式会更适合我们生命体系的过程与结构；而我们也能从更深更复杂的东西中获得更多感知。

相互关联的设计技巧

打造"相互关联的模式"

可持续设计者们需要重新描述设计过程，这包括对各种模式的解读以及对不同类别模式的区分，例如区分互不关联、毫无生气的模式与紧密关联、生气勃勃的模式。而这对设计者来说，颇具挑战。这意味着学会应用图解的方式，并不仅是作为分析，而是将其作为动态设计过程的一个部分，在这个过程中，我们提出形式上的各种模式，演绎其所代表的过程模式，不断提炼完善，直到找到能解决各种冲突的最佳方案。

但即使这样，想寻找到我们所渴望创设的那种整体上最佳的、生机勃勃的、均衡的，以及能起修复作用的模式并不容易。过程和模式的复杂性是我们难以应付的，它并不能简化为一些公式或原则之类的简单条款。20 世纪的第三、第四层级中，文化已经创造出一种新的、复杂的自然科学视野，而这是原有的第二层级中，设计和感知工具所缺乏的，这也是 2011 年可持续设计规范中所欠缺的。

更广的含义：物质性、组构与模式语言的整合

我们已经说过，模式是各种关系之间的组构，而物质性是模式的具体体现。这仅仅是从某个特别的范畴或者观察层面来看所得出的结论。在自然界的等级秩序中，我们会发现，事物甚或材料都可以被视为各种组成要素之间的关系组构。这在自然的等级顺序上来看都是正确的，尽管随后我们将以一种更特别的方式来定义它。从系统论的观点来看，自然界是各种交汇融合的模式总汇，模式之间的相似性使不同的尺度得以联结。在贝特森《心灵与自然：必要的统一》（*Mind and Nature: A Necessary Unity*）一书中，把"相互关联模式"描述为相互关联模式中的模式或者一种元模式。原文如下：

> 有没有哪种模式能把螃蟹与龙虾相关联，把兰花与报春花相关联，然后把这四样东西与我再关联起来？然后再由我关联到你？再然后把这六个事物在一方面与阿米巴变形虫相关联，而另一方面又与精神分裂症相关联呢？（Bateson，1979）

贝特森认为，模式之间的相似性即是各个部分相互关系之间的相似性（如形状、形式、关系等）。正如在电影《心灵漫步》（*Mindwalk*）（Capra,1990）中丽芙·乌曼（Liv Ulman）所扮演的物理学家角色索尼娅·霍夫曼（Sonia Hoffman）那样，贝特森能从中看出各种交错关联的模式。

亚历山大提出了一套建筑理论，他认为建筑物是将各种模式关联起来，以模式语言的形式呈现出来的整合体。各种设计模式相互关联之后可以组成更为庞大的模式网络。这一系列的模式网络展现了建筑或城镇中生活的基本特征与程度。建筑由成百上千的模式网络所构成，既有相似性，又有其独一无二性。因为模式所展现的只是核心要素以及它们和它们之间的联系，相同的模式体系可以构建出具体各自特征的不同建筑物。亚历山大所使用的"模式语言"，在传统上（层级 1），经常默认为或不自觉地嵌入到建筑文化之中。从某种层面上说，建筑设计的发展路径是由建筑文化及其所包含的（或好或坏的）模式体系的变化所决定的。

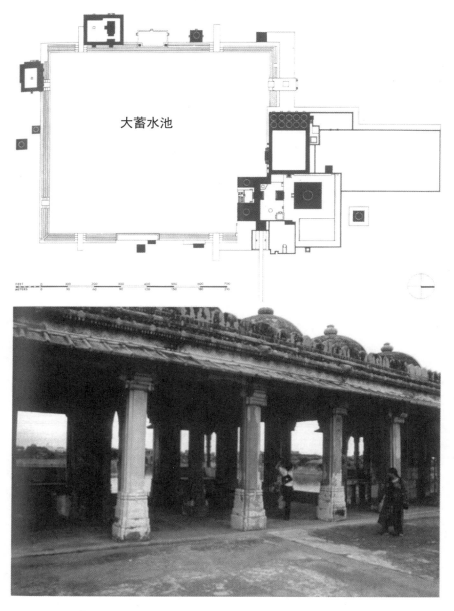

图 16.3 Surkej 蓄水池综合体项目（The Surkej Resevoir Complex），艾哈迈达巴德西（Ahimedabad），古吉拉特邦（Gujarat），印度，1446—1451；建筑师：穆罕默德沙·沙阿（Muhammad Shah）
项目平面图（上图），从清真寺的拱廊看蓄水池（下图），陵墓和清真寺的平面图。

这是一个集宫殿、湖泊、清真寺、陵墓以及市场为一体的莫卧儿王朝（Mughal）的复合建筑群。这座精美的建筑由大量相互关联的各层次模式所构成，一遍遍地重复：包含了围墙的庭院、拱廊、凹室、圆顶结构、网格分布的石柱，带有几何形柱底和柱顶的柱子，图案纹样的砂岩地面，用于祭祀的壁龛，以及一级级的河堤台阶等。

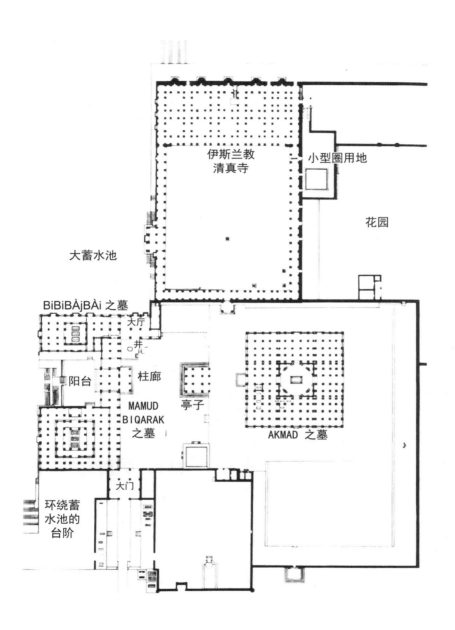

伊斯兰教
清真寺

小型圈用地

花园

大蓄水池

BiBiBÀjBÀi 之墓

大厅

井

柱廊

阳台

MAMUD
BIQARAK
之墓

亭子

AKMAD 之墓

环绕蓄
水池的
台阶

大门

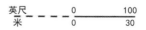

英尺 0 100
米 0 30

图 16.4

Eishin 学院，入间市（iruma-shi），埼玉县（Saitama Prefecture），日本

克里斯托弗·亚历山大和环境结构中心（Christopher Alexander and Center for Environmental Structure），1985—1989

这个项目包含了 200 多种各种层次的模式设计，从城市中大型场地的设计到装饰和道路铺砌的细节，这个项目定义了高中和大学的生活方式。（Alexander, 2001，pp 363-366）

举例来说：

·独立设置的教学楼；

·每栋楼就像一栋小别墅；

·教室之间规划了花园；

·教室之间由户外小路相连接。

在我们所有的项目中，这个项目是模式语言和生产过程的发展最完善的一个。在设计委员会定夺出最后方案的过程中，经历了对各种设计模式的开发、实验、修改和制订。最终，我们的设计方案得到了整个学校从管理者、教职员工到学生的一致认可（Center for Environmental Structure，2006）。

整体可持续设计：转换的视角
Integral Sustainable Design

由于这套模式语言理论是唯一一个真正基于过程的建筑理论，因此我们认为它是最具生态建筑核心潜质的设计理论，也是整体可持续设计理论的主要方面。大多数可持续设计策略都需要大量设计模式相互关联才能有效。以房间里的自然光照明为例，这就需要成功地运用各种尺度的设计模式。

要使用日光，就要确保在城市或建筑工地中，日光可以透过建筑物外围或是其他大规模的建筑结构投射进来；而建筑物本身的构造也要设计为相互不遮挡，不能让一栋建筑挡住了另一栋建筑窗户的视野；建筑的使用分区以及平面和剖面布局，例如侧楼部分，在设计时要考虑到其活动所需的光源；窗户的大小和位置也需要精心设计，安装高透光率的玻璃，考虑到阴影、反射等各种元素对光线射入和分布的影响；当光线进入室内后，房间的进深、比例、饰面和颜色等因素也都会影响光线在室内的反射情况；而可移动的遮阳设计以及电光源的设计将会影响居住者能否利用或是怎样利用各种光源。如果这些相互关联的采光设计中有一个没有考虑到，或是如果设计者不能有效地加以利用，那么整个"建筑作为照明设施"的采光系统就将失效了。

亚历山大所提出的模式语言对整体可持续设计师们有着重要意义。通常来说，一种设计模式不仅能将结构与过程连接起来，还可以将客观环境设计与主观人类经历和文化认知结合起来。在亚历山大"房间的双重采光"这一模式设计案例中，房间里的照明不只是按照英尺烛光（foot-candle）（光照度的测量单位）来衡量分布的，而是考虑到光线的质量效果，例如减少刺眼的效果，以及在人们交谈时，能达到映衬出谈话者面部表情的效果。模式将知识领域与"我、我们和它"以及"自我、文化和自然"的视角完美地结合在一起。于是，对整体可持续设计师来说，他们提出的问题将会是：

> 在相互关联之类语言关系中，哪些组构而成的模式有助于建立最健康的人类生态系统呢？

参考文献

Alexander, Christopher (1979) *The Timeless Way of Building*, Oxtford University press.
Alexander, Christopher; Ishikawa, Sara and Silverstein, Murray with Jacobson, Max; Fiksdahl-King, Ingrid and Shlomo, Angel (1977) *A Pattern Language: Towns, Buildings, Construction*, Oxford University Press, New York.
Bateson, Gregory (1979) *Mind and Nature. A Necessary Unity (Advances in Systems Theory, Complexity, and the Human Sciences)*, Dutton, New York.
Capra, Berndt Amadeus (director) (1990) *Mindwalk: A Film for Passionate Thinkers*, 112min, Triton Pictures Center for Environmental Structure (2006).

17 从部分（Parts）到整体（Wholes）再到全子（Holons）的转换

生命系统是一个整体，但我们并不能简单地把其特征理解为一个个组成部分的特征之和。它是具有一种整体性特征的，这种整体特征被称为"涌现性特征"，因为只有在各个组成部分构成整体时或仅是在与其他组成部分发生关系时，才表现出这种特征。当系统瓦解或是分解为单个独立元素时，这种"涌现性特征"便不复存在。如果把一个生命系统进行解剖，那它往往就会消亡。

戴维·奥尔，奥伯林大学（Oberlin College）的环境教育专家认为：

> 当今时代，最大的生态问题便是我们无法从整体上去认识事物。这是因为
> 我们接受的教育是培养如何在"盒子"里进行思考，而不会跳出"盒子"来看问题。
> 我们培养了太多这种"盒子"里的思考者。而这些"盒子"内部的知识体系和
> 认知系统，与周围退化的生态系统以及全球的不均衡性之间，是存在着联系的。

（Orr，1996）

要从观察组成部分转换到观察整体的特征和重要性，这种认知转换是比较困难的，因为我们的文化背景更擅长分析型思维而非整体型思维。总体来说，现代建筑一直以来都因为其只是制造出大量的"建筑物"，而没有考虑到与其所处的城市文脉肌理、场地之间的关系而受到指责。即使到了今天，这种整体认知策略在建筑中也没有得到很好的认识和实践。大部分设计师对自己所设计的建筑整体性只有一个粗略的认识，结果就导致了一种典型的美国城市，它的最显著特点就是我们每日所见所感的碎片化特征。

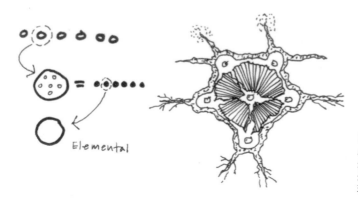

图 17.1
从部分到整体的转换：我们看到的
是设计中各个组成部分所呈现出的
是特征，还是它们构成整体时所展
现出的独特性呢？

Elemental

正如前面我们讨论过的，各种关系会被设置和组合成各种语言，这些关系构成了各种模式，而自然界中的模式则以网络状形式呈现出来。不仅每一个系统是一个网络，而且系统下所包含的部分也是一个个网络。亚瑟·库斯勒（Arthur Koestler）创造了一个新词"全子"（holon），它指的是自身既是一个整体，又是一个更大整体的一部分（Koestler，1967）。读者会回忆起我们在第 4 章的"可持续设计伦理"中讨论过的"全子"与"全子体系"（holarychies）。举个简单的例子，一只鹿，它的消化系统、胃以及构成胃的各个细胞都是全子，它们既是整体也是部分。部分与整体，没有哪一个更为根本：全子就是整体 / 部分。从某种意义上说，建筑物是整体 / 部分，房间是整体 / 部分，墙、屋顶与地面也是整体 / 部分。

威尔伯提出了个体全子（individual holons）与社会全子（social holons）的区分。个体全子（夸克、电子、原子、分子、细胞、有机体等）有一种持久的可识别模式与自我能动性，在其较高的发展阶段，具备自我意识，用怀特黑德的话来说，即"占主导性的单子（a dominant monad）"。威尔伯举例说明："如果我的狗，黛西，站起来在屋子里散步，那么她 100% 的细胞、分子和原子也都在屋子里移动。"（Wilber，2005）社会全子（例如家庭、部落、社会）组织结构较为松散，在各个阶段都没有自我意识。社会全子由个体全子以及它们所衍生出的人造物所构成。这些人造物包括物质产物、能量产物和知识产物，由个体全子与社会全子共同创造。一个个体全子可能会创作出一件艺术作品，但建筑物、景观和城市则是由社会全子创造出来的。这种区别的重要性在这里和下面的章节中将会一一说明。

整体设计

　　整体性（wholeness）在某个层面上，指的是任何全子整体／部分双重属性的整体性。但是人类系统是复杂的，同时，我们常常置身于许多相互重叠的网络中。我们常常说模式会根据它对功能（包括生态功能）环境的适应性分为高质量和低质量模式，也就是亚历山大所提出的，依据它们所激发的生活的丰富性程度来区分。我们也常说，更高程度的相互关联性会创造出适应性更强的生命体系。

　　虽然系统理论主要讨论的是客观整体性在自然界以及社会环境中的体现，但是整体性也会出现在自我、文化以及自然界等各个象限中。对个体来说，整体性可能表现在整体自我意识的发展过程中，体现为一种完全和完整的，个性化的人和一种不断发展的对于自我的超越。对文化来说，我们会从相互交谈的语境中找到整体性，例如公正性和归属性。整体性具有多种视角。整体可持续设计师们可能会问，我们怎样设计才能：

图 17.2
生态作品，科灵（Kolding），丹麦，1992
政府重新开发了一个大规模的公寓社区，创建了社区公园、运动场，并且用玻璃金字塔和户外人造湿地的方式处理了暴雨径流和社区污水排放问题。这里不再有"排出"的概念，循环系统是完整的、可视的和有生命力的，呈现为一个整体。

1 为每一个个体提供整体性的体验；

2 在群体中体现出对整体性的共有认知；

3 以系统性的组织来创造出各种整合的系统以适应自然界的整体性。

按照威尔伯的区分，设计的问题已经不再是"我们怎样设计出能更好地融入自然界的建筑、景观和城市？"整体设计师们的问题会是：

我们怎样才能设计出与自然界的自然造物和系统（例如物种和生态系统）相互作用的人类世界的人造物和系统（以建筑和城市的形式）？

现在的问题是建筑和城市既不是个体全子（超级有机体），也不是社会全子（有机物的社会），它们是个体全子和社会全子的产物。因此，它们的品质和秩序取决于生产它们的全子的意识情况。回到意识阶段的观点，生态地设计，即让人类系统适应自然界系统的设计，至少需要达到整体认知层级（第四层级）的意识阶段。因此，整体的可持续设计，归根结底是一个内部的问题。

整体设计技巧

直接认知

当代的可持续设计和系统理论没有为评价某种模式的整体性和生命力提供任何测评工具。它们并不能帮助我们区分什么是病态的整体，什么是生命力旺盛的整体，更谈不上让我们理解什么是可持续性的整体。那种在设计上整体性认知的技巧我称之为"直接认知"。直接认知指的是人类意识的一种能力，它能将感官、情感、智力和理解力整合为一个整体来进行认知活动。如果你能安静下来，你不需要训练就能认识什么是美。如果你专注于你的整个存在，不带先入之见地感知你所处的环境，你能立即认识到哪些环境能带给你欢乐、生命与平静，而哪些环境会使你生病、沮丧或焦虑。这就是亚历山大在《建筑的永恒之道》（ *The Timeless Way of Building* ）一书中提到的，一种模式是否能解决某种情况下的冲突对抗，人类的感知是其成功与否的客观的、经验的判断标准（Alexander，1979）。此外，在《秩序的本质》一书中，他提出了一些用人类自身能力来决定生命的长度或是决定事物、建筑、环境等整体性程度的策略（Alexander，2001）。

图 17.3
陶斯小屋，新墨西哥
一个有整体感的场所，过滤的光、遮阴、凉风、美食和友情，还可以观赏生机勃勃的户外景观

更广的含义：在整体性中整合部分、整体与全子

在建筑学界，可能没有人能像克里斯托弗·亚历山大那样对于整体性有过认真地思考和写作了。在《秩序的本质》中，亚历山大指出，很明显，我们生活在一个高度秩序化的宇宙中。事实是，我们在自然界中的各种经历都是有秩序的（Alexander，2001）。他提出假设：

> 我们称为"生命"的东西是一种普遍状态，它在某种程度上无处不在：砖、石头、河流、绘画、建筑物、水仙花、人类、森林、城市……而生命的这种状态，是十分明确的、客观存在和可以测量的。

（Alexander，2001，p.77）

空间的性质与构成产生了秩序，而空间中生命的活跃程度就是秩序的体现。在这种情况下，可持续设计的任务是：

> ……城市和建筑的创造是地球上生命组织的一部分，简而言之，它们是有生命的。

（Alexander，2001，p.28）

这与传统的可持续设计观点是大相径庭的，这"意味着在人造世界与自然世界中共同进行生命创造"（Alexander，2001，p.28）。从这种意义上讲，生命是一种人们能直接感知的品质，人们可以明确地感知到生命力的有无、增强或减弱。

建筑支持更高级生命的能力在于其整体性。对亚历山大而言，整体性意味着"我们把事物看作一个更广泛的连续体中的一个部分"，建筑、花园、树木和街道莫不如此，它们内部也有各种整体，"它们之间是无界的、连续的"（Alexander，2001，p.80）。他进一步将整体性定义为"与更大或更小的中心相互联系、重叠，构成系统"（Alexander，2001，p.90）。"中心"被认为是次整体或明显的组成部分，它们是空间中各不相同的物理系统，又有着明确的相互关联。整体性是作为一种场所的属性而出现的，它源自各种中心的相互关联，没有确切的边界。对这一理论的全面阐述，远远超出了本章的范畴。简单来讲，对亚历山大而言，一个特定整体的整体属性与其组成成分的次整体性，以及它们之间的关系紧密性呈正相关。

当整体性增长到某种程度后，最终出现的就是一个充满生机的建筑（或是一个完整的有生命的景观），我们人类便会积极、自由地生活在其中，发掘出我们的最大潜力。在这个完整的富有生命力的建筑中，我们将自己的生命和栖息地与我们的至爱亲朋，以及所有其他物种的生命与栖息地交融在一起，由此他们也呈现出最大的活力。这与威尔伯所指的人造物能把全子的意识状态传递给观者（用户、居住者）是一致的。威尔伯和亚历山大都认为，一个处于高度意识状态的设计师才能创造出富有灵感的、神圣的建筑。而富有灵感的、完整而有生命力的可持续设计的创造，也同样如此。

参考文献

Alexander, Christopner(1979) *The Timeless way of Building*, Oxford University Press, New York.

Alexander,Christopner (2001) *The Nature of Odder: An Essay on The Art of Building and the Nature of the Universe; Book 1, The Phenomenon of Life,* Center for Environmental Structure, Berkeley, CA.

Koestler, Arthur (1967) *The Ghost in the Machine*, MacMillan, New York.

Orr, David (1996) 'Reinventing Higher Education', in Collett, *Jonathan and David Ehrenfeld, (eds)Greening the College Curriculum: A Guide to Environmental Teaching in the Liberal Arts*, Island Press, Washington.

Wilber, Ken (2005) Conference call with Ken Wilber on the topic of Integral architecture and cities, 17 April 2005.

18 从等级到网络再到全子体系的转换

每一个全子既是一个较大网络的一部分，其自身也包含了其他网络。我们可以说，所有的生命系统都是相互嵌套的网络，系统之中又有系统。生命组织结构的模式是多层次、多等级的。

> 网络构成了复杂的生命体系，因此，它们是重新建构生态化建成环境的关键所在。

从等级到网络的转换是一种从复杂的组织结构中所感知到转换，从形式上和拓扑学术语上来讲，通常被表述为金字塔结构和树形结构。很多人把等级一词等同于权力等级，在其中会有压迫者和受害者，但当我们提及排水系统的树型或拓扑结构时，并没有任何权力压迫的含义。然而，当组建社会系统时，这种等级结构就会使那些道德水平有所欠缺的人趁虚而入，对等级较低的人加以利用。但公司或者政府的金字塔结构并不会必然导致其领导者进行权力压迫。

生命系统是严格区分等级的，然而，这是一种组织结构和功能的等级，并没有权力可言。由于全子是相互嵌套的（例如有机体中有器官，器官中有细胞，细胞中有分子），所以有一个自然等级，我们把它称为"全子体系"（holarchy）。与树型结构相比，网络结构中，各个组成部分之间的联系更为紧密，有在相同层级上的关联，也有在不同层级上的关联。

从整体认知视角来看，自我、文化和自然界都是全子体系。全子体系组织结构的一个规则是每一个涌现的全子都超越且包含它的前身。这一规则适用于个体全子（有机体超越且包含了器官）和社会全子（部落超越且包含了家族）。但在进行这个概括时我们必须谨慎，因为个体常常会参与到多个相互重叠的社会全子中（家庭、机构、社区、教堂等）。但它们的纵向结构是全子体系。建筑这种人造物常常遵从以下这种全子体系的秩序：

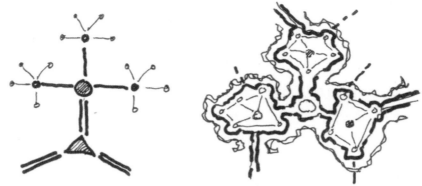

图 18.1
从等级到网络的转换：我们把自己的设计模式看作是树型结构，还是多层级的网络或栅格结构呢？

1　材料（砖、玻璃、钢铁）；然后是

2　元素（材料的组构：窗户、胶合板、柱子）；然后是

3　建造系统（元素的组构：结构系统、机械系统、房顶系统）；然后是

4　房间和庭院（建造系统的组构）；然后是

5　建筑整体（房间和庭院的组构）。

城市也能被视为一个全子体系：

1　城市元素；

2　街区模式；

3　社区和街道；

4　城区和市镇；

5　城市整体。

然而，这些人造物全子体系的秩序和发展并不总是顺序性和连续性的。全子体系的一些阶段会被略过，例如，一些城市并没有城区概念，或是社区在空间上和社会关系上有重叠。

然而，建筑物、开放空间、运输系统、社区以及城市似乎存在着一种固有的全子体系，从某种程度来说，那些创造并维系这些产物的社会全子也是体系化的。

网络化设计

网络是一种由生命系统呈现出来的模式，各种过程关系在此网络中展现出来。网络构成了复杂的生命体系，因此，它们是重新建构生态化建成环境的关键所在。网络可以紧密地或是松散地相互联系。通常来说，在生命体系中，当面临不均衡力量或是受到干扰时，越是紧密关联的网络越稳定。我们经常能在建筑物体系中看到网络的身影：电力和空气分布网络，循环和社会网络，运输和经济网络等。当然，也有一些网络是我们很少注意到的，例如可供排水的河流与溪流网络、给动植物提供栖息和觅食空间的结构网络、给我们城市提供燃料和食物支撑的网络等。卡普拉（Capra，1994b）指出："生命的模式是一种网络模式。无论你在哪里观察生命，你都是在观察网络。"这充分说明了在这个生机勃勃的世界中建造有生命力的建筑的必要性。

用网络理论的数学术语来说，网络是由许多中心和连线组成的。一栋房子就是一个中心，因为它与其他网络发生了联系。例如，与供水系统的连接是将饮用水引入房屋，而与排污系统的连接则是将废水排出。这栋房子或是房子的居住者不断地使用或转化着水资源，例如饮用水、洗碗。网络模式或是网络拓扑有很多种类型，包括树型、星型、网格型、三角网型和多中心型。现在，对设计师来说，问题会是：

> 对一个给定的设计情形来说，什么是网络的秩序？什么是模式体系中组织结构的秩序？

网络设计的技巧

尺度连接

一个社区、一栋建筑、一个房间或是一面墙，都是按照与全子相似的秩序建造起来。它们各自具有自己的模式结构，也组建了整个环境网络的整体模式。亚历山大在《城市设计新理论》中提到，城市设计的基本原则是每一个设计行为都需要做到以下三件事：创造出某种整体，帮助完善已有的整体，开启一个新整体，它或许在将来要依靠其他建造行为才能得以完善（Alexander et al.，1987）。事实上，《建筑模式语言》中的模式就是按照这种方式组织起来的，每一种模式都在助力建构一种更大的模式，自身作为一个完善的整体模式，同时，它们也由较小的模式所组成。

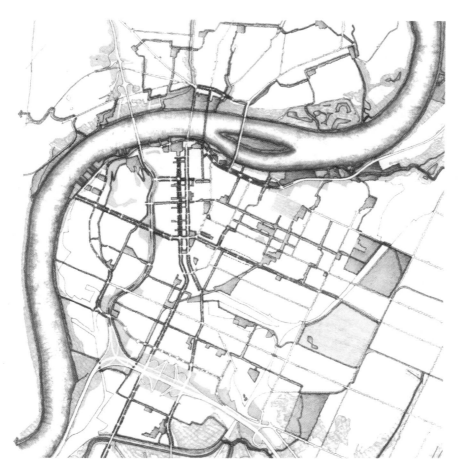

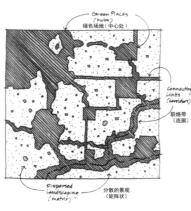

图 18.2
绿色基础设施网络，市中心平面图，查塔努加（Chattanooga），田纳西州，2003
绿色景观工作室（GreenVision Studio），马克·德凯和特蕾西·麦克林（Mark Dekay and Tracy Moir-McClean，2003）
相互关联的绿色场地和绿色连接网络：公园、墓地、漫滩、高速路边缘、林荫道路、人行道小路等。

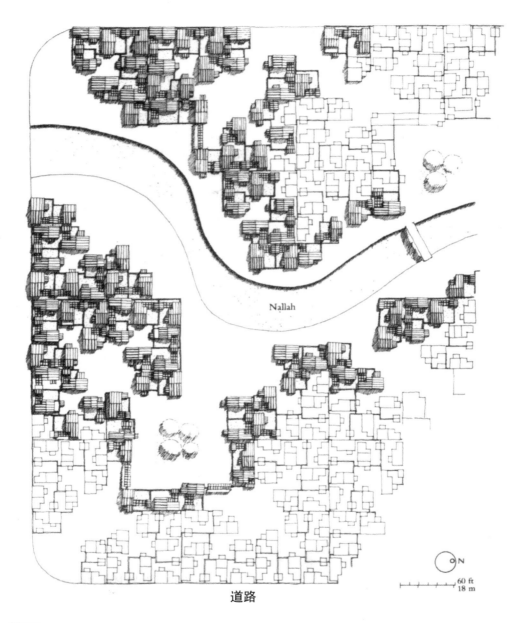

道路

图 18.3
贝拉布尔住宅（Belapur Housing），第二阶段平面图，印度；查尔斯·柯里亚
这个住宅项目把多个尺度的户外空间连成了一个相互连接的、分层、嵌套的社会、流通和空间关系网：1. 穿过社区的溪流所形成的共享开放空间；2. 有一个较大的可供 50 ~ 60 户家庭共用的公共广场；3. 有 3 ~ 4 个小庭院通往每一个广场；4. 每 6 ~ 8 户家庭共用一个住宅区的庭院群落，5. 每户都有围墙隔断的私人庭院或花园。

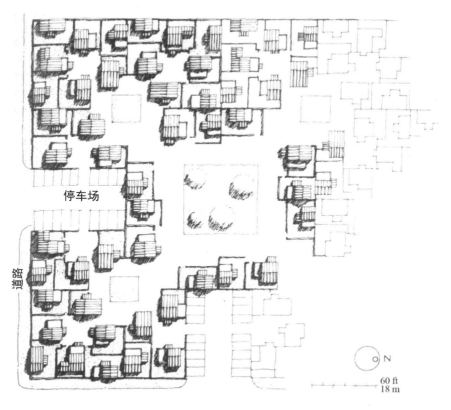

停车场

道路

60 ft
18 m

N

网络化的建筑，其设计过程的技巧在于尺度的连接，这意味着培养设计师们将注意力在系统层级之间来回转移的能力。在建成环境中，尺度连接的一个很好的例子是按照水流路径来追踪的网络模式。在屋顶上，它是分子和粒子的尺度；在檐沟里，就成了一种体量；到了地面，它变成场地尺度的问题；如果地面无法渗透水流，它们集中起来后很快就会变成社区问题，再聚集起来，可能会成为城市景观尺度的问题。同样，"开放空间的等级"模式要求城市的开放空间（庭院、广场、绿地等）不应是孤立和完全封闭的，而是应该相互关联以指向更大的开放空间，这样才能构成一个连续的、多尺度的空间网络体系（Alexander et al.，1987）。

更广的含义：在全子体系中整合等级结构和网络

系统思维者在自然界的任何地方都能看到网络。设计师则是在建成环境的任何地方都能看到等次结构。在自然界中，整体生态学者能看到全子体系中整合在一起的等级结构和网络。在建成环境中，整体可持续设计师则能看到设计出来的全子体系的各种可能性。传统上，设计师们从多个尺度进行思考，每个尺度都有其特征。这种认知转换，要求设计师们意识到不同级别的模式是怎样相互关联、相互构建起网络的。在生态学方面，我们已经讨论了从结构到过程的认知转换。这种转换使得设计师们能将过程视为设计模式的关键元素，并且按照全子体系的秩序将各个过程组建成网络。全子体系的意识是一种强有力的工具，它能引领我们进入到设计问题的本质中，去探寻如何完善，并能够解释许多之前无法有效解决的问题。

我们需要进行进一步的研究，以便能描述人造物是怎样反映出相互关联的个体全子和社会全子的全子体系结构，以及它们不能反映的原因所在。我还不太清楚全子体系秩序对生态整体性而言是否绝对必要。但可以确定的是，用这种方式来建构设计认知是可能、可行且有益的。全子体系结构可以作为一种富有启发的分析工具，而设计策划与设计方法，都可以在此基础上建构起来。

参考文献

Alexander, Christopher; Ishikawa, Sara; Silverstein, Murray with Jacobsen, Max; Fiksdahl-King, Ingrid and Shlomo, Angel (1977) *A Pattern Language: Towns, Building.Construction*, Oxford University Press, New York.

Alexander, Christopher; Neis, Najo; Anninou, Artemis and King, Ingrid (1987) *A New Theory of Urban Design*, Oxford University Press,New York.

Capra, Fitjof (1994b), see bibliography.

DeKay, Mark and Moir-McClean, Tracy (2003) *Green Center: Planning for Environment Quality in Downtown Chattanooga, TN*, a report to the Chattanooga Downtov Planning and Design Center.

结论

　　总体上来说，适用于生态环境的可持续设计要求无论是运作技巧、技术或是设计模式等，都要按照生态学的观点来进行组织建构。生态学的认知要求将对生命系统理解作为设计的模型和语境。要理解生态系统中的可持续性，我们必须学习各种生态系统组织的原理，包括组织模式、结构以及生命过程这三大重要的生命系统标准。生态观念和思维的发展是认知与价值观到达人类整体发展层级时出现的特点，如：吉布赛尔的"整体视域时代"（Intergral-Aperspectival Epoch）（Gebser，1985），威尔伯的"整体的人首马身层次"（Integral-Centaur Level）（Wilber，2000c），凯根的"第五阶序意识"（Fifth-Order Consciousness）（Kegan，1982），贝克的"螺旋动力学黄色阶段"（Spiral Dynamics Yellow Level）（Beck and Cowan，1996）。这意味着超越并包括认知和价值观中理性现代的第二层级和多元化后现代的第三层级。[1]

　　在设计中与生态组织的合作，需要改变我们对于世界的看法，包括以下六个转换：

1　从客体到关系再到主客关系的转换；

2　从分析到文脉再到场域中的整体的转换；

3　从结构到过程再到演变的转换；

4　从物质性到组构再到模式语言的转换；

5　从部分到整体再到全子的转换；

6　从等级到网络再到全子体系的转换。

　　这些转换体现了一种更深刻、更具包容性的认知，它整合并超越了之前那种较为单一的认知。过去的并没有被否定，而是成了向设计意识演变的新阶段进行内容转化的一部分。

　　尽管处理生态问题是设计的当务之急，但目前设想的可持续设计既不具备整体性，也不能有效地解决它所面临的问题。这通常是在第三层级思考的产物，而在价值观层面处于第一层级，往往会拒绝它的前者（第二层级理性现代思维）。因此在第三层级的可持续设计中，常常讨论的是关系而不是客体对象，是文脉（适应于生命网络）而不是分析，是依赖于过程的形式而不是结构等。而整体可持续设计则会选择"兼收并蓄"，而不是"非此即彼"的思维模式。

设计中真正的生态系统思维，还尚未完全嵌入可持续设计的理论与实践，更不用说常规的设计实践了。而生态系统思维模式的关键，依赖于我们对根植生命系统中的智性的确认，这是建构任何可持续文化所必要的不可替代的根本前提。目前，可持续设计的局限性，在于其对包含了个人体验与集体意义在内的人类内部世界的忽视，甚至排斥。将世界简化为客观现实，使生态设计所需要的特定意识被扼杀了，也使人们对于这种可持续设计所倡导的生态解决方案，难以达成集体共识。深度的生态设计是一种整体实践，需要一种相对而言更高发展层级的整体意识。作者后续的工作将会关注如何在设计师层面促进这种意识的发展。很显然，认知的改变，尤其是本书第三部分讨论的这种转变是一个艰巨的工作，"螺旋形"的意识发展还刚刚开始。

整体可持续设计实践更为广泛深入的发展还面临许多挑战，有没有可以加速整体层级的意识认知发展进程的练习？能培育出整体生态认知的设计教育将会如何呈现？设计师是否可以快速提升其意识，从而为解决生态危机做出贡献？设计本身是否能成为一种将生态意识植入建成环境之中的整体实践呢？尽管还有许多问题，整体可持续设计的未来范式已经开始显现，它将通过各种实践、方法与律令的形式，从六种相关的认知中逐渐生发出来。最后，这些认知转换并非可持续设计理论的基础，而是基于系统视角的可持续设计实践的基础。根据新的视角，我们会发现一些新的事实与模式。整体可持续设计不仅是以另一种方式看待原有的自然界与城市，它更是一种能揭示出一个新的自然界和新城市的方法，而这是之前的认识模式未能识别和显现的。如果有人想要理解整体可持续设计的本质，那就必须要在设计问题中采取这些新的视角来进行实践。在我看来，只有学校与设计事务所开始开发并进行整体可持续认知的专门培训，同时组建特定的学习组织时，整体可持续设计才能取得广泛的成功。

注释

1 建筑师常常把后现代主义解释为一种风格或设计的理论流派，有时会包括解构主义建筑，有时又会完全将它们区分开来。他们并没有把这种新的建筑形式作为思维和价值观发展的产物，或是文化前沿来理解。因为所有新兴的意识潮流都会倾向于反对它以前的意识，而每个阶段都有其精华和糟粕的部分，因此会出现这种境况：后现代主义建筑既反对了许多现代主义中有价值的部分，同时也产生了一些之前所没有的功能失调的、病态的建筑和城市空间的案例。然而这并不能抹去后现代主义建筑思维产生的重要、卓越的创新意义，这是现代主义作为主流思想却无力解决的困境，包括：1）文脉主义（contextualism）：设计旨在构建更大的整体；2）环境保护主义（environmentalism）：设计是为了提高生态的健康程度。3）多元主义（pluralism）：重视多元途径的价值，包括对历史先例的再利用。4）文化理论（cultural theory）：将形式与意义，以及文化阐释中的设计语言重新组合。参见第 7 章。

参考文献

Beck, Don Edward and Christopher C. Cowan (1996). *Spiral Dynamics: Mastering Values, Leadership, and Change: Exploring the New Science of Memetics*, Blackwell, Malden, MA.

Gebser, Jean (1985[1949]) *The Ever-Present Origin [Ursprung und Gegenwart]*, translated by Noel Barstad and Algis Mickunas, Athens, Ohio University Press, Ohio.

Kegan, Robert (1982) *The Evolving Self: Problem and Process in Human Development*, Harvard University Press, Cambridge, MA.

Wilber, Ken (2000c) *Integral Psychology: Consciousness, Spinit, Psychology, Therapy*, Shambhala, Boston, MA p144.

第四部分

设计出与自然界的关系：
深度关联的隐喻与律令

序言

> 建筑设计中，技术的角色是以人们可以理解的方式，将自然世界呈现给人们，然后再使人们融入其中。
>
> 兰斯·拉文

第 4 章从更为深入的文化视角出发，拓展了第 1 章中介绍的整体可持续设计理论观点。其主要探查的问题是：

如何设计，才能使人们与自然界建立起丰富而有意义的关联？

我将探讨人们对自然的不同观点，以及随之而来的设计与自然关系的各种原则。每一个主要观点都在语言中引申出一系列的隐喻，以描述人类对自然界理解。

除了对自然界的隐喻，设计隐喻也描述了要在设计中呈现自然时，设计师们的主要任务。这些设计隐喻是产生解决方案的有效工具，也是设计灵感的由来。最后，我们提出了一套设计律令，并且举例阐释了设计师通过设计活动将人类与自然界优雅地关联起来的各种方式。

在第一部分中，我们从利用技术来提高资源效用和减少污染，到整体理论架构出的其他三个象限的视角，广泛探讨了可持续设计观点的拓展。在第四部分，也就是本章中，将从文化视角来讨论一个重要且永恒的问题：

我们怎样设计，才能将人类与自然界相关联？我们对于这个我们想与之关联的"自然界"的理解是什么？

在第 4 章中，我们探讨了可持续设计如何扩展到将设计作为有意义的故事。"在设计中节约能源"已经不再是有新意的故事了。设计模式将文化意义进行了编码，而这种文化意义则通过象征的和隐喻的设计语言与居住者进行了交流。绿色设计能将我们对人类社会与自然界如何关联的重要神话、故事与信仰体现出来。我们从文化角度对自然界的理解，传达它，并将它与人们发生关联，如果我们认为这是真实的（抑或是在某种条件下的真实），那么，就会出现下面的一系列问题：

图 IV.1
荆棘冠顶（Thorncrown）教堂，尤里卡斯普林斯（Eureka Springs），阿肯色州，1980，建筑师：费伊·琼斯

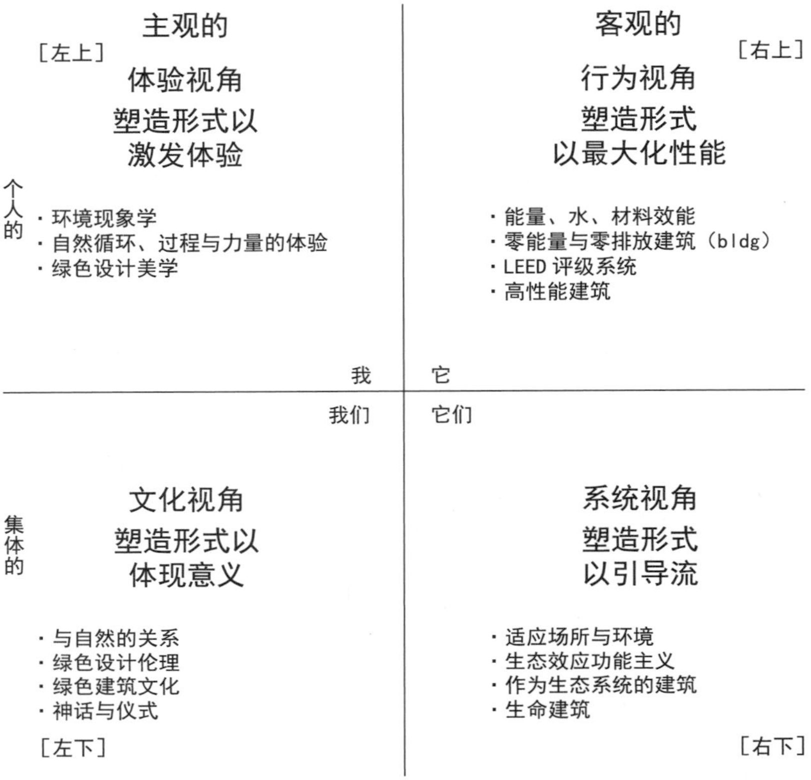

<table>
<tr>
<td>

主观的
[左上]

体验视角
塑造形式以
激发体验

个
人
的

· 环境现象学
· 自然循环、过程与力量的体验
· 绿色设计美学

</td>
<td>

客观的
[右上]

行为视角
塑造形式
以最大化性能

· 能量、水、材料效能
· 零能量与零排放建筑（bldg）
· LEED 评级系统
· 高性能建筑

</td>
</tr>
</table>

我　它

我们　它们

<table>
<tr>
<td>

集
体
的

文化视角
塑造形式以
体现意义

· 与自然的关系
· 绿色设计伦理
· 绿色建筑文化
· 神话与仪式

[左下]

</td>
<td>

系统视角
塑造形式
以引导流

· 适应场所与环境
· 生态效应功能主义
· 作为生态系统的建筑
· 生命建筑

[右下]

</td>
</tr>
</table>

图Ⅳ.2
四种可持续设计的视角

· 我们所构建的自然观中包含了哪些信念？

· 在我们的文化中，自然是一个还是多个呢？

· 考虑到我们所认知的自然界以及我们看待它的方式——我们之间的关系是人类与自然界？（还是自然界中的人类？或是人类中的自然界？）——我们怎样用设计来讲述这些关系的故事呢？

· 当谈到"设计与自然的关系"时，设计师们的意图是什么？

· 其他设计师是怎样进行空间组构，以建立人与自然界的重要关系的呢？

· 有没有可供设计师使用的一些主题或是可复制的策略呢？

你或许还记得在第 1 章（参见图Ⅳ.2）中介绍过的四象限框架。第 4 章中介绍过"绿色设计伦理"，它研究的是从文化视角的不同层级来看待自然界（照管的自然、利用的自然、保存的自然，一体的自然）。你将会看到，对理解设计怎样应对自然界的各种观点来说，复杂性层级（levels of complexity）会是一个有用工具。

在第四部分中扩展的设计原则

第一部分从四个基本视角介绍了整体可持续设计的一些原则。基于文化视角的原则在下面的内容中再次出现。在第四部分，我们将重点讨论第二和第三条原则。

基于文化视角的整体可持续设计的原则

· **基于高度自觉的环境伦理的设计**：在这种设计中，人类和自然界都在再生性的人类生态系统中得到了共同的发展。确立你自己（你是谁）作为设计的出发点，为确保所有物种和生态系统及其后代的应有权利而设计。

· **使人类与自然建立重要关系的设计**：让文化与生命系统的相互关联清晰可视地展示出来，通过设计体现出自然的过程与生态的服务。

· **基于象征、隐喻的设计语言而进行文化交流的设计**：将设计作为一种栖居的艺术，去展现生态系统的意义，同时也揭示出在宇宙的众多层级中我们所处位置的意义所在。

19　从五个层级来看自然界的本质

"是谁""是什么"在与自然界联系

图 19.1
田纳西河的天空

在第四部分中，我们主要探讨的是怎样通过设计来与自然界发生关联。这里的"谁"指代的是那些正在从事设计以及正在经历和感受这种关联的人。第二部分我们讨论了在传统主义、现代主义、后现代主义以及整体主义这四个层级下，可持续设计者们所持有的各种认知。每个层级都有其独特观点和发展前景，都在用不同方式解释和揭示自然界。同样的，在当代社会中，建筑及景观的使用者、拥有者和居住者等各类人群也持有从传统主义到整体主义这四种不同层级的价值观。整体主义设计师意识到，设计与自然界可以发生多种关联，同样地，认识自然界的方法也不止一种。由此可见，与自然界关联的代数涉及多种变量，由此可以引发出各种设计策略、建筑形式以及用户诠释。他们同样还意识到，虽然并无必要甚至也不可能为我们对自然的每一个想法，以及每个人赋予它的意义而进行设计，但至少考虑到我们今天赋予自然的主要文化意义，将会产生更为成功的解决方案，因为它们构成了认知自然界的框架，以及设计方案赖以依存的环境。

> **每个层级都有不同的自然观。**

与自然连接的"什么"，指的是我们正在连接的是什么，即我们头脑中所建构起来的那个自然。关于自然的性质及其意义，文化中有多种对话。价值观是由个体所持有的，也受到这些个体所处的文化环境的影响。在各种相互影响的文化认知中，文化本身可以说有一个"中心"或者是某种层级上的世界观，同时，次文化也会在高于或低于主流文化的不同层面上进行着展现和表达。比方说，在美国，现代主义是文化的主导类型，然而传统及后现代主义也同样作为实质性的少数文化存在和发展。另外，每一个层级都有不同的自然观，这个观点我们会在后面的章节中讨论。

什么是自然界？

我们觉得自然界的一切都与可持续设计息息相关，但我们通常不会仔细思考该如何理解所谓的自然界。到底我们想通过可持续/绿色/生态设计去维系、保护、留存、革新或治愈的是什么呢？整体生态学（Esbjorn-Hargens and Zimmerman，2009，p25）确立了三种我们通常用来指代自然界的方式——自然 nature（全小写字母）、自然界 Nature（大写 N）、整个宇宙 NATURE（全大写字母）。表 19.1 解释了它们的区别。

表 19.1　整个宇宙（NATURE）、自然界（Nature）、自然（nature）

整个宇宙（NATURE）——宏大的万物之巢（The Great Nest of Being）

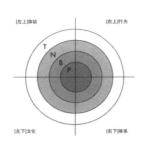

所有的象限　　　　　　　物理域（physiosphere）、生物域（biosphere）、心智域（noosphere），同时也拓展到了一个新领域——神理域（Theosphere），这一领域也是潜在的万物之本

"NATURE"指代的是整个宇宙，是整个"法界"（Kosmos）[不单指物质宇宙（Cosmos）]，囊括了所有层级的内在及外在存在。依据整体生态学家的理论，在进化演变中，每个象限里更高级别的全子都包含并超越它的前身，所以"NATURE"具有所有象限、所有层级的性质及特征

自然界（Nature）——宏大的生命之网（The Great Web of Life）

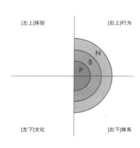

右侧的象限　　　　　　　物理域、生物域、心智域

"Nature"指代的仅是宇宙的外部，属于自然和社会科学的研究领域。理性唯物主义者认为："Nature 应当被理解为一个由各种复杂的外在（右上象限、右下象限）组成的生命体系，它不考虑内在的要素（左上象限、左下象限），而是以第三人称介入各种实践、方法中。这种观点否认了生物域之外更高层级的存在。①这是"对自然的祛魅"，对精神性的摒弃，也是现代主义的最基本观点。

②这是绝大多数现代环境主义者和科学家们所持有的"自然"（Nature）观。

自然（nature）——宏大的生物域（The Great Biosphere）

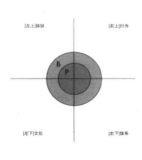

所有的象限　　　　　　　物理域、生物域

"nature"指代了更为简单的前心理层级，这些层级既属于外部的、经验感知的世界，也属于内部情绪感觉的世界。我们可以这样去理解它，例如：与文化相对的自然（即没有文化意识），或是与心智域相对的自然（即没有涵盖心智层级的，包容性更小的全子），它在思想与文化层级之下，将经验事实与内在的生理感受相结合，是前理性环境主义的范畴。这是大部分传统主义者、回归主义者、生态浪漫主义者和回归自然的拥护者（他们带着前习俗和前理性的理念来研究自然）的主要观点，他们渴望这种原始的结合。

来源：埃斯比约恩·哈金斯和齐默尔曼（Esbjorn-Hargens and Zimmerman，2009），表由作者制作
P= 物理域（physiosphere）；B= 生物域（biosphere）；N= 心智域（noosphere）；T= 神理域（theosphere）

以下两点区别可以帮助阐明表 19.1 的含义：

1 在第 9 章中，我们用"层级"的概念来展现所有象限的发展或复杂性演变。

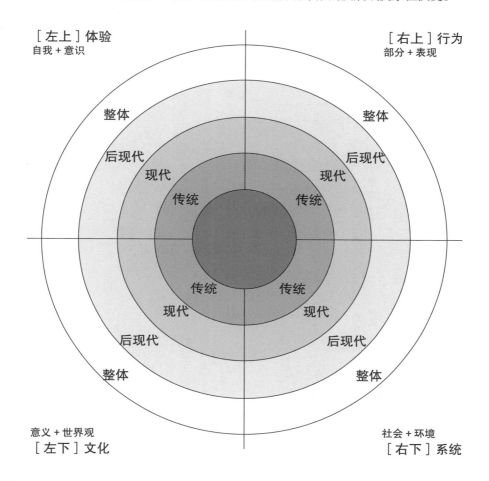

［左上］体验
自我 + 意识

［右上］行为
部分 + 表现

整体

后现代

现代

传统

整体

后现代

现代

传统

传统

现代

后现代

整体

传统

现代

后现代

整体

意义 + 世界观
［左下］文化

社会 + 环境
［右下］系统

图 19.2
跨象限层级的一般框架

2 在第 4 章中，另一个发展演变的复杂性顺序"物质—生命—心智"，即"物理域
（化学和物理学）—生物域（生物学和生态学）—心智域（形成意识和文化的领域）"，
也对我们的理解有所帮助。层级演变的复杂性包含在了这样的全子体系中，生命源于物质
又包含物质，心智源于生命又包含生命，依次更迭。

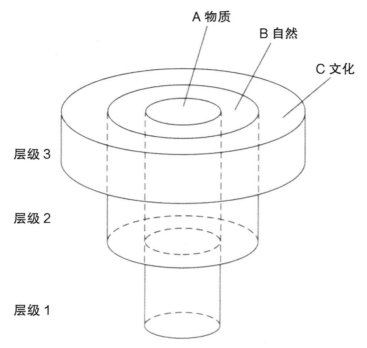

图 19.3　演化的层级
层级的演变　A= 物理域，B= 生物域，C= 心智域

复杂性的层级及自然界的含义

> 层级越高越重要含义越深，层级越低越基础。

　　我们在第 6 章中使用了四个当代结构来表示设计的复杂性层级。在第 6 章中我们认为，每一个形式健全的更高层级都超越并包含它的前身。现代超越并包含传统；后现代主义超越并包含现代主义；整体超越并包含后现代。层级越高越重要，含义越深，层级越低越基础，虽然高层级更为复杂，但其是建立在低层级之上的。"超越"总是形成于对低层级的完全吸纳和对更深更广领域的开拓。复杂性的层级体现了层级是具有结构且正在发展的，它不是固定不变的，并呈现出以下特征（表 19.2）。

表 19.2　结构化层级体系的特征

更高层级	更低层级
更复杂	更简单
更有意义	更为基本
出现更晚	出现更早
包容性较高	包容性较低
包含低层级	构成高层级

在第 6 章引出四个层级后，现在我们有必要加入第五个层级，这么做是为了将"经验、现象和文化阐述"这个范畴囊括进来。我们称这个新层级为超个人主义，它指代了对超越个体的哲学及心理学的深刻认知：

> 它受到这样一种直觉的启发，当一个人超越他或为她的自我意识，从而认同更广泛意义上的"自我"时，即是一种"超个人的"完全实现的状态。从现实存在的单一发展演变来看，所有的整体都是由各部分组合而成的。基于这种更宽广的理解，人们不再被人类中心主义所束缚，进而衍生出了对非人类事物的同情，并由此意识到了真正的人类潜在本能。

（Zimmerman，2003）

> **每一个复杂性层级在用来理解自然界的同时都揭示了其不同的含义。**

究竟什么叫作关联自然界的设计，这是我们现在所探讨的话题。古往今来，有些人被认为已经达到了与自然界融为一体，甚至将意识凌于自然界之上的境界。并且也有许多关于精神与物质、生命与心智之间关系的主张和看法，其中有些主张就指出了"超越"的概念。正如我们即将看到的，每一个复杂性的层级在用来理解自然界的同时，都揭示了其不同的含义。为了囊括第五个层级（超个人层级），我们在表格 6.6 的基础上，扩充形成了表 19.3。

表 19.3 设计中关于复杂性的五个层级

世界观		设计的结构
层级 5 超越的	>	一体的视野
层级 4 整体的	>	转换的网络
层级 3 后现代的	>	多元的实践
层级 2 现代的	>	独立专业性
层级 1 传统的	>	行会之传统

对自然界的隐喻

我们通过语言来理解自然界。语言中的隐喻和描述直接影响了我们与自然界的关系以及理解它的方式。这里的"隐喻"可以这样来定义:

指代某类物体或想法时,我们用某个具有相似点或类比性的表达来替代原有说法。概括来说就是:修辞手法。

(Merriam-Webster Online Dictionary,2009)

在这本书里,我会像许多善于缔造新事物的设计师一样,用"隐喻"一词来概括地代指"修辞手法"的概念。

设计师常常通过隐喻的方法来找寻设计灵感,因为两种物体或想法之间总是存在关联,而隐喻可以提供给我们看待物体的别出心裁的新途径,我们往往可以从中得到灵感。此外,隐喻更为宝贵之处在于它可以用来表达某些难以确切形容的想法,所以语言的运用不单是描述,更是一种创造的过程。"语言善于运用各种看似矛盾的解释和模糊的含义,含蓄或明确地传达我们的所见,可以说它与我们体验和定义世界的方式紧密相关"(Meisner,1995)。

迄今为止,我们简略地阐述了整体理论中三种对自然界的不同理解。它们分别被贴上了"宏大的生物域""宏大的生命之网"和"宏大的万物之巢"的标签。现在,我们将继续探索这三个不同的隐喻,在世界观的不同进化层级中进一步思考自然界的含义。

表 19.4 　五个发展层级，不同时期对自然界的隐喻

复杂性层级	隐喻：自然界是……	
层级 5　超越的 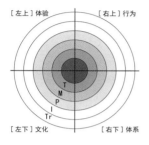	**宏大的自我显现** 意识 自我（统一的身份） 道的思想 沙克蒂（性力女神）的舞蹈 精神的居所 存在的显现 神	光 / 火 法界 共鸣
层级 4　整体的 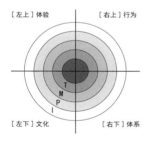	**宏大的视角矩阵** 生命共同体 全子体系语境 （网络中的网络） 全球生态系统 生命系统或生命存在	内植于文化中 与文化共同出现 多元交融 视角和层级 能量模式 /Chi
层级 3　后现代的 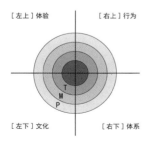	**宏大的生命之网** 一个复杂的整体系统 过程和网络 多样中的和谐 阐释文本 食物网 盖娅	文化建构 持有的视角 混沌 / 复杂性 家 / 生物域 物种群落 牺牲者 / 受压者

复杂性层级	隐喻：自然界好比是……	
层级 2　现代的	宏大的自然环境 树 / 生物 金字塔 / 等级 机器 钟表般的宇宙 待阅读的书	农作物 / 农场 丰富的资源 便利设施 / 商品 客观视角
层级 1　传统的	宏大的原始花园 醉心之地 / 众神 神圣信托 女性 / 母亲 上帝的女仆 朋友 / 老师 / 治疗师 神圣的完美 / 奇迹	宏大的生物域 广袤的荒野 人类宏观世界的 巨型编织 天体之乐 伟大的存在之链 失乐园

T= 传统的；M= 现代的；P= 后现代的；I= 整体的；Tr = 超越的

自然界的含义：五种隐喻的探究

自然界的传统主义内涵

　　你或许记得，我们在第 6 章中将所有现代主义之前的层级统称为传统主义层级。在许多进化体系中，不少阶段都隶属这个层级，比如远古的、魔幻的、神话的和专制的。在设计领域，它涵盖了民间和古典的传统，远古和中世纪、文艺复兴和巴洛克，以及新古典主义、学院派和新浪漫主义。传统主义被公认为涵盖了丰富的历史及内涵，而我们现在所处的领域也是在对传统主义定向概括的基础上构建起来的。

上述内容看起来只有纯学术上的关联，但其实传统主义的两种观点意义重大，并仍然影响着当代的认知心理。在现代主义之前，我们认为自然界是一片荒野，这在西方文化上反映为以下两点（Light，1995）：

1 古典主义观点认为自然界是野蛮和不文明的。

2 浪漫主义观点认为自然界是具有绝对尊严的净土，是人类不可触碰的。

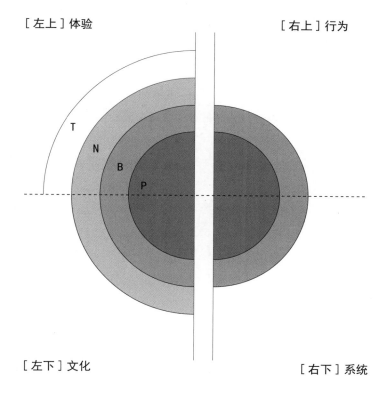

[左上] 体验   [右上] 行为

[左下] 文化   [右下] 系统

图 19.4
传统的古典主义自然界
自然界（外在的）从文化领域和自我领域（内在的）中分离出来。人性和文化超越于自然界之上。
备注：图 19.4、图 19.6、图 19.8、图 19.10、图 19.12、图 19.13 和图 19.16 中，缩写字母的代指：P=physiophere（mater）物理域（物质），B=biosphere（life）生物域（生命），N=noosphere（mind）心智域（头脑），T=theosphere（spirit）神理域（精神）。

图 19.5
作为荒野的自然界，《田园生活》，托马斯·科尔（Thomas Cole），1833
科尔的风景画描绘了自然界的力量，以及人们通过耕种、工作和改善自然界创造的丰富物质生活。生活是从荒野中逐渐建立起来的（Hendrich，2009）。

被视为荒野的自然界：古典主义自然界

古典主义观点认为荒野是危险的，是野蛮人的家。

　　古典主义观点里把自然界看作类似于"人间地狱"的存在，而浪漫主义观点则将其看作"人间天堂"，是大地上的伊甸园。两者都来源于神话：亚当和夏娃被从伊甸园逐出，弃入荒野之中。野蛮人缺乏自我意志和自我控制，仅被激情所左右，而在古典主义的观点中，荒野被看作野蛮人的家，是危险的存在。荒野中除了野生动物，也聚集了野蛮的人性及其黑暗面，因为野外的危险环境迫使人类在战斗中取得胜利，所以这是一个需要征服的自然界。

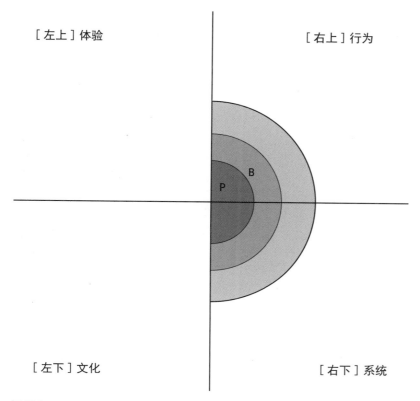

［左上］体验　　　　　　　　　　　　　　［右上］行为

P　B

［左下］文化　　　　　　　　　　　　　　［右下］系统

图 19.6
传统的浪漫主义自然界，文化和自我意识（内在层级）被叠进了自然界（外在层级）。生物域的边缘被扩展并接近于更高层级的心智域和神理域。如图 19.4 所示，自然界与内在精神融为了一体。

　　诺曼·克罗（Norman Crowe）认为人类和自然界的二元性是一种自然现象，它见证了我们反思自我和认知自然界能力的进步，且注定了我们终将脱离自然界去创造一个理想化的人造世界。（Crowe，1995）

　　因此，这就使得许多文化回归到了如"建筑中永恒价值的表达"的古典传统中，强调"理性和完美"。发展中的城市是人造技巧的终极表达，是作为在自然界生存的替代品而创造出来的人造世界，即克罗所定义的"第二自然"。

被视为失乐园的自然界——浪漫主义的回溯

浪漫主义探讨的是古典主义的分离所产生的孤立文化，现代主义对自然界的征服，以及与自然界的割裂等问题。浪漫主义观念认为只有人类可以毁坏荒野，在你看来，这个观念对于自然界来说，是一种保护还是阻碍？荒野是敬畏之地，是净化之地，是通往纯净之路的冥想之地、疗愈之地，是精神支柱般的存在。"浪漫主义展现的是自然世界和人造世界中神秘的、自发的和精神的一面。"

> **浪漫主义观点认为只有人类可以毁坏荒野。**

浪漫主义想要修复文化和自然界（Nature）之间已存在的分歧，文化从自然（nature）中分离出来。与此同时，一些浪漫主义者（尤其是先验论者），把整个宇宙（NATURE）奉为精神或者精神的居所。因此，至今仍存在许多关于浪漫主义传统理论的疑惑，因为它其中包含的两个相反观点：

1　倒退的、前理性的、回归自然界的观点，与"宏大的生物域"，或用更为当代的说法，"宏大的生命之网"相融合。

2　进化的、超理性的、先验论的观点，与"宏大的万物之巢"相融合，这个我们即将会再次提及。

浪漫主义自然观最初颂扬的是与自然界在感观和情绪上的关联，它关注的是与外部更大系统即生命之网的统一性。人类本质上是自然界的动物，由此在亚文化层级得到了颂扬。威尔伯关于这点如是说道：他们以整个宇宙（NATURE）为目标，获取了自然界（Nature），最终美化了自然（nature）（Wilber，200b，p495）。

> **当代的浪漫主义环境学家希望能融入宏大的生命之网之中。**

安妮·迪拉德（Annie Dillard）被认为是以第一人称描写自然界的代表，她对遇见鼬鼠后内心活动的描写非常吸引人。以下一小段摘录显示了在浪漫主义观点中，自然界是退隐于复杂思维世界之外的美好净土：

图 19.7

作为失乐园的自然界，《荒野中的暮色》，弗雷德里里克·丘奇（Frederick Church），1860

这是自然界在没有人类干扰的原始时期的美丽景色。美国的工业化伴随着丘奇的艺术生涯，他希望重寻曾经那个伊甸园般的自然界，这幅画反映了他的这种渴望。

　　我乐意去学习或记忆生存的方法。但我来到霍林斯（Hollins）池塘，更多的不是为了学习生存技能，坦白地说，是想要忘记这些。换句话说，我不认为我可以学会像野生动物那样吸食温暖的血液，把尾巴抬高，后脚印合在前脚印上一步一步地行走。但是我也许能够学到一些别的东西，比如无意识的、仅靠物理感官的纯粹生活方式，以及没有偏见和动机的，充满尊严感的生存状态。鼯鼠生存在必然环境之中，而我们生存在可选择的环境中，人类憎恶和排斥必然性，然而终其一生，境界比起鼯鼠却还是显得卑微。我宁愿只因我应该生存而生存，就像鼯鼠那样。所以我怀疑我和鼯鼠的生存理念是近似的、轻松地看待时间和死亡，勿使自己痛苦，看到所有但忘却所有，面对被给予的选择，始终怀着狂热的心和明确的意愿。

（Dillard，1982）

作为宏大的原始花园的自然界

浪漫主义想要回归的自然界不是荒凉的、野性的、混乱的、混沌的、黑暗的和古典的，充斥着泛滥成灾的天敌的自然界，而通常是指伊甸园般理想化的、没有"堕落"前的自然界。地域性的前古典的神话自然界，古老且魔幻，迎合了被理性压抑的人类心理升华阶段的需要。这是伟大设计师所创造的地球上最为完美的梦幻自然界，它暗含着不为人知的秩序。当代的浪漫主义环境学家通常希望能融入这个宏大的生命网络之中，去成为这个复杂的系统之网中的一根链条。这个"宏大的原始花园"可以是丰富多彩的：

· 是乐善好施的创造者的作品；

· 充满了伟大而又渺小的灵魂，一个令人心醉的地方；

· 大地、朋友、师者、医者和供应者。

根据浪漫主义环境学家的这个观点，既然自然界是神给予的，我们可以得出这样的结论：人类因神的信任来管理这个造物，并在这个神话剧中合适地扮演我们的部分。

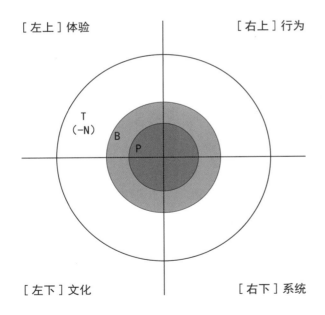

图 19.8
传统的"花园般"的自然界，人类生存于由精神（T）所创造、管理的自然中，更自然化、更精神化，原初的伊甸园不包括社会（N）。在地球上这个天堂般的花园中，N 坍塌为 T。见图 **19.4** 附注。

图 19.9
作为原始花园的自然界：这时的自然界具有自我恢复能力以及超高的纯净感，自然界作为生命之源，对人类具有本质上的吸引力，詹森·斯塔克（Jason Stark）捕捉到了这样的它。

作为宏大的自然环境的自然界：现代主义

整体理论的主张认为，现代主义区分了价值的三大领域：艺术、科学和道德（我、我们、它/它的）；也可以这么说：现代主义区分了自我、自然界和文化。在现代主义观点中，自然界被明确表述为科学的专属领域，与教育、伦理、道德、文化、世界观、美学、主体性、艺术以及意义无关。在 19 世纪，自然的隐喻性就被剥离了，几乎完全沦为经验主义与科学主义中量化与刻板思维的体现。

现代人通常认为世界只存在巨大的生物域，压根没有更高的层级。	

　　如今的自然界变得呆板，使人不再抱有幻想。它被理性地研读，变为可理解和可规划的事物。自然界的整个体系广阔而复杂，但归根究底是紧密关联的，所以人类迟早可以将其归纳，使之成为一个和谐紧扣的系统——"它的"。现代主义十分倾心于这个观念，以至于他们否认任何高于物质层级的领域、范畴或层面。如果现代主义的世界里只包含外在，即自然界的含义仅仅是客观的物体，而人类的思想、感受和精神是副现象，是一种次要的衍生物，那么人类的内在就不能算一种"实在"。缺失了内在，现代主义通常将倾向于认为世界是存在巨大的生物域，压根没有更高的层级。那么宇宙可以被视为一个钟表装置，而自然界，则是一个等级分明的食物金字塔。关于自然界的隐喻以经济体系的形式发展着：资源、木材收成、鱼类、杂草种类……自然界就像一座农场。

　　将自然界比作机器，最初起自关于上帝是否存在（钟表需要一个制作钟表的人）和自然是否具有目的（机器的制造具有目的）的争论。逐渐地，上帝隐退了或是被视为这个自动运作机器的退休工程师。在现代主义文化中，自然界的构成不需要精神，于是从起初上紧发条的上帝到如今不存在的上帝并没有经过太长的历程。当然，机器是可以操控的，它由组件构成，是可以被修补和控制的。

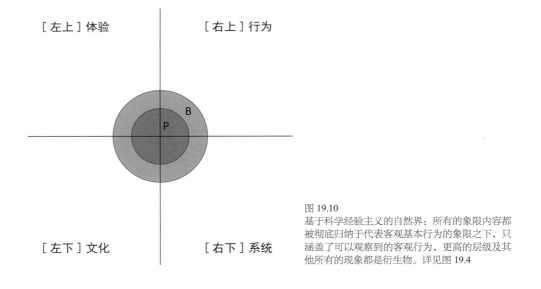

图 19.10
基于科学经验主义的自然界：所有的象限内容都被彻底归纳于代表客观基本行为的象限之下，只涵盖了可以观察到的客观行为，更高的层级及其他所有的现象都是衍生物。详见图 19.4

图 19.11
作为宏大生物域的自然界："前遗传信息技术研究 Pre-Genetelogical"，马尔腾·万登·恩德（Maarten Vanden Eynde），2000
马尔腾·万登·恩德利用木梁进行工作，对这种普通建材的使用，暗示了人类对自然界世界的掌控。

作为宏大的生命之网的自然界：后现代主义

生态学有它的表达语言，也是人类感知的诠释。

    首先，正如前文提到过的，所有象限视角都显示了我们称为层级的复杂性结构阶段的展开。意识的后现代主义层级呈现在系统视角（systems perspective）和文化视角（cultures perspective）两个象限中。

    ·在系统视角（LR）中，自然界被看作一个更为复杂的关系网、一个复杂的整体系统。在系统思维中，自然界不断变化，相互关联，由各种复杂的信息、物质和能量流的关联网络所组成。

    ·从文化视角（LL）来看，后现代主义层级让我们意识到了多样性观念的存在，以及最为基本和最为核心的，对各种视角的意识。

    视角论（perspectivalism）在某种程度上相当于后现代主义观点。复杂科学从对自然界所谓的原子观（对组成部分的还原论研究）发展为相对的整体观（系统的），这是一个由科学中行为视角的主导到系统视角主导的转变，是从物理学到生态学的转变。同时，文化视角也从具象范式（representational）转变为视角范式（perspectival）。

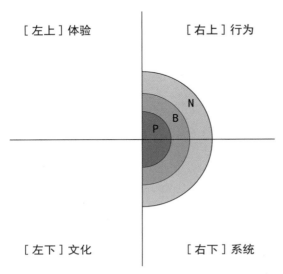

图 19.12
作为生命之网的自然界：内部被消解到外部之中。是一种微妙的还原论，比经验主义的总体还原论更为整体，详见图 19.4。

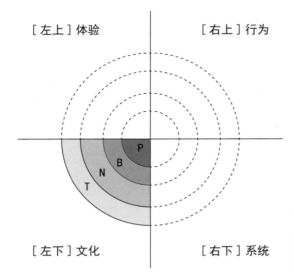

图 19.13
文化建构中的自然：在激进的后现代主义观点里，所有象限都被解构进了文化层级中。更高的层级被认为是等级制的，所有其他现象都是衍生物，详见图 19.4。

图 19.14

作为宏大生命之网的自然："树穹"，大卫·纳什（David Nash），1977

这些树经历了几十年的生长，用形状塑造出了一种穹顶建造样式。纳什是不是想借这幅图说明人与自然界之间动态的、整体的关系呢？

正如哈根斯和齐默尔曼所说，"具象模式（representational paradigm）相信公正理性的头脑能够以正确的方式反映和表示事物（你遇到过这种公正的头脑吗？）"（Esbjörn-Hargend and Zimmerman，2009，p34）。我们可以将其理解为科学由"所见为实"向"主观判别"的转变。世界上确实存在真实的石头、树木、湖泊和水獭，但我们关于它们的所知都是间接获得的（即使是通过感官获得）。自然界的具体含义往往取决于其在某一文化中的诠释，生态学为此提供了许多观点和方法。哈根斯和齐默尔曼记载了超过 200 种理解自然界的途径，每一种途径都在以不同的方式揭示或掩盖自然界的含义。如果自然界取决于你的观点和理解，那么它就成了一个可解读的文本。一种常规的表述是将自然界定义为由社会所建构的。

将自然界比作生命之网的隐喻默认了我们以人类的角色去寻得这个网络中的一席之地，从而成为更大体系中的一部分。自然界是人类的所属，它是环环相扣的宏大秩序的一部分，有种更易接受的说法将自然界称作"生物域"（bioregion），它是我们的家，其他物种则是我们的邻居、亲戚和朋友；自然界是一个共同体，我们的朋友乃至不是我们朋友的其余个体都值得被尊重并享有同等权利。我们寻求的是一个在多样性中和谐统一的自然界。

作为宏大视角矩阵的自然界：整体层级

> 现实的哪部分正在被审视，谁在审视它？以怎样的方式审视它？

多元论者和后现代主义者发现的是相对的价值观，他们认为其间并无高下之分，倾向于反对等级制，更平等地对待各种观点。

整体生态学复原了全子体系的真实性与重要性：一些真理性主张变得更好——较其他而言更具包容性、洞察力和生产力。

（Zimmerman，2009）

整体层级理念是这本书的主导观点，各种观点和层级复杂性都以它为依据进行评价。整体生态学可以这样来定义（整体生态学中心）：

在深度和复杂性的多个层级中，对有机体主观和客观方面，及其主体间性和客体间性的环境层面进行多种方法的研究（例如：定性与定量）。

整体研究机构的整体生态学中心提出了"整体生态学纲领"，我们可以借其条目要点来更加清楚地理解整体主义观点中对自然界的阐释：

· 整体生态学者运用整体理论中"象限和层级"的概念化工具来分析、描述和就环境问题采取综合举措。

· 整体生态学者承认，用来界定和包含象限、层级、界限、状态、类型和主体的方式有许多。

· 整体生态学者对现象的本质进行了探索和检验：现实的哪部分正在被审视，是谁在审视它？以怎样的方式审视它？整体生态学者选出能够认识和披露世界的观点和方法，并运用它们来研究现实的各个领域。

我们不应当将"整体层级"观点误认为是一种全新的或当代的理论。任何的成年个体，在任何时代都能在任何层级上建构和发展思想。奥尔多·利奥波德就是这样一位早期的环境思考者，他将许多观点融入了其撰写的《土地伦理》（Leopold，1949）一书中。

不要再将合宜的土地利用看作纯粹的经济问题了（LR 象限：社会系统）。

我们在从经济学角度审视每一个问题的同时，也应从伦理（LL 象限：文化）和审美（UL 象限：体验）的角度去看待它。当一个事物趋向于同时保存了生物群落的（LR 象限：自然系统）完整性、稳定性以及美感（UL 象限）时，它就可以是成立的，反之则是错误的。[1]

	谁（世界观）	怎样（方法或流派）	什么（对自然界的观点）
整体的	生态整体主义者	发展的系统生态学	全球全子体系生态系统
	生态整体论者	星际生态学	全球生态系统
后现代的	生态激进论者	社会生态学	多样化生态系统
现代的	生态策略者	人口生态学	生态系统
传统的	生态管理者	民间生态学	在地生态区域
	生态倡导者	五种感官	即时自然环境

图 19.15 整体生态学框架：谁，怎样，什么；整体生态学中心 来源：整体生态学中心

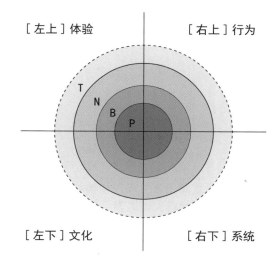

图 19.16
作为生命共同体的整体自然界：这是涵盖了所有象限和层级的自然界。神理域（Theosphere）（T）纳入理论，并被视为一种状态，但还没有能作为永久的经验阶段被确立下来。T 更倾向于个人的而非文化的现象。参见图 19.4 的注释。

图 19.17
作为宏大视角矩阵的自然界：整体层级包容悖论和各种复杂性的存在。沿着水平面看去，石油储藏罐反射着动人的晨曦，火车颜色也更强烈。整个场景由于反射和青翠的背景，从某种层面上可以说是美丽的。而废弃的码头区域漂浮着腐烂的垃圾，这个依赖石油的社会正在侵蚀着自然界，处处与之相冲突。我们依赖自然界资源，这种关系往往会造成某些我们难辞其咎的后果，这幅图像是对我们现今时代的尖锐讽刺。

作为宏大的自我显现的自然界：超个人层级

> 不仅人类和自然界之间相互关联，精神和自然界之间同样也相互关联，这点人类迟早会接受。

　　超个人层级，在我们相当广泛和简化的发展体系之中，是灵魂的层级。它是人类和自然界中关于心理、精神微妙力量的领域。"超个人"指的是超越自我，并非丧失自我。个人的层级被超越和包含，超越的含义用威尔伯的话来说就是——"个人之上而非个人之下"。像所有其他层级一样，对自然文化含义的理解，是通过特定层级个体之间的对话和共同理解中浮现出来的。这点在超个人层级中也同样适用——超个人层级的个体间的互动与影响，渐渐形成了这一视角中对自然以及自然界意义的看法。这并不一定非得这么深奥，正如威尔伯所说（Wilber，2000d，p288）：

> ……你现在就能够意识到自身的客体并观察自己的灵魂，能够大致地感知到自身的存在。

> 但是是谁在观察和见证你自己？如果因此证明有某种东西以某种关键的方式超越了你本身，那么这种东西是指什么？……

> 你自身的观察者和见证者，超越并释放了原本孤立单一的你，正如爱默生（Emerson）说的那样——不再无法摆脱头脑中思维的约束，进而蜕变成一种广阔深远的意识。

> ……当恰好达到能够挣脱自我意识束缚的临界点时，你便能够成为自身的观察者和见证者。爱默生用"全心臣服"来形容这种释放出来的精神力量和光芒。

无论我们是否曾经有过自己与自然界亦其精神融为一体，或是与表象的世界相合一的感受，我们都必须接受这样的现实：关于这种体验的传闻出现在各个世纪、各种文化和哲学中，它似乎已然成为人类存在的一种表征。任何对自然界的本质持有长久兴趣的人，都一定会在关于自然界的理论中找到一席之地，并且找出其在设计与自然界关系方面的后续影响。

迄今，我们一直在构建对自然界的新认知，每种认知都拥有与其相对应的新奇隐喻；每一种都与外在自然界体系中的层级复杂性有关；都与演化中更具包容性的、反映人类认知的新层级有关，并且都可以用以表达共同价值和分享故事。

在整体层级中，人们可以整合并理解物质、生命与头脑（物理域、生物域和心智域）三者之间的关系。整体学家可以做到将任意一个四个基本视角融合成为一个更加完整的、更符合全子体系的现实观。超个人层级中个体正在经历的体验，爱默生称作"超灵魂"（Over-Soul），威尔伯和佛教称作"见证"（Witness），它有时被指代成世界的灵魂，印度的先哲成就者（siddhas）将其简称为"大我"（Self）。

正是这个"大我"在观察和认识出现于超个人层级完全意识中的自我，并同时整合了物理域、生物域和心智域。它是一个有意识的联合体，是所有的显化本身：不仅关于人类，还关于自然界的全部，关于整个物质宇宙，关于所有伟大且渺小的存在（Wilber，2000b，p292）。

爱默生在《自然》一文中，记述了一次自己在自然界中欣喜若狂的经历（虽然那时的环境十分寻常且平淡无奇），这段话并非在写诗，而是为了记录他的真实经历与感受：

图 19.18
作为宏大自我显现的自然界：苏珊·班尼特（Susanne Bennett）的图像显示了自然界在嵌入奇妙和神秘的生命力量后光的亮度和跳跃，借此向观者呈现了超越个人限制之上的共鸣具有的可能性。

穿过那片空荡荡积雪的水洼，暮色中，积压着沉重的乌云，我的脑中没有杂想，也没有闪现任何妙思，我感受到一种完美的喜悦。很庆幸，此刻，我站在了敬畏的边缘。

灌木丛中，我们重拾了理智与信念。

站在光秃的地面，我的头沐浴在轻盈欢乐的空气中，向着无垠的空间上升——自我在幻灭。我变成了一颗清澈的眼球；我化作了虚无；我看见了万物；宇宙的涌流环绕着我；我成为上帝的细微粒子，成为他的一部分。

（Emerson，1883）

这里的自然界是精神的外象，而自我则与这种精神合为了一体。除了人类和自然界的关系，人们迟早还要学会接受精神与自然界的关系。神与世界的本质是什么？它们之间是如何关联的？只要精神层级（心智域）之上没有更高的层级存在，这个问题就可以被避免了（因为这意味着只有更低的层级是真实存在的）。只要个人体验和文化含义的内在领域被排除在自然界的范畴之外（只有右边的象限是真实存在的），那么关于精神的感知和爱默生的统一整合经历就都不被承认了。爱默生（Emerson，1883）再次正式地用一段有力的、令人惊讶的语句宣布：

> 循着思想的隐匿步伐，我们开始探究，物质从何处来？它们又去向何处？许多真理都得自对感知的体悟。正如我们所知，最高的境界是直面人的灵魂，人的灵魂是令人敬畏的宇宙的本质，它不是单一的智慧、爱、美、力量，而是所有这些的集合，它们每一个都在人的灵魂中彻底展现，为了人的灵魂而存在，并且依靠人的灵魂而存在。
>
> 人的灵魂是精神的创造者，并被藏于自然界的表象之下。因此，精神的存在遍及整个自然界。灵魂对自身产生作用需要一定的空间和时间条件，但是我们可以通过某种精神形式，靠自身达到这个目的。这种精神指的就是：超我的存在。并非创建我们周围的自然界，而是通过我们去发展它，就像大树依靠顶部的树干长出新的枝叶一样。

爱默生的此番言论，也正体现了我对超个人层级和自然界关系的大致理解，那就是——自然界是精神的象征或表现，而并非精神本身。精神是被囊括在自然界之下的内部存在，但同时又超越并包含自然界。也就是说，新异教徒和浪漫主义回归者认为精神等同于自然界的观点是错误的。

正如悉达瑜伽（Siddha Yoga）的主办者穆克达难陀尊者（Swami Muktananda）曾写到的那样：

> 那些认为世界是物质的或是虚无的，或是由石头、黏土及矿物构成的看法都是错误的。当你有过对真理的直接体验时，你就会意识到这一点了。世界其实就是你口中的上帝或意识。上帝已经是你在这个世界上目睹的一切了……正因如此，释放出你内心的感受并非难事。不管你是否理解，事实就是，外在空间和内在空间是同时存在的，它们所处同一个自然界，外在空间的声音同样也会在内在空间中回响。

（Muktananda，1990）

通过设计来关联人与自然界的总体意图

第四部分是想要初步标明文化视角中一个十分重要的方面：设计可以培养和促进我们与自然界的关系。我们在前面探讨了不同发展层级里关于自然界的五种观点。然而在这些关于自然界的不同世界观中，我们的设计应当怎样处理与自然界的关系？要记住，从文化视角来看，我们并不太关注自然界如何运转，以及设计如何在功能上整合自然界（从系统视角来看它们很重要）。

我们更感兴趣的是：人们如何诠释和定义自然界，以及设计如何解决人与自然界的主体间性关系。考虑到我们今天的文化中所出现的世界观，以及每种世界观都解释了一个不同的自然界。设计与自然界的重要关系该如何建立？设计者在参考文化层级观点中的方法和实践所形成的知识时，需要考虑以下这些问题：

· 我们在什么条件下可以为物种间有意义的关联进行设计？

· 设计如何打造共享的居住空间？

· 设计如何协调用户对自然界的不同看法？

· 设计如何在特定的场地中传达出自然界的重要之处？

· 关于如何理解我们与自然界的关系，设计是否提供了教育的机会？

· 设计能揭示哪些与当地文化相关的，涉及自然界的叙事和隐喻？

· 设计是否可以促进其与自然界间关系的对话，从而在人群中形成某种共识？

· 设计能否从当地的生态文化历史中获得灵感？

· 设计如何成为"精神的居所"或"神性的庇护所"？

· 设计在形式上表现出的与自然界关系是否表达了一种宇宙学的含义？

· "自然地"设计与"成为自然"，这两者能否被当作非二元性的事实？

正如哈根斯和齐默尔曼在整体生态学中探究的那样，在文化层级观点中，人类可以从多种层级的角度去理解与自然界的关系，从而使复杂性得以提升，例如以下三种（Esbjörn-Hargend and Zimmerman, 2009，pp195-214）：

1 共享（Communion）（在自然界中以及与自然界产生的共享的身体经验，是生理/躯体或身体之间的关系层面）。

2 共同体（Community）（在共同的信仰、价值观和世界观下，所产生的场所体验以及与大自然的各种关系）。

3 联合体（Commonwealth）（共有世界观中的情感层面，是在精神上与大自然的关联）。

以上的整体性原则涉及众多基础层面，在实际运用上不太方便。虽然在各种观点和世界观中，存在着无数种文化联系自然界的方式，但却有一种方式或者关系以一个设计基础问题的形式反复在我脑中出现。

设计如何关联人与自然界？

体验设计环境的是个体，这个问题的答案取决于个体如何通过设计体验与自然界的联系。然而，这种体验和解释由个体的感知所获得并定义，它受该个体所处的文化语境的影响。当一组个体体验同一个环境或同一个世界观下关于与自然界关系的设计时，那么他们就有可能产生对这句话的共同理解。这个理解可能会被补充进原先存在的世界观中，也可能成为变革、发展和新理解的开端。

设计如何关联人与自然界？在我所持有的发展观中，相关的知识与论据表明，生态系统思维及其价值观属于层级 4 的整体层面。但无论如何还不是人类发展的最高层级，因此，有必要让相当一部人口发展到他们可以进行生态思维并采取行动的认知与价值观层级。本书中的发展观也基于这样一个命运，即临时的高层级体验会诱发和发展永久性的层级。因此，我提出三个通过设计来联系人与自然界的首要意图：

1 通过设计来应对所有关于自然界的世界观发展层级：这为每个人提供了与所处的环境建立有意义的关系的可能性。每个层级的世界观在序列中都有其恰当的位置。

2 通过设计来给予与自然界关系中的突破性状态体验：这使我们得以从更高的层面瞥见并"获得"自然界。马斯洛发现，高峰体验对意识的重组具有深远的意义和影响。这里的高峰体验指的是我们在高于人的普通意识的层级中对世界的感受。

3 通过设计去启发和显示当地文化中关于自然界的主导世界观的下一层级：这为改变影响个体体验和看法的文化背景提供了可能。一个人的文化背景越高，个人观念的转变就越容易。

通过设计来关联人与自然界的五个主要意图

考虑到上述通过设计去关联自然界的总体意图，我们不妨来看下五个不同层级的世界观中，如何通过设计去关联自然界。尽管每个层级都可能有多个意图，且每个意图都可能以不同的方式在不止一个层级中体现出来。我还是试图以下面这样一种方式来表达这些意图，以此代表特定世界观中主导性或普遍性意图的范围。表 19.5 对此进行了总结。

1　传统主义：自然界作为一种原始力量和结构，与人类产生关联。自然界是完美的象征，是神圣的创造，是地球上的天堂。设计能使人们直接运用各种感官来进行体验的环境。在大自然的节奏和欢乐中感受和谐、目的、平衡、完善和美，感受天籁之音。

2　现代主义：自然界作为资源和服务，与人类产生关联。自然界蕴藏了大量人类所需的丰富资源，设计能以理性透明的方式，通过各种感官歌颂和赞誉大自然的环境。其中涌流着阳光、风、水、能量、食物和材料等各种资源，并提供大自然能提供的授粉、净化等生态服务。

3　后现代主义：自然作为共同体，与人类产生关联。自然是我们与其他物种、全人类以及地球本身的伟大共同体之间的连接关系。我们与生命之网共享一个地球。设计能以亲土和亲生物的方式，促进我们对动植物与自然群落的关爱、保护与情感联结的环境，为人们合理地分配自然资源以及承担风险而设计。

4　整体主义：将人与自然作为复杂的生命系统关联起来。在宏大的视角钜阵中，自然具有多重含义。作为生物域中的现象，它是一个整体、嵌套、全子、开放的系统呈现，其中人类和非人类潜在的生命过程以复杂有机的方式奔涌流动。设计能以多种方式揭示人类生态系统的网状结构、动态模式以及活力互动的环境。

5　超个人主义：将人与自然作为通向精神统一体的路径关联起来。自然也是精神居所在世界中的显现，如同其在人类中的显现一样。设计能促成人们体验与自然现象的融合、与自然世界的爱与光以及与所有生命的合一的环境，为此提供背景与机会。

迄今为止，我们涉及了：

（1）在当代世界观的每一个层级中，五个关于自然界的隐喻的体现；

（2）通过设计来联系人与自然界的三个总体意图；

（3）各个世界观中，通过设计来联系人与自然界的主要意图。

表 19.5 对此作出了总结：

表 19.5　设计出与自然界的关系：层级、隐喻与意图

层级： 复杂性层级	隐喻： 自然界作为……	意图： 使人类与作为……的自然界发生关联
层级 5：超个人的	宏大的自我展现	通向精神统一通道
层级 4：整体的	宏大的视角矩阵	复杂生命系统
层级 3：后现代的	宏大的生命之网	共同体
层级 2：现代的	宏大的生物域	资源与服务
层级 1：传统的	宏大的原始花园	原始力量与结构

十条联系自然界的律令

通过各种律令、规则、方法以及实践探索，世界得以展现在我们面前。这些方法和规则将我们对世界的感知架构起来，也从根本上反映了我们的世界观。本书中，我们正在用整体主义的观点进行着探讨和实践，同时不断扩展世界观的范畴。整体主义设计师在设计时需要考虑这个范畴，在其中挑选合适的观点和要素，并将其运用到项目之中。在此，我想从每个层级中列举一些规则作为解释和说明。以下是十条律令（每个层级列举两条）。这些律令涉及一些永恒性主题，并体现着各个层级中对自然界的一般看法。正如本书中绝大多数的记述，这些律令是以事实和学术理论为依据的。它们可以被看作建立在已有言论之上的一种假设，并且依赖研究和测验来断定其正确性。

传统：以原始力量和结构的方式与自然界相关联

1　为人类的习惯性活动设计符合自然节奏的空间：当我们的生活植根于动态变化又循环往复的自然模式中时，人类的舒适与快乐就会得到滋养，并从中获得丰富的意义。因此，要通过设计将人类的栖居模式与社会性习俗，以及永恒、循环的空间节奏关联起来。

2　体验产生关系，关系产生意义：人类所共享的对自然界的体验与认知，正是我们对大自然的关怀与价值观得以产生的先决条件。人类设计的环境，不仅是共享的居住空间，也蕴含着共同的价值观和意义，像美食家描述味蕾体验那样来描述我们对自然力量的感受吧。

现代：以资源和服务的方式与自然界相关联

3 材料的使用依循其自然本质与来源：我们实际上是被建造材料所包围的，这也是我们最直接、最切近的关于设计的体验。当我们对人类赖以生存的资源的认知，从习以为常的工具与建筑表皮回到矿山、树木、土壤与采石场，意识到正是在这里它们开始进入宏大的设计体系，并如此这般得以呈现时，我们就与自然发生了关联。

4 轻度介入，表达丰盛：大自然既是富饶的又是有限的；它是富饶的，因为它提供了我们所有的物质需求，然而各种资源却由于消耗和污染，正在走向枯竭。显然，大自然在供给我们材料与过程的同时，也有着脆弱而敏感的特性，当我们通过设计隐喻式地认识到这种伦理特性时，我们就与自然发生了关联。

后现代：以共同体的方式与自然界相关联

5 让场地与"我们所有的关系"共存：当谈及其他的物种以及自然群落时，印第安人常用"我的所有关系"来代指。在任何共同体中，其他成员兴旺存活的权利都必须受到保护。要认识到人类居所的设计也是一个为其他物种创造栖息地的机会，让我们在建筑内、建筑中、建筑周围以及建筑之上创造与保存多样化的栖息地。

6 运用自然界的隐喻力量：我们与自然界关联的意义，可以从环境设计模式所呈现的隐喻中窥见一二。当我们的居所能与神话、起源、原型以及各种阐释自然界本质和人类本质的故事发生相互作用时，我们便与自然界发生了关联。

整体：以复杂生命系统的方式与自然界相关联

7 在宏大的秩序中探寻设计秩序：整体层级可持续设计的宏大架构整合了文化与自然秩序，两者相互贯穿，作为一种潜在结构的深刻反映，通过众多相异的视角得以显现。当可持续发展的秩序通过其几何规律、模式和有组织的反馈呈现出来，并反应出自然界的形式也遵循同样的秩序时，我们便与自然发生了关联。

8 体现栖居生命系统的生态过程。

我们围绕自身所构建的世界，从结构上说是一种存在的媒介，体现着隐性的知识与信仰。当自然界的"流"通过设计的形式被组织起来，变得可见、可感、可示意与显现，并成为一种文化的表达时，我们就与自然发生了关联。由此，我们也在这样的认知中，对自身作为有意识的成员参与其中进行了确认。

超个人：以通向精神统一的方式与自然界相关联

9　用美点燃炽热的火焰：或许没有什么比对人类灵魂的美产生共鸣，产生深刻而真实的审美反应更能获得自我扩展的体验了。如果说由我们的至爱所激发的深沉的爱，是让我们得以洞察终极实相慈悲之爱的途径，那么美就是这样一种通道，让我们了解这个世界所存有的秩序，在本质上即是精神的统一行动。由此，当我们在设计中感受到赋万物以生机的整体意识时，我们就与自然发生了关联。

10　创造静默的机会：对美真实而清晰的感知，是一种必须通过人的内在发展才能获得与培育的艺术。在"静默"之地，我们的内在自我才能变得熟悉；经由沉思、反思、冥想，内在状态的意识才能升起。我们通过自我感知到"自我"（Self），我们也可以在万物中、在建筑中、在所有的自然界中认识到同样的"自我"（Self）。当设计将这样的回溯深植人心的时候，我们就与自然发生了关联。

注释

1　有关此内容进一步的讨论，参见 Zimmerman(2009)。

参考文献

Crowe, Norman (1995) *Nature and the idea of a Man-Made World,* MIT Press, Cambridge, MA.

Dilard,Annie (1982) *Teaching a Stone to Talk: Expeditions and Encounters*, Harper Collins, New York.

Emerson, Ralph Waldo (1883) 'Nature', in Atkinson, Brooks (ed) (2000) *The Essential Writings of Ralph Waldo Emerson*, Random House, New York.

Esbjörn-Hargens, Sean and Zimmerman, Michael (2009) *Integral Ecology: Uniting Multiple Perspectives on the Natural World*, Shambhala, Boston.

Hendrich, Sarah (2009) Commentary on *Machine in the Garden*, available at sarahherdrich.

Integral Ecology Center.

Leopold, Aldo (1970 [1949]) 'The land ethic', *A Sand County Almanac: With essays on Conservation from Round River*, Ballatine Books, New York.

Light, Andrew (1995) 'From Classical to Urban Wilderness, *The Trumpeter, Journal of Ecosophy*, vol 12, no 1, pp19-21.

Meisner, Mark S. (1995) 'Metaphors of nature, old vinegar in new bottles?', *The Trumpeter, Journal of Ecosophy*, vol 12, no 1, pp11-18 .

Merriam-Webster Online Dictionary (2009).

Muktananda, Paramahamsa (1990) 'The natural state of meditation, questions and answers with Baba Muktananda', *Darshan, In the Company of Saints*, Theme issue: Nature, The Face of God, no 36, pp42-49.

Wilber, Ken (2000b) *Sex, Ecology, and Spirituality: The Spirit of Evolution*, 2nd revised edition, Shambhala,

Boston.

Wilber, Ken (2000d) *The Marriage of Sense and Soul, One Taste, The Collected Works, vol 8, Shambhala, Boston.*

Zimmerman, Michael (2003) 'A contest between transpersonal ecologies', essay, published online 'Integral world: exploring theories of everything', available at www.integral-world.net/zimmerman4.html; also available from University of Colorado, Center for Humanities and the Arts at www.colorado.edu/ArtsSciences/CHA/profiles/zimmer-man.html.

Zimmerman, Michael (2009) 'Interiority regained: Integral ecology and environmental ethics', in Swearer, Donald K. (ed.) *Ecology and the Environment: Perspectives from the Humanities*, Harvard University Press, Cambridge, MA.

20　与传统自然界相关联的设计

律令 1：为人类的习惯性活动设计符合自然节奏的空间

当我们的生活植根于动态变化又循环往复的自然模式中时，人类的舒适与快乐就会得到滋养，并从中获得丰富的意义。通过设计将人类的栖居模式与社会性习俗，以及永恒、循环的空间节奏关联起来。

> 当生活中的习惯性活动与自然界的节奏相
> 适应时，我们就与自然以及其中生发出的
> 意义关联在一起了。

人类一直在循环往复的习惯性活动中构建他们的生活，其中一些是日常的，一些是季节性的，还有一些发生在假期和节日这种特定的日子。这些循环事件发生的场地呈现出某些象征性的含义：如楼梯是活动区之间的连接；门廊是用以区分和标识不同区域的界标；家用餐桌意味着家庭之间的交流。同样地，当生活、家庭、社区、工作和公民生活等领域中的仪式活动与自然界的节奏相适应时，我们就与自然以及其中生发出的意义关联在一起了。将人与自然相关联，意味着将人类日常生活中有意义的事件与太阳、光、风、雨水和动植物等自然界的事件模式关联起来。

拉尔夫·诺尔斯（Ralph Knowles）在他的《仪式之家》（*Ritual House*）一书中描述了由常见的空调系统和电灯系统所主导的孤立的机械化建筑，缺失了与自然界的关联：

过于依赖机械的建筑，违背了作为一种自我表达形式的适应性惯例。这既
不是空间与事件模式中刻意设计的结果，也不是其中偶然出现的混乱。相反，

此种建筑所对应的节奏韵律太过于简单和连续，以至于无法抓住我们的注意力或挑战我们的想象力。

（Knowles，2006）

从这些言论中，我们可以读出一种回到那逝去的，前现代、前工业时期建筑的呼声。那个时期的建筑在发展其惯用策略时都把气候和空间利用作为必要的考虑因素。诺尔斯认为，其结果是："一种具有深厚历史积淀的状态，是生态平衡、个人选择与创造力的结合。"通过比当代建筑更紧密地契合自然界节奏，我们获得了"舒适和愉悦"，与"某个场所相连接，也为我们的生活增添了意义"。诺尔斯一直以来都在加州大学洛杉矶分校（UCLA）致力于研究自然界力量、节奏及形式之间的关系。他将城市、建筑与自然界节奏之间的关联归结为以下几个策略：迁徙、新陈代谢、转化和周期性习俗惯例。

当各种室内外以及其间的气候体验有利于迁移时，我们就与自然界发生了关联。

策略：根据日夜和季节的周期性更替，为人类在不同空间和场地之间的适应性提供迁徙的可能

迁徙包括游牧民的游居，他们在冬夏的住宅间来回迁徙。夏季，他们会去低洼凉爽的地面或随着太阳移动而产生的房屋阴影下。在普韦布洛（Pueblo）文化中，干旱气候下的人们在夏季的夜晚会睡在屋顶上，炎热的白天便只在屋内活动。冬季则颠倒过来，白天他们会在阳台享受阳光，而寒冷的夜晚他们就睡在屋内[1]。

在前工业时代的建筑中，没有复杂的机械条件或照明设施，空间通常不具有具体用途，居住者会将活动安排在条件最合适的空间里。换句话说，功能很少局限在固定的空间中。光线强度和温度在整个建筑中并不均衡。迁徙其实是一种设计策略，在大量和丰富的迁徙经历中，日光和气流条件，太阳直射和折射，晴朗的和阴暗的，有风的和平静的，受庇护的和露天的，这些都会成为影响设计的变量。因此，人们的迁徙和搬运行为都无可避免地与气候的更替有着直接关联。然而，按照现代环境调控技术所搭建出的统一空间则常常无视这种关联。（详见图20.1）

当设计创造出室内气候的空间模式时，我们就与自然界发生了关联。

策略：将建筑物的新陈代谢以建筑热力空间的方式呈现出来

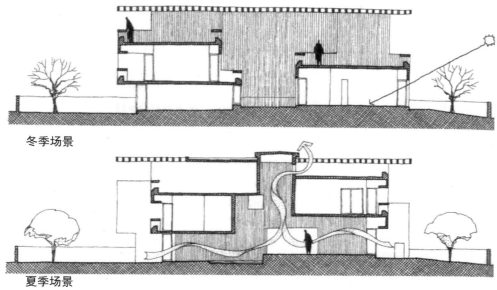

冬季场景

夏季场景

Parekh House, Ahmedabad, India, Charles Correa

图 20.1
迁徙，帕雷克的居所（Parekh House），艾哈迈达巴德，印度，建筑师：查尔斯·柯里亚
查尔斯·柯里亚设计了两个相互平行的部分，每个部分适用于不同的季节，并由此来辅助和完成日常或季节性的迁徙。"冬季区"针对的是整个寒冬以及夏天的夜晚，它建造在东边的高地上，所以可以吸收早上温暖的阳光。如图所示，它的屋顶阳台设置在了半遮光亭架的下方。"夏季区"则提供了一个度过炎热天气的静居空间，它被设置于建筑的中部，位于冬季部分和服务核之间，通过这样来使其最小程度地暴露于外界之中，而它的高度用来产生热压通风。

　　新陈代谢指的是将燃料转化为有用的能量的过程，这条定论同时适用于人和机器。我们在冬天需要热力资源，在夏天则需要转移和减少热量来维持建筑的动态平衡。房屋的居住者可以建立起与这些维持新陈代谢平衡的资源之间的关系，例如壁炉和柴炉，它们都具有热力场的特质，即空气温度和辐射温度的模式，这些在一个房间或整套房屋中是有差别的。火炉、灶台、壁炉、炉边，都是热力来源，它们能吸引人们聚集于此，创造出一种社交活动的节奏周期。

相似地，在夏天，前工业时期建筑的门廊被居住者作为尽可能通风和散热的通道。就像一个人在冬天时拉紧胳膊，抱紧自己来保存体温；在夏天打开胳膊，让它们尽量远离身体来最大程度地散发热量。所以建筑内空间的使用可以季节性地收缩和扩大，是上述新陈代谢的表现，也是对自然界节奏的回应。

当热力空间有变化时，舒适条件便会有很大的差异，而人类的代谢活动也通常对应季节性的时刻表来进行。比如冬夏的工作时刻表可能会有所不同——夏天我们会趁炎热的下午前完成工作，而冬天我们会因为日照时间较短而缩短我们的工作时间。我们的设计也需依据热量的变化来进行，例如，我们日常及季节性的穿着更替。如在迈阿密、休斯顿或新奥尔良那种炎热或凉爽的气候较为集中的地方，一个商人也许可以一年四季只穿一身羊毛三件套装。虽然存在这种情况，但我们最好还是更多地去与自然界相关联，通过设计使个体能够有节奏地调整自己的穿着，从而更大范围地获得舒适感。

从本质上来说，机械系统可以创造一个季节性差异很小的环境，而一栋建筑越是依赖它，就越是标准化和大众化（这种情况下，热力空间是"全白"且不被检测到的），也越会使我们丧失与自然界节奏间的联系。而我们越多地创造现场的热力燃烧或整合那些分散的热力来源，就越能够和热源以及控制整个生命系统的气候循环产生联系。正如我们可以设计环境灯光以及更为强烈的工作灯光那样，同样也可以设计某个小范围的环境温度以及人们所处地点的"工作温度"。

当设计鼓励人们与建筑元素相互作用来应对条件变化时，我们就与自然界发生了关联。

策略：通过动态适应的转换性设计，回应不断变化的外在环境

建筑可以针对热力、太阳、雨水等作出相应的回应与转换，可以针对日常性或季节性的变化作出调整。由此也产生了更多有关居住的循环性模式。随着时间的积累，这些模式渐渐成为一种惯例，并逐渐获得了意义。这些转换的例子包括可移动的季节性遮光装置、百叶窗、落叶性植被、用以连接或隔绝外界热环境的开合通风、遮阳篷和窗帘（白天打开用来采光和赏景、夜晚关闭用来营造私密空间、冬天用来调节日照的设备等）。我们可以调节建筑的某些要素来控制和平衡东西朝向的采光、采景和受热。建筑往往有半天需要极大地依靠窗户进行调节，另外半天则完全不需要窗户的存在。在某些建筑中，整面墙都被覆盖或裸露，或者可在户外条件适宜时打开并消失。

当开放性的转变发生时，我们便意识并参与到自然界的节奏中去了。建筑的转化限制或扩展了我们的空间感、视野，以及我们在室内外之间视觉、听觉和热力上的联系。克里斯蒂安·诺伯格-舒尔茨（Christian Norberg-Schultz）定义和归纳了建筑外壳所充当的、与环境力量有关的四种角色：联系者、过滤器、屏障和开关（Norberg-Schultz，1965）。建筑的转换大多涉及开关，但在条件之间切换时，我们与邻居、花园、天空和居住景观的关系也被改变了。一个开口可以是一种通道或屏障。开关可以部分使用，也可以被当作筛子或过滤器，例如在许多因素的组合中纳入一种环境力量（微风和微光），而排除另一种（太阳和强光）。通过在建筑的转换中充分地与各个要素互动，我们获得了对自然界节奏的微妙感知，而这在那些固定的、密封的建筑中几乎不可能做到，机械在其中包揽了所有的适应性需求。

当设计被用来支持特定空间中人类的习惯性活动，使自然节奏的动态显而易见时，我们就与自然关联起来了。

策略：为遵循自然节奏的人类日常或季节的习惯性活动而设计

这里的"习惯性活动"是指我们用来构建生活的重复事件，它们往往被设定在某个特定的时间地点之中。这些习惯性活动对人类来说十分重要，已经成为生命里的"自然"现象了。

> 建筑的空间模式构成是一种媒介，通过它，
> 人类与自然事件得以连接、关联、呈现，
> 并被赋予了意义。

在阳台享受清晨的咖啡，天气寒冷时则转而去室内就餐……在南方正午的阳光下享用午餐，在色彩斑斓的微光下享用晚餐……日照时间短的冬季在黑暗中上下班；日照时间长的夏季，娱乐、晚餐和睡觉的时间则会随之延迟……门廊外的家具摆设会在适宜的季节里摆放出去，当秋天结束时又收拾起来……布料的运用也随着季节的循环而变化：羊毛和厚重的被褥在夏天会被亚麻和轻薄的棉制品所替代，而当炎热的天气结束时，又从阁楼中把它们拿出并充斥着整个屋子……春季大扫除……为冬休而翻耕花园，开始播种，在早春时节种植豌豆……游泳和乘雪橇……暑天的休假和冬季的室内劳动……为上学置办衣服……开始一个新学期……

上述这些乃至更多，不论神圣还是世俗，都是体现自然界节奏兴衰和流动的生命仪式。与自然界相连接，就是将那些看似寻常无奇，实则充满意义的、固定在某个空间中具有辨识性，且显现在我们生活中的习俗惯例和仪式连接起来。建筑的空间模式构成是一种媒介，通过它，人类与自然事件得以连接、关联、呈现，并被赋予了意义。

律令 2：体验产生关系，关系产生意义

人类所共享的对自然界的体验和认知，正是我们对大自然的关怀和价值观得以产生的先决条件。人类设计的环境，不仅是共享的居住空间，也蕴含着共同的价值观和意义，像美食家描述味蕾体验那样来描述我们对自然力量的感受吧。

> 是否那些为了在自然界中创造愉悦感而进行的设计，才是可持续设计的关键呢？

形成关系的前提条件是能够辨识。比如你想与一个人建立关系，首先要能将他和其他人区分开，并且表明他对你来说意味着什么。人与自然界也是同理，想要与自然界产生关联，就需要先体验自然界。在现代世界，自然界对我们来说，就是一个"在远处"的"他者"。而本书认为自然界始终以某种形式存在，并遍及整个空间。从自然界及建筑中的自然力量，到由建筑带来的、对于自然界的外部体验，再到建筑与自然界之间相融合的各种景观（花园、公园、广场和其他的设计景观），这些都是通过设计来体验自然界的渠道。设计师可以创造一个体验自然或者隐藏自然的建筑。通过体验，我们得以获得感知；通过感知，我们得以建立关系；通过关系的建立，我们发展出关怀、关心、慈悲和爱。在这些关系的基础上我们又发展出伦理，号召我们用行动来支持那些我们所关切的事物（详见图 20.2）。

从最深层和最根本的层面来说，与自然界连接的设计，意味着设计出有关自然界的丰富、愉悦的感官体验。在维特鲁威提出的建筑三原则（Vitrnvian triad）中，可持续设计的首要原则是实用，其次是坚固，很少和愉悦有关。然而愉悦的确是人类在这个超负荷、资源有限需要可持续设计的星球上创造坚固实用的设计的动力。所以，是否那些为了在自然界中创造愉悦感而进行的设计，才是可持续设计的关键呢？

图 20.2

体验产生意义：青莲院（Shoren-in Temple），京都（kyoto），日本，c1185

青莲院供奉着代表光与火的炽盛光佛，是展示一年中光之变化的绝佳场所。每年秋天和春天，这里都有夜灯秀，各种庭院和花园内循环亮灯，展现出不断变化的光与环境的美妙景致。通过内部和外部的可移动隔断，与自然界的联系得以增强，人们获得了梦寐以求的最大程度接近户外的体验。例如，在屋檐下享受下午茶时光，而冥想课程则在环绕着冥想石的花园平台上进行。

策略：栖居的三种界域：地下、地表、天空

  天堂、大地和地下世界是传统宇宙秩序的原型，至今仍深植于我们的心灵之中。对于地下空间而言，只要有来自上方的光，现代人就可以欣赏到其内部聚焦的世界。人类所居住的水平展开的中层空间则可以远眺风景，也可以享有从高处俯瞰的上帝视角并加以整合。每一种都揭示了自然的不同层面，可以在人类体验中利用和放大。拥有垂直结构的森林在每一层级都有不同的微观群落：树根、地洞和下面有生命的土壤、地面居民和林下叶层中的物种，以及从昆虫到猛禽的树冠层生命。地下室与树屋、地面与阳台、酒窖与屋顶天台——想想从这些不同的位置看过去世界的呈现是如何不同，以及如何在垂直维度上协调这些体验，以丰富与自然的关联？（见图 20.3）

图 20.3
三种界域，特特尔·克里克居所（Turtle Creek House），得克萨斯达拉斯（Dallas，Texas），1993，安托万·普瑞（Antoine Predock）
"树木的剧院"这栋住屋是为了满足业主赏鸟的狂热爱好而设计的。它与自然中的多个位置点有关，例如植被覆盖着的石灰岩阶梯所包围的洞穴状入口（上图）。地面上的阶梯朝向茂密的森林，并向上延伸，通往具有多重观测高度的架桥（下页，上图）。中央的"天空坡道"开辟了一条通往树冠区域的通道（下页，下图）。封闭的屋顶露台勾勒出天空的景色。

当设计放大环境状态间的差异和自然进程的两极化时，我们就与自然界发生了关联。

策略：为体验对比而设计

对比是强化人类设计体验的最有力的工具之一，可以说它构成了建筑体验的基础。当我们营造出两种不同的空间或同一空间中两种不同的体验，并体现出它们两者间的转化或者界限时，感受和体验就被引发了出来。在对不同的体验都有意识之后，我们便可以着手构建工作蓝图来规划体验过程中所涉及的范围。由此，我们在感受各种自然力量的同时，也通过体验的对比和差异来感受自然界的不断变化。

在《好住宅》一书中，马克斯·雅各布森、默里·西尔弗斯坦和芭芭拉·温斯洛利用对比作为设计工具，并在书中对其含义进行了深入的探索：

> 好住宅中充满着各种对比——颜色、高度、开放度、温度、坚固度、封闭性、私秘性的对比，以及各种感知和测量维度中的对比。
>
> 好住宅会同时具有多种对比性要素，例如温暖和凉爽、高和低、黑暗和明亮、巨大和微小等。
>
> （Jacobson et al., 1990）

对比性要素通过过渡性要素连接起来，比如门廊和凉廊就在室内与室外之间创造了过渡。从场地到细节，每一种尺度都可以设计出对比元素。雅各布森等人定义了对比的几种不同类别，每一种都在告诉人们如何通过设计去关联自然界：

· 内部与外部，以及"二者之间"或"内—外"的过渡，定义了一系列基本条件以及与自然的关系。在更深层面，根深蒂固的传统观点认为自然是"外部"的。身处内部，我们有限与受控的关系就有了一个受保护的庇护所。处于"二者之间"，我们可以同时获得两种状态下的对比性体验。而处于外部，则是一种沉浸的状态。

· 暴露与庇护，以及它们之间的过渡与缓和，可以利用阳光、微风、雨水、气温、光线、湿度、声音、隐私性和安全性来加以调节。"海洋牧场"（Sea Ranch），MLTW（Moore/Lyndon/Turnbull/Whitaker）同时具有一系列暴露和庇护的不同状态，在内部，有阳光充足并且防风的庭院，在外部有暴露和开放的，被风浪冲刷的空地；装有温暖壁炉和低矮天花板的"内—内"空间，"空间中的空间"以及一些附属延伸的透明阳光窗结构，让人可以尽享无限阳光和美景并产生出强烈的天际之间的边缘感（详见图24.2）。

·上与下，正如我们在上文中所探讨的，是起主要作用的位置点。当地坪标高随坡度地形变化，而不是将其夷为平地来打造整齐划一的楼层或简单的平层停车场时，上与下的移动就将我们与大地关联起来了。

·光明与黑暗、有与无、秩序与神秘，同样不仅适用于空间的构成条件，也会影响和提示我们对自然界力量与结构的认识。

当设计使我们在自然界中获得愉悦丰富的感官体验时，我们就与自然界发生了关联。

图 20.4

感官交响曲：国王路居所，鲁道夫·辛德勒（Rudolph Schindler），洛杉矶，加利福尼亚州，1922

虽然它的表达方式很现代，但它与自然关联的态度更像日本的传统主义理念。住屋的空间包括两对夫妇的私人空间以及室内外共享的公共空间。住屋周围是墙体围合而成的花园，所有的体验和关系在这个小小的自然界范围中不断孕育和丰富。策略包括屋顶帐篷；藤蔓覆盖了睡眠凉亭；通过滑动门和障子状的（日本房屋用的纸糊木框）墙体直接联系在一起的内部和外部；中间区域由延伸的地板和悬垂的屋顶组成……"这个住屋将内部和外部环境相互融合在一起，颠覆了早期现代主义认为自然必须被固定和围合的理念。"（Steele，2005）

策略：谱写出感官汇集的交响乐章

依照人们一贯的思路，由机械和科技组成的建筑会减少我们对这个世界的感官体验，使感觉平面化。但无论我们的想法多么后现代，建筑科技本质上仍然是现代的，大多数建筑都受到这种科技的影响，呈现出统一的特点：被净化的"新鲜"空气，恒定的温度，受控制且不被察觉的空气流动，阻隔了清晨鸟儿鸣叫和夜晚昆虫低吟的隔音屏障。

在《肌肤之眼》（*The Eyes of the Skin*）这本书中，尤哈尼·帕拉斯马（Juhani Pallasmaa）在考虑了我们如何与自然相关联这一整体问题的背景下，构建了感官体验的框架。

> 当一个人的各种感官充分交互调动起来时，他的感受就会变得越发真实和清晰。人造领域中的建筑是对自然界的拓展和延伸，是我们用以感知和体验的场地，也为我们提供了体验的视野，借此我们可以学习如何理解这个世界。
>
> （Pallasmaa，2005）

在《建筑的热快感》（*Thermal Delight in Architecture*）（Lisa Heschong，1979）一书中，作者丽莎·赫斯崇（Lisa Heschong）纳入了关于"美食家的热体验"的事例。在《阴翳礼赞》（*In Praise of Shadows*）中，谷崎润一郎强调了我们体验黑暗和阴影的意义（Tanazaki，1977）。"高度齐腰的花架设计"是源自《建筑模式语言》的一种设计模式，它会使人们在走进屋子的刹那间强烈感受到突出的花架之上花的气息（Alexander et al.，1977）。这些作家和设计者们在探讨一种介于身体、感官、想象力和设计环境之间的更具深远意义的联系。自然界中令人愉悦的体验构成了一首华丽的交响乐，使我们的感官受到感染与鼓舞，这也许就是我们联系自然界的最快途径。从某种意义上来说，自然界就是我们在某个特定层级中能察觉、感知和欣赏的对象。

注释

1　参考迁徙作为一种设计策略：布朗和德凯（Brown and Dekay，2001）。

参考文献

Alexander, Christopher, Ishikawa, Sara and Silvestein, Murray (1977) *A Pattern Language: Towns, Buildings, Construction*, Oxford University Press, New York.
Brown, G. Z. and Dekay, Mark (2001) *Sun, Wind, & Light: Architectural Design Strategies*, 2nd edition, John

Wiley, New York.

Heschong, Lisa (1979) *Thermal Delight in Architecture*, MIT Press, Cambridge, MA.

Jacobson, Max; Silverstein, Murray and Winslow, Barbara (1990) *The Good House: Contrast as a Design Tool,* Taunton Press, Newton, CT.

Knowles, Ralph (2006) *Ritual House: Drawing on Nature's Rhythms for Architecture and Urban Design*, Island Press, Washington, DC.

Norberg-Schultz, Christian (1965) *Intentions in Architecture*, MIT Press, Cambridge，MA.

Pallasmaa, Juhani (2005) *The Eyes of the Skin: Architecture and the Senses, John Wiley*, Hoboken, Nj.

Steele, James (2005) *Ecological Architecture: A Critical History*, Thames and Hudson, London.

Tanazaki, Junichiro (1977) *In Praise of Shadows*, Leete's Island Books, New Haven, CT.

21　与现代自然界相关联的设计

律令 3：材料的使用依循其自然本质与来源

我们实际上是被建筑材料所包围的，建筑材料是我们最直观、最切近的关于设计的体验。当我们对人类赖以生存的资源的认识，从习以为常的工具与建筑表皮回到矿山、树木、土壤与采石场，意识到正是在这里它们开始进入宏大的设计体系，并如此这般得以呈现时，我们就与自然相关联了。

> 在设计中，如何应用材料取决于我们如何从材料的角度去看待自然，这也形成了我们与自然相关联的方式。

在设计中对于材料的选择、塑形、装配和组合，都是能影响居住者与自然界、建筑与场地之间关系的重要因素。如果说自然界对我们有什么意义的话，那就是它的真实性。它就是它，没有伪装或诡计。石头、树、水獭都是"本真的"；一个人也可以以同样安静的方式"真实对待自己"或"真实对待自己的天性"。在设计中，如何应用材料取决于我们如何从材料的角度去看待自然，这也形成了我们与自然相关联的方式。正如迈克尔·本尼迪克特（Michael Bendikt）在《为真实的建筑》（*For an Architecture of Reality*）一书中所说的那样：

图 21.1

源于自然的材料：曲劳·古格伦（Truog Gugalun）居所（House Truog Gugalun），韦尔萨姆（Versam），瑞士

建筑师：彼得·卒姆托（Peter Zumthor）

在对现有的 17 世纪木屋进行扩建时，卒姆托设计了一个新的毗邻结构，利用外部做的木工墙面，将房顶进行无缝连接，将新旧两部分都覆盖在其下，通过保持原材料的色系，以及揭示两个结构相连接的过程，卒姆托表达了蕴含在木结构中的特点。此外，通过新与旧的并置，时间在木结构上留下的风化效应也得以显现和强调。

我们如何认识一个物体的物质性，很大一部分取决于我们如何认识它在自然界中的起源，以及它的生产或加工程序。

（Bendikt，1987）

当设计区分出材料的来源、形状、本质和短暂性时，我们就与自然界关联起来了。

策略：在"自然"的状态下利用材料，以便能显示出材料的本质与来源

木头显示纹理、石头展现脉络、红色多孔的砖显示其源于黏土。这常常意味着以一种传递原料感官品质（包括触觉和视觉）的方式使用它们。

策略：用一种能真实传达材料本质属性的方式来使用材料

用塑料饰面模仿石头，或用乙烯基模仿木地板或护墙板，都会给人以空洞和虚假的质感。因此，要使用那些能看出其本质的材料，避免使用那些无法辨识、不能直观感知或不能呈现其本质属性的材料。

策略：尽可能地揭示出材料的塑形和加工过程

石膏中泥刀的痕迹、石雕中的凿痕、砌石墙上灰泥板的痕迹、碎片拼合时的接缝等都是很好的例子。

策略：通过将材料的使用与材料的形式相匹配，进一步拓展材料的真实感

厚厚的、粗面的、包裹着钢或混凝土柱的合成隔热仿砖石包裹层就是一个反面例子。饰面砖只是用来做装饰而不是承重砌体。门楣是可见而非隐藏的。承压材料的各种造型（拱顶、拱、圆顶、扶壁）也不是由高强度材料制作的。从另一方面来讲，结构性材料可以用可视化的方式来展现其材质属性和强大的承载作用。

策略：为磨损与风化而设计

可见的风化作用可以被视为积极的设计元素，它使人们将风化作为一个强大的自然现象而加以认识。它还能提供一种时间感，并在耐久性与自然界力量之间展示出一种永恒的张力。我们认为建筑有时具有固定和永恒的概念，但事实是，所有的形式都取决于过程

的偶然展现。而且全部建筑形式除非有外界的能量输入，否则都会走向一种混沌状态的消解之中，只有人们的关心和重视才能使其秩序得以维持。我们通过塑造和组织自然来进行设计，而后，自然又重塑我们的设计形式。正是这些岁月斑驳的风化材料中显示出来的自然界的作为，以及我们经常性的维护行为，使我们与自然界以某种方式保持着联系。而那些"永久性"材料，如乙烯基壁板、铝合金窗框和全玻璃表皮则是把这一切都抹除了。建筑物最终状态的不确定性，不断的变化，反映了自然界多变的性质。

律令 4：轻度介入，表达丰盛

自然界既是富饶的又是有限的，它是富饶的，因为它提供了我们所有的物质需求，然而各种资源却由于消耗和污染，正在慢慢枯竭。显然，大自然在供给我们材料与过程的同时，也有着脆弱而敏感的特性，当我们通过设计隐喻式地认识到这种伦理特性时，我们就与自然界发生了关联。

甘地说："生活简单，以便让他人可以简单生活"，这主要是指与他人的关系。对于甘地而言，这也涉及一种伦理立场，包括对私有物采取极简主义的态度，以及出于对所有生物的尊重而提倡素食主义。现代建筑尤其具有极简主义的传统。密斯·范德罗（Mies Vander Rehe），当然以此名言著称："少即是多"，它也鼓舞了一代人。在现代层级中，自然被定义为自然资源；环境问题则被理解为资源枯竭和生活污染。与自然相关联意味着减少对自然界的伤害，使用较少的材料，更多地采取回收利用和减少有毒物的排放。

> 设计所体现出来的资源节约即是对自然界有限属性的尊重。

当设计呈现出必需品必要的减少时，我们就与自然界发生了关联。

策略：让资源节约的设计明确可见

极简主义可以理解为本质主义，因为它将一件事物简化为其必需的特征或服务于特定的目的。这与整体主义者将现代主义者批评为还原论不一样，他们的意思是还原需要抽象，我断言正是这种高度的抽象，抽取掉了一件事物某些必要的特征，使其不再完整。本质还原旨在去除不必要的部分，只留下人类高品质生活所需的内容，而其诡异之处就在于当我们将复杂的现实生活简化为实际的图表时，往往会无意识地去除其中同样重要的内容。效能的真实性或纯粹主义的本质，可以被理解为一种潜在的资源节约伦理（ethic of conservation）的表达。既要在形式和材料上保持简单，同时又要保持场地、用途、意义与精神的复杂性，这就要求人们在生活中要有对地球及其资源有限性的充分认识（图21.2）。

图 21.2
可见的资源节约，巴拉甘居所（Barragan House），墨西哥城，墨西哥，1947—1948，建筑师：路易斯·巴拉甘（Luis Barragan）。
建筑师路易斯·巴拉甘的作品以简洁、本质、不加装饰的形式将"纯粹"的材料在空间中加以运用，很好地传达了一种使节约设计可见的设计方法。巴拉甘的建筑空间形式只有几个主要元素，正因如此，这种空间体验感大为增强，所以光线、颜色和质地变得更加重要。

图 21.3
"生活之家"样品房，圣莫尼卡，2006，建筑师：雷·卡皮

在这一思路中，可持续建筑的策略包括：

·有智慧地减少或消除对建筑物的需求；

·巧妙地规划，以更高效和更小型的规划来满足同样的需求；

·用开放的平面消除墙壁，给人以更大空间的感觉；

·只使用少量的材料；

·高效利用材料，用最少的材料达成最好的效果。

生活之家公司（Living Homes Company）运用现代美学，通过在"非分层"结构中最大限度地减少材料，关注可见的自然与可循环材料，呈现了一种可持续的审美观（图21.3），建筑师雷·卡皮（Ray Kappe）将这种忠于结构、忠于材料本性的设计称为可持续设计（图21.3）。

> 我所有的作品都表达了结构的诚实性和材料的诚实性。所有的材料都表达
> 了它原本的样子而不会去掩盖什么。这将创建一个走向可持续发展的更好的态
> 度，因为你可以用更少的材料去解决更多的问题。

> （Kappe，2009）

当设计表达出建筑及其部件的可回收、再利用、适应性、生物降解性和生命周期时，我们就与自然界发生了关联。

策略：赞美自然界的丰盛供给

建筑设计中对效能的重视意味着我们对有限资源的管理，与之相反的是，通过设计将自然界可再生过程中的富足感体现出来。不可再生资源是有限的，除非永远停留在可回收、可再利用的技术-工业生态系统中，否则随着时间的推移它们将逐渐枯竭。

本质上，任何面临持续和指数级增长的有限系统都会很快达到它的极限，即"增长的极限"（Meadows et al., 2004）。一些批评家相信，可以用技术来寻找替代资源，或是利用其他能替代枯竭材料的富足资源来合成新材料。这种相信科学和市场的结合可以产生环境解决方案的信念是部分正确的，但风险极大。

> **任何将人与自然界相关联的策略，其要点之一就是使之可见或以某种方式呈现出来。**

从另一方面来讲，可再生资源是可以生长和再生的，但其生长再生的速度是受到当地条件以及植物遗传学的影响的。生物学对于材料的可再生过程既有驱动作用也有限制作用，同样，太阳在能源可再生的过程中也扮演着这两种角色。所以，事实是，现在情况一方面变得更糟（我们正在耗尽有限的资源），另一方面，情况也在得到改善，因为我们开发出了更多的可再生资源。设计所体现出的资源节约即是对自然界有限属性的尊重。实质上，无论是可再生能源还是不可再生资源都是有限的，这一事实要求设计师们要尽可能减少消耗。而体现自然界丰富性的设计则彰显出了自然界材料循环产生出的无限潜能。

在一定程度上，当一个场所让我们意识到材料和建造方法本身就是物质可再生路径的一部分时，我们就与自然界，这个富饶的供应者之间发生了物理上和生物上的关联。任何联系人与自然界的策略，其要点之一就是使之可见或以某种方式呈现出来。很多可持续设计是不可见的：比如地面能源热泵。相反，为了触发心理上的认知，无论是通过智力还是情感，都要追求一种富有显示性的建筑。对体现丰富性的设计，可能的策略包括：

· 用细节来表达拆解、连接、元素和紧固件；

· 把持久、坚固、耐用的元素和系统与不耐用、循环周期快的元素区分开来，以表达出材料的生物循环特性；

· 关注与人类有密切联系和接触的元素，如门、扶手、窗框和窗台、工作台和家具，在材料上表达出它们的生物特性；

· 使用落叶类的植物，例如将之用于遮阳，以强调它们的循环性和材料的自然语境。

当设计以一种与视觉资源共存的方式，在生活景观中为一系列丰富的视觉关系与视角提供机会时，我们就与自然发生了关联。

策略：用好视觉资源，轻度介入

> 在现代层级中，人们与世界的关系主要是一种视觉关系，对现代人而言，自然界既是窗外所见，也是远处所见。

在现代的自然观中，自然界的目的和功能主要是（但又不完全是）等同于人类的公共设施。能源和材料如此，公园和景观中的生命秩序之美也是如此。当我们通过节约资源与充分循环来提供物质支持时，自然作为视觉资源则是为我们提供心理支持。因此，自然作为视觉资源，其使用的方式也与消耗和维持相关。一座建筑可以宣称对一个山脊的所有权，为了满足个人需求最大限度地收集资源。它也可以建在山脊下平缓的山坡上，建在场地中条件最差的地方，或是建在有待修复的棕地上。在现代层级中，人与世界的关系主要是一种视觉关系。

这些视觉关系可以是室内的，或是室外的；是封闭的，或是开放的；是庭院中的，或是远景中的。自然作为视觉资源既可以是建筑中看到的风景，也可以是一种更大的视觉景观，而建筑在其中为之增色或减损。对现代人而言，自然既是窗外之所见，也是远处所见的将建筑及其自然环境都囊括在内的风景。理查德·迈耶的道格拉斯住宅（图21.4）即是一个现代层级的例子，就内部而言它关联着自然（从室内向外看的视角）而从外部来看，它则是与自然相割裂（被忽略的视角，除非从飞机或轮船上将建筑与其环境一起观看）。这一住宅，就外部视角的体现来看，几乎在每个层面都是与自然相对立的，正如迈耶对他设计意图的阐述：

图 21.4
道格拉斯的住宅（Douglas House），哈伯斯普林斯市（Harbor Springs），密歇根州，1973，建筑师：理查德·迈耶（Richard Meier）

图 21.5
松树林小屋，梅特豪山谷（Methow Valley），华盛顿，1999，建筑师：卡特勒·安德森（Cutler Anderson）

　　临水的山坡如此陡峭，仿佛房子是掉落在这个地方似的，像一个机器制造的物件出现在了自然世界，白色的房子与自然界蓝绿色的水域、树林和天空呈现出戏剧性的对话，使得房子不仅尽显自身的存在，而且通过对比也提升了它所处的自然环境的美。

（Meier，1976，P87）

将迈耶的表达方式与同样是现代层级的大视野的表达相比较，卡特勒·安德森（Cutler Andersan）的松树林中小屋（图21.5）则体现了对视觉资源完全不同的理解。设计旨在"捕捉风景"，更小规格的窗框、与窗外的树有着更多的表达和更密切的视觉联系。这一建筑的规模、选址以及最小程度的树木砍伐，使得它与自然界建立了更为密切的视觉关联。

参考文献

Benedikt, Michael (1987) *For an Architecture of Reality*, Lumen Books, New York.

Kappe, Ray (2009) from re: Source Netork films, 'The first LivingHome and its Sustainable Approach with Steve Glenn and Ray Kappee'.

Meadows, Donella; Randers,Jorgen and Meadows, Dennis (2004) *The Limits to Growth: The 30-year Update* Chelsea Green Pub, White River Junction, VT.

Meier, Richard (1976) *Richard Meier, Architect*, Oxford University Press, New York.

22　与后现代自然界相关联的设计

律令5：让场地与"我们所有的关系"共存

当谈及其他的物种以及自然群落时，印第安人常用"我们所有的关系"来代指。
在任何群落中，其他成员兴旺存活的权利都必须受到保护。要认识到人类居所的
设计也是一个为其他物种创造栖息地的机会，让我们在建筑内、建筑中、建筑周
围以及建筑之上创造与保存多样化的栖息地。

在我们的复杂性层级中，后现代是第三个层级。在传统层级中，我们探讨的是以一
种原始的、永恒的方式来联系自然界，那就是关联自然的节奏韵律，以及强调对自然界力
量的直接体验。这种对自然界的理解在当代意识中是被压制的（这是超越而不包含的结
果），这一点，大多数人在日常生活中并没有意识到。我们还考察了在现代层级中与自然
界的关联，即资源效益的表达，与可循环的富足资源的关系以及一种由内向外的观看方
式。直到最近，后一种观点，即将自然界作为所见之景，是大多数通过设计关联自然界的
人们最常见的理解。今天，发达国家中的大部分人已经达到了后现代层级的意识水平。

在21世纪初期，当我们说："我觉得与自然界相关联"时，我们通常是从后现代层
级去理解自然界的。在这个层级中，自然界是生命之网，是其他物种的栖息地，也是人类
的家园与社区，人类从根本上是自然界的一部分，而现代生活却使我们与之分离。

如果说自然界是我们的家园和社区，如果说它包含了其他拥有权利的物种和生命系
统，那么我们如何设计才能与它发生关联呢？

设计把自然界视为共同体，通过设计作品，我们可以：

· 相互尊重和相互关联地居住在同一个空间中；

· 发展互惠互利的社会关系；

·为他人提供获得生命、自由和幸福的机会。

所有这些我们都可以与自然界共同拥有。当设计创造出多元的物种文化时，当设计联合其他物种来满足我们的需求时，当聚落模式和栖息结构协调一致时，我们便与自然界发生了关联。

当设计区域成为栖息地时，我们就与自然界发生了关联。

策略：在生活环境中与其他物种共存

> 边界的角色由分隔物、屏障逐渐扩展成了关联者。

当生命有机体成为人类生活环境中元素与边界的一部分时，我们便与自然界有了隐喻性的关联：草地或草原可以当作屋顶，悬崖、山坡或峡谷可以作为墙壁。作为区分内部与外部的原型边界，也是区分人类居所与自然界的边界，建筑物的边缘十分重要。通过增厚、分层、改变透明度以及相关交织等方式，建筑物的边缘会扩展为边缘区域，因而这些边界限定内的各种关系会变得更加紧密相关，不分彼此。由于这些"过渡区域"中配置了植物，也吸引了动物，因此边界的角色也就由原来的分隔物、屏障而逐渐扩展成了自然界的关联者，不同的物种在其间共同居住，相互毗邻。（图22.1）

图 22.1
屋顶作为栖息地：布朗塞尔 - 沙普尔斯居所 （Brunsell-Sharples House），海洋牧场，加利福利亚州，奥比·G. 鲍曼（Obie G. Bowman），2005
自然界作为一个综合生态系统在鲍曼的海洋牧场项目中得以充分展示。在这里，广阔的绿色屋顶悄然地融入了周围的景观，从而使得房屋从环境的破坏者转变为生态的贡献者。

当设计通过促进我们彼此互惠的活动，指向我们的生态过程与关系时，我们就与自然界发生了关联。

策略：创建与其他物种的功能性联盟（例如遮阳藤等）

> 无论低科技还是高科技的生物技术和生物工程，都能替代机器。

在所有的共同体中都有相互依存的关系。卡普拉在一篇关于"生态和共同体"的文章里提到：

> 例如，一个生态共同体的成员也会为彼此提供庇护。鸟类在树上筑巢、跳蚤在狗身上做窝、细菌附着于植物的根部。庇护所是另一类重要的相互依存关系。
>
> （Capra，n.d.a）

共同体是由其成员之间的关系来定义的，无论是家庭、邻里还是我们与自然界的关系。

在园林中，我们对植物生长的各种条件进行管理，例如提供水、阳光、施肥除草等，我们的设计可以给其他物种提供茁壮成长的机会。同时，我们也从万物中得到各种各样的好处：阳台上玫瑰的芬芳，屋前小径上长满的罗勒，从写字台窗口望去，波光粼粼的河水，以及远处宁静的森林；或者，如果我们聚焦于生态关系上，我们会感谢树木藤蔓提供的树荫，绿化防风林的保护，可食用景观的水果以及人工湿地的净化作用。在许多方面，无论低科技还是高科技的生物技术和生物工程，都可以替代机器。这样做的过程中，我们的世界就会变得越来越多样化，成为一个多元融入的共同体。

当设计与场地的栖息地模式以及环境尺度相呼应时，我们就与自然界发生了关联。

策略：在多重尺度下整合栖息地结构

在另一篇文章《生态素养：下个世纪教育的挑战》中，卡普拉描述了可持续的社区：

> 在一个可持续的社区中，其可持续的不是经济增长、发展、市场占有率或竞争优势，而是我们长期依存的生命网络。换句话说，可持续社区是以这样一

种设计方式来维持运作的：即它的生活方式、商业、经济、物理结构和技术都不会干扰自然界维持生命的固有属性。

（Capra，n.d.a）

在这里，整个关系网络的可持续性才是最重要的。我们可以说，"不要问自然界可以为你做些什么，而是你可以为自然界做些什么"。我们认为，设计师可以通过激活了结构元素的设计让我们与自然界连接起来，如建筑物边缘生物体，以及为了人们的需要，用看得见的方式与自然系统建立联盟。除此以外，"自然界作为整个相互关联的系统"，需要一个可供物种和生态系统生存的空间结构。栖息地具有复杂的需求，如果过于分散就会失败，其复杂性也会下降（图22.2）。

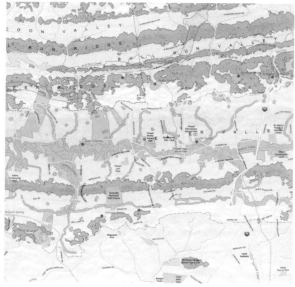

图22.2
栖息地和主要保护区的环境结构，比弗溪流域绿色基础设施平面图，诺克斯郡，田纳西州，2006
部分流域显示：阴影区域代表了最适合保护斜坡、森林、水资源、农田和一系列野生动物栖息地的土地。白色区域代表的是对景观网络结构进行开发时，影响最低的区域。
来源：Mark Dekay and Tracy MoirMcClean，2006

在很多乡村地区，这可能表现为场地中不太敏感的部分聚集，而其他区域则避免修建建筑物，以保护该地区视觉、文化或生态方面的本来特征。景观生态学研究的是空间结构和生态过程之间的关系。它告诉我们，每个物种对其栖息地都会有独特的空间要求，特定栖息地的几何空间结构将决定不同物种的存亡。栖息地结构，比如森林景观中的斑块与廊道这样的模式，呈现出网络结构。景观中不同的网络结构模式将影响我们对以下这几个关系的认知：建筑如何适应场地，场地如何适应邻里，邻里如何适应其所处的流域等。在我生活的田纳西州的山脊和山谷，那里是一个森林覆盖的山脊和山坡的模式，狭长的谷底，溪流静静流淌，四处分布的河岸植被，一条条支流沿着山谷的小径在山脊间穿行。这种模式在山谷间重复出现，也呈现出碎片化、越来越小规模的特征，周围的建筑物、道路和城镇，有的是在加强和支持人们与这种模式的关联，而有的却因为其不佳的选址，或是景观基础设施布局的碎片化而阻碍这种关联。

律令 6：运用自然界的隐喻力量

我们与自然界相关联的意义，可以从环境中设计模式所呈现出的隐喻中窥见一二。当我们的居所能与神话、起源、原型以及各种阐释自然界本质和人类本质的故事发生相互作用时，我们便与自然界发生了关联。

后现代观点是基于阐释学之上的。现代建筑立足于实用主义观点，它所探索的是设计究竟能做些什么。在后现代图景中，从文化角度来看，世间万物既是阐释学的潜在文本，也承载了对各种价值观的认知，这些认知会通过其持有者的意图，或是背景文化中约定俗成的理解，反映在设计作品中。

后现代思潮的复兴是非理性的，而非理性又区分了前理性和后理性。前理性是神奇的、充满神话色彩的，在很大程度上是传统的权威主义价值观。由于后现代倾向于摒弃现代主义的理性观，因此，后现代性则属于后理性主义。从发展视角来看，后理性是超理性的，而不只是非理性的。从后现代的观点来看，后理性是一个发展阶段，只有在整体层级的意识层面上，才能完整地建立起后理性主义。后理性，在其完整的架构中，既包含了后现代的认知，也包含并超越了理性认知。

> 我们所设计出的居住环境影响了我们对设计的理解。

总的来说，21 世纪，这种隐喻思维的后现代观点，以及属于非理性的自然界的隐喻，都会面临同样的困境——浪漫主义的迷茫。正如在 19 世纪，浪漫主义应对更为早期的工业现代性时出现的情形。威尔伯将前理性与后理性的困惑称为"前–超个人谬误"（pre-trans fallacy）。这就意味着只是将非理性简化为一种误读的后理性。这个观点与自然界相关联之处在于：一旦隐喻思维之门打开了，我们将进入交流、思考和阐释的非理性模式。隐喻可以指向发展的任何阶段。现代性往往抑制隐喻思维（尽管也有很多关于隐喻的有意识建构的例子）。如果设计师们能利用隐喻思维的力量将人与自然界进行关联，那么他们可能会意识到，在创造自然界的隐喻时会存在多种层级的可能性，即有传统的、现代的、后现代的、整体的和超个人的自然界。

　　将设计想象为一种自然界的隐喻，这种隐喻将我们带入了一种自然界的前现代观点中，这样的设计并没有错，它只是存在局限。所以后现代生态浪漫的可贵在于，它们帮助我们重塑了那些被现代性否认的传统的尊严："自然界作为原始力量和结构""自然界是神圣的创造""自然界是原始花园"等。然而，尽管这是一个意义重大的重塑，也会存在着某种倒退的痕迹。考虑到这样一种可能性：设计中的隐喻思维可以超越神话阶段。让我们假设一下：在摒弃其糟粕的和不可行的某些部分后，合理的后现代思想是能够涵盖超越传统与现代思想的。因此，我们应该认识到隐喻在各个发展层级的关联性和阐释性。

　　从后现代层级来看，隐喻植根于设计，这也体现在以下这三个通过隐喻来联系人与自然界的策略中。从后现代层级的完整性来看，在传统、现代、后现代等不同层级中，对于自然界的隐喻理解都是可视的和可认知的。除了以下这三个层级所列出的三种隐喻，自然界的隐喻在每个层级还有无穷的解读方式，而且，在后现代层级之上，也还能找到多种文化和意识的层级。整体和超个人层级同样有它们自己的隐喻，这我们已经介绍过了。

　　当设计能表达出我们对于自然界的认知，并将我们置身于这种与自然界的认知关系中时，我们便与自然界发生了关联。

策略：设计包含神话、原型的自然界（传统层级）

　　·自然界作为生命进化的条件：当我们内在的与生俱来的人类特质被设计原型激活时，便会与自然界产生共鸣。

　　·自然界作为感性显现的信仰：设计通过仪式以及对仪式的支持，将自然界以神话阐释的方式体现出来，自然界就是我们所仪式化的对象。[1]

·自然界作为经由美所感受到的完美：自然界是完美的秩序，这是我们对设计所呈现出的美，从情感和审美上给予回应之后能体验到的。

策略：设计揭示自然界的内在秩序（现代层级）

·自然界作为内植的起源（形式之力量的）：自然界是间接地包含于我们所认知的造物之中的。

·自然界作为居住的智性模型（科学的）：自然界是一种理论抽象，这是我们的逻辑认知对设计所提供的经验证据进行推理演绎后的产物。

·自然界作为可感知的交互作用（自然之力量的）：通过采取与自然界的力量相回应或相互作用的方式来呈现出自然界。

策略：设计向人类展现出多重自然界与环境（后现代层级）

·自然界作为辩证的差异性（设计师）：自然界是一个建构出的命题，即形式是可以令人信服地加以论证的。

·自然界作为栖居的领地：自然界作为人类栖居的更大圈层，是通过设计回应超出设计范畴的更大模式，并为此做出贡献而为人所知的。

·自然界作为参与的过程：自然界是能量、信息和物质流动的完形，通过形式与自然过程之间的相互作用而为人所知。

> 设计可以成为一个建成的、嵌入式的文化语境，而我们则生活在这种语境中。

这些隐喻给我们展示了通过设计来描绘自然界的不同方式。换句话说，我们制造事物的方式传达了我们对自然界的认知。我们不只是在语言上创造出关于自然界的隐喻，设计本身就是一种隐喻，并且可以帮助我们思索有关自然界本质的隐喻性语言（图22.3和图22.4）。例如，我们看到一个有序的结构框架，我们只知道这是因重力的秩序所导致的，是自然界的一种渗透作用，我们常常看不到重力本身。而我们对其的认识，仅来源于我们所居住的建筑形式对自然界力量和模式的一种回应。建筑结构本身并不具备重力，但我们却可以在结构中看到重力和它的特点。从隐喻的角度来看，重力是一种有秩序、有规律、无处不在又向下拉拽的力量，正是这种力量形成了我们的结构。同样，自然界就是一个规则系统，管理着整个宇宙。怎样通过设计中的形式和秩序来阐释自然界，这只是其中的一个例子。

图 22.3

隐喻的力量：维特里克博物馆（Vitlycke Museum），塔努姆（Tanum），瑞典，1997；建筑师：卡尔·奈伦 （Carl Nyren）

博物馆将人们引向包含了大量古代石刻的区域。它们的形式有现代的，也有史前的，体现在房屋、谷仓和青铜时代的船只上。在建筑物的中心，有天窗与天空连接起来，而建筑物的边缘地带则连接到周围的景观。树形的柱子、铜吊顶就像古代的灯，走廊上有云状的光线反射器。它"展现出一种不可捉摸的神秘感，已经超出了科学、理性和自觉意识的范畴"（Coates，2007）。关于这个例子的更多详情以及卡尔·奈伦的其他作品，请参看加里·科茨（Gary Coates）写的《卡尔·奈伦的建筑》（*The Architecture of Carl Nyren*）（2007）。

图 22.4
花园酒店（Hotus Conclusus），圣·尤尔根（St Juergen）中心医院，不莱梅（Bremen），德国，1992
这是一个关于自然界的文化对话，我们在其中生活并得到了疗愈：在这个拥用 1500 张床位的医院社区中，"封闭的花园"是由一面厚厚的、已使用的、可渗透的"墙"所构成的，这个大规模的"墙"就是其中宽阔的凉廊。它既是在城市中的绿洲，也是郊区的替代性空间模式。通过拆除多余的房屋，重新设置停车场，医院中心的场地成为一个宽敞、独立的小公园，独享一份平静。

    可持续设计，除了在提高性能和适应自然界系统环境方面的重要意义，它在我们当代世界中还扮演着另外一个重要角色。设计能为我们与自然界之间的情感关联搭建桥梁；它能为我们呈现与之关联、为之劳心的事物；它能给我们讲述如何根据自然界来进行设计的故事。设计可以成为一个建成的、嵌入式的文化语境，而我们则生活在这种语境中。设计能帮助我们超越当前的认知，它将生态系统看作我们的群落；它可以积极地展现出自然的过程、生态系统的原则和有组织的秩序，还能推测出进化的轨迹。

    这就是整体可持续设计的新一代的任务。

注释

1 这些比喻来自拉文（Lavine，2001），在第 4 章中曾讨论过。

参考文献

Brown, G.Z. and DeKay, Mark (2001) *Sun, Wind & Light: Architectural Design Strategies*, 2nd edition, John Wiley & Sons, New York.

Capra, Fritjof (n.d.a) 'Ecology and Community', Center for Ecoliteracy, Berkeley, CA.

Capra, Fritjof (n.d.b) 'Ecoliteracy, the challenge for education in the next century', Center for Ecoliteracy, Berkeley, CA.

Coates, Gary J. (2007) *The Architecture of Carl Nyrén*, Arkitektur Förlag, Stockholm.

Lavin, Lance (2001) *Mechanics and Meaning in Architecture*, University of Minnesota Press, Minneapolis, MN.

23 与整体自然界相关联的设计

律令7：在宏大的秩序中探寻设计秩序

整体层级可持续的宏大架构整合了文化与自然秩序，两者相互贯穿，作为一种潜在结构的深刻反映，通过众多相异的视角得以显现。当可持续发展的秩序通过其几何规律、模式和有组织的反馈呈现出来，并反映出自然界的形式也遵循同样的秩序时，我们便与自然界发生了关联。

从传统层级来看，设计是依靠几何学这一普世的神圣秩序来进行可视化表述的。当提到与自然界的秩序发生关联时，通常采用从人体、夜空或是世上其他事物的运行规律中所获得的几何秩序来进行设计。上帝、人类、自然界以及建筑物都是一个和谐系统的组成部分，这一发现在波斯得到了最充分的体现：

自然界在创造其生命形式时，常常展现出一种颇具含义的对某些特定比例关系的偏爱。这些（特殊比例）便是源于神圣几何学的超凡几何关系。在传统领域里，几何与算数（数字）、音律和天文一起并称为毕达哥拉斯的四大学科。传统几何学关乎于空间布局的象征意义。传统视角中，如三角形、正方形、各种正多边形、螺旋形以及圆形这样的几何形式，都与传统数字一样被视为整体的多重维度的体现。

波斯的建筑往往强调美感，通过神圣几何学的方法度量宇宙的比例，并将其映射到建筑的维度中去。

（Hejaz，2005）

几何理论中，许多相似主题的表达都通过古典建筑呈现出来，其中不乏天体之乐①（Music of the Spheres）、黄金分割、正多面体、中世纪数字象征主义、维特鲁威人，以及阿尔贝蒂和帕拉第奥的比例系统等概念。

现代主义排斥大多数前现代主义观点中（Pre-Modern）中所指的全宇宙处于神圣和谐的观念，尤其在宗教方面。现代建筑吸取笛卡尔的几何学观点，再加上透视法的提出，将观察者与被观察者置于理性的空间坐标系中来分析。20世纪的许多建筑就被视作由"点线面"抽象简化而成的一种极简几何（Reductive Geometry），是简单的几何体与面的结合。尼科斯·塞林格（Nikos Salingaros）批评道：

> 对抽象化这一基本手法的应用不当，导致了恶劣的错误，并且无法创造出叫人满意的人居环境，而满意的人居环境正是建筑与构筑艺术核心的目的所在。

他对比了"更具复杂性、更积极同几何发生联系"的前现代建筑。塞林格表明大多数现代形式语言太过简单，而无法适应于对"大量相关联的自然结构"的表达。（Mehaffy and Salingaros, 2006）

当设计拥有某种几何结构特性，并且这种特性所体现出的秩序，在自然界中有迹可循时，我们就与自然界发生了关联。

策略：运用自然界的几何学来设计

> 自然界的几何学是生态设计的一种重要组织原则。
>
> （Sim van der Ryn）

建筑史的本质部分及其沿袭下来的常规惯例，无非是出于对世间秩序的探寻。其结论许多都关乎对自然界秩序进行理解，并将其用于建筑表达。如果早期现代主义思想将自然界视为一种发条装置或机器，进而认为其秩序应从机械学的抽象原理中寻得。那么与此

---

① 译者注：毕达哥拉斯学派提出了一种基于几何学的古老哲学中的统一协调概念，最早阐释了乐理中的音高取决于弦长比例，和谐音的间隔频率形成简单的数字比率等论述。柏拉图也以此为出发点并基于感官认知，描述了天文与音律应是姊妹学科，因为无论是天文对于眼睛，抑或音乐对于耳朵，皆需数字比例的知识才能真正理解。

同时，科学也确实揭示了一些新的认识：把自然界结构看作具有连通性的网络。梅哈菲和塞林格再次指出（Mehaffy and Salingaros）：

> 连通性是针对（经典几何学中没有表示的）不规则碎片形结构、迭代进程以及突现特质[2]等进行全新几何洞察的成果。自然界与生物结构是由许多体量各异的元素，历经复杂相互作用而成……有机体、无意识的人造物以及人类历史上伟大的建筑作品都是碎片化的、复杂的，并且它们的内在联系达到一个不可思议的程度。

> 这些结构展示出许多自然界结构的关联特性……

（Mehaffy and Salingaros，2006）

尽管自然界的结构形式常被有机建筑师效仿和表达，但自然界几何学却是过程间相互协调而呈现出的一种构造（强调"过程"）。如果一味滥用外在形式，而没有去关联自然界导致这种形式的潜在过程，就必然无法领会自然界更为深层的结构。那些单单看上去像自然界事物的设计，并不会像自然界事物本身那样带给我们感受，而只是种象征。自然界的结构可以被认为是生态结构，例如植物、动物、矿物质等的空间分布。但是人类怎么来感知和解读生态结构呢？如果我们有意进行关联自然界的设计，那可视的几何特质和自然界中的生命之间，究竟存在着怎样的联系？

克里斯托夫·亚历山大在《秩序的本质》中定义了"十五种基本特质"，它是通过自然界的例子呈现出的结构特质，以及由高层次的生命和整体而设计出的事物（表23.1）。其结论基于每天两到三小时，并且持续了长达二十年之久的严谨观察。每一条结论都围绕一个核心概念而言，这些核心概念整合到一起，便形成了整体。这些中心是"空间中的组织区域"，作为一种"空间的中心现象"，而空间则是更广大整体领域中的一种实体存在。从厨房水槽构成厨房中心的方式来看，当水槽作为一个单一独立的客体或（自成）"整体"时，它并不需要考虑厨房里的其他物件。但当它作为一个"中心"，则意味着它与（厨房里的）其他成分有了行为与关联。这个"中心"可以这样理解：

> 它是制作精良的物品、房屋或场所的一种结构特性，这些物品、房屋或场所指的是各种几何的或是居住的聚集点。比如引人注目的装饰风格、造型别致的窗、风格独特的建筑入口、精心选址的住宅、充满活力的商业中心、生气勃勃的街道，或是有爱的邻里社区。

在亚历山大的模型中，人类感知的更大整体来自更高密度的中心，以及特定可识别的客观组织。秩序的每种形式都在某种程度上具有"生命"的概念，这种概念是比生物学中的生命更为基础的现实，并且在所有事物中都有一定程度的呈现。

亚历山大观点的提出，辨明了人与自然界两重生命系统的 15 条特质，并且同样的特质都能从自然界以及人类那些承载了宏大性和整体性的建筑物中发现。这是继神圣几何学原则以来，第一次在几何结构系统上提供了大概认知，它以可视的且对人类具有重大实验意义的方法，将设计与自然界相关联。自然界是整体的表象。而设计则是一种人类在创造整体营造上的一种尝试。

表 23.1　亚历山大关于生命结构的 15 种基本特质

1	尺度层级（Levels of Scale）是强中心（Strong Center）发展壮大的一种方式，部分出于其包含的小强中心，部分出于其所在的大强中心。
2	强中心群（Strong Centers）定义了单个强中心，需要由其他中心所营造出的类场效应（Field-like Effect）来作为自身强度的基本来源。
3	边界（Boundaries）由聚集环绕于第一中心的较小中心组成，中心的类场效应则是因这种环状中心的生成而得到加强。边界还会集结边界之外的中心，以此壮大自身。
4	交替重复（Alternating Repetition）是指中心群通过重复的方式得到强化，由重复中心间的其他中心相互穿插来实现。
5	积极空间（Positive Space）是指一个给定中心必须部分地从空间中其他即时靠近的中心吸取强度。
6	良形（Good Shape）用于描述，一个给定中心的强度由其实际形态而界定，并且空间作用的方式甚至依赖于这种形态、边界及其周边组成强中心的空间。
7	局部对称性（Local Synmetries）是指一个特定中心包含处于局部对称组团中的小中心群，其强度随这些小中心群的范围和程度而增加。
8	深度关联与不确定性（Deep interlock and ambiguity）给定中心依附临近强中心群以此强化自身，而这些强中心群难以辨明其归属，含混的同属于两个中心。
9	对比（contrast）是指一个中心因其特征与其附属中心特征之间差异度的鲜明性来实现自身强化。
10	梯度特性（Gradients）是指一个中心通过一系列尺寸各异的渐变中心群来得到强化，进而指向一个新的中心，并使场效应得到加强。
11	糙度特性（Roughness）是指一个给定中心的场效应要得到强化，就有必要从其他临近中心的不规则尺寸、外形和分布上汲取能量。

12	效仿特性（Echoes）是指一个中心的强度依赖于角度与方向的相似性，以及中心系统形成的特征性角度，由此，在其包含的中心中形成更大的中心。
13	空位（the Void）是指中心的强度取决于静止场（Still Place），即场域内某处空中心的存在。
14	简洁性与内部平静（Simplicity and inner calm）表达了中心强度取决于其简洁性，即削减该中心内部其余中心的数量，继而增加其强度，以实现增加权重的目的。
15	不可剥离（Not-separateness）性是指一个中心的生命力和强度，取决于这个中心在形成时与其他中心的融合程度，有时甚至难以区分彼此。

来源：Alexander，2001

当设计运用生态几何时，我们便与自然界发生了关联。

策略：运用生态系统几何学来设计

> 秩序和生命相互依存、相互定义。

在先前部分，我提出了通过设计的几何性，可以使得设计成为联通人与自然界的媒介。这一点有赖于潜藏在人与自然界环境下的更大秩序作为前提。尽管神圣几何学的观点在此并无大碍，但其基本假定是：万物由遵循特定和谐比例与秩序系统的方式设计而成。因此在这里我们无须回归到神圣几何学中去。我们也不用假定文化应该从自然界中吸取，或会被自然界削弱文化自身的秩序，因为这两种假定都会对可持续设计的整体观造成妨碍。

如果站在整体层级的角度，来继续关注这一现有复杂层级的论点，那么"自然界秩序"于我们而言，就成了"物理域秩序"和"生物域秩序"。即是说，它既表述了物质秩序，又表述了生物体生命的秩序。这对设计的意义在于，人类是属于生物体的（都是由物质构成），但在生物域的层面，人类又依据各种原则和组织架构去管理地球上的其他生物体，生态系统存在一个可识别的秩序，并且这一秩序能以几何形式来表达。

亚历山大认为生命是万物秩序的产物，而非将秩序的概念局限于我们日常中的可以看到的东西，以此他的"15大基本特质"又向前迈进了一步。秩序和生命相互依存、相互定义。在这样的论断中，生物学上的生命是生命的一种形式，它们处于积极的运动状态中。情况通常是，在自然界的生命系统中，几乎总是存在生命的高等形式，而在建成环境中则只能是偶尔出现。因此，无论你将自然界视为"宇宙"的概念还是"自然界"的概念，你都可以运用自然界的几何学来进行设计。亚历山大对"宇宙"有着显而易见的执着。

当设计运用丰富有效的、能整合社会和自然过程的模式语言时，我们便与自然界发生了关联。

策略：运用与形式语言相关联的模式语言，以此构成整体秩序。

亚历山大的15条基本特质是描述一种形式语言特质的开端，而今我们则可以说，这种形式语言是一种极具潜能的方式，将我们与自然界联系在一起。亚历山大和系统理论家都在运用生命系统语言。亚历山大认为生命存在于所有复杂层级的系统中，也存在于右下象限"系统视角"的社会和自然外部。他的观点反映出，并不是一种生命系统观受制于另一种系统，而是社会的、物质的、生物的与生态的，这四个系统享有着共同的、形成其生命的秩序特质。

> 设计模式是对反复出现的设计情景的一种普遍化解决方案。

很典型的是，系统思想者将生命系统寓意为社会生命系统的模型，这种生命系统常常淡化文化的观点。针对这种观点有人争论道，建筑形式应该建立在生物系统或是生态系统上。一些看上去像仿生的建筑，和遵循现有生态模式决定论的场地设计模式都是例子。有些设计并不差，而且可能是合时宜的，比如一些像生命有机体一样的建筑物，但它们都是局限的，而且只是局部的。

一种强有力的形式语言既考虑了生命和思想层级又涉及自然界和文化层级。这不仅关系到设计的形式，也关系到它的过程。一种模式语言要表达出它对事物的模式和对空间模式的认识。概括来说，模式就是各种关系的组合。更明确地说，设计模式是对反复出现的设计情景的一种普遍化解决方案。它强调，当特定的解决方案以成千上万种独特的方式呈现出来时，也就实现了真正意义上的标准。

> **一种模式语言作为一个单独的系统，可以将设计与人和自然界相连接。**

　　生命系统是由关系所组织起来的，这些关系存在于各种重复出现的环境中，并由过程来给予界定。克里斯托弗·亚历山大在《建筑模式语言》中事无巨细地论证了他的观点。这些事件的模式无论是自然的，还是社会的，总能和形式与空间的模式相一致（Alexander et al., 1977）。设计模式将人类或自然界事物模式与空间模式联系起来。这两种关联方式都存在于诸多作用力的语境之下，这些作用力形成了一种紧张的情形，而设计模式则成了解决冲突的方案。

　　模式语言指的是各种模式中的一系列关系和规则，那些构成语言的相互关联的规则与模式本身一样重要。塞林格（Salingaros）在"模式语言的结构"中，概述了形成有效的模式语言所需的相互联系的性质：

> 模式是对多种作用力的一种容纳，是对于一个问题概括性的解决方案。这种"语言"集合各种节点，形成有组织的构架。而一种松散的模式集合算不上一个系统，因为它缺乏各部分的联系性。

（Salingaros，2000）

表 23.2　在一种模式语言中各模式之间的关系

 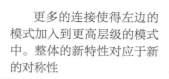 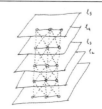

单个模式组合成六个具有附加属性的更高级模式	更多的连接使得左边的模式加入到更高层级的模式中。整体的新特性对应于新的对称性	等级化的连接展现了低层级模式如何决定高层级模式

　　他把这些总结为："如果语言本身演进到一种整合了尺度与等级的关联性结构，那么它就在正确的轨道上。"（参见表23.2）

因为形式可以被秩序化来回应自然界和人类活动的过程，所以一种模式语言作为一个单独的系统，可以将设计与人和自然界相连接。自然过程的相互作用和社会过程的相互作用往往是相互关联的。模式语言可以同时含有与自然事件和人类事件相联系的模式。在亚历山大关于模式的报告中，它们的有效性是基于个人的生命和场地模式的生命两者间的内在情感共鸣。这立即将任何外在的内在的模式联系起来，同时把系统视角和体验视角联系起来。更进一步的是，模式还把系统视角（我们在其中找到了碎片模式及它的秩序）和文化视角联系起来，我们用文化视角来阐述模式的价值和意义。大多数模式不是被单独的事物创造出来的，而是在长时间的建成文化环境中形成的。它们是被发现的，而不是被设计的，反之它们也可以被运用来设计新的东西。

> **生命系统模式既是自然系统的结构，也是人类系统的结构。**

在第 3 章中，我描述了我们在绿色视野（Green Vision）工作室，如何开始发展一种运用绿色设计模式语言的解决方式。我们以一种与人类作为自然和文化（以及物理）存在的全子体系观点相一致的方式来描述它：绿色模式为我们提供了一个可以在单独的、非二元的语言中考虑城市和自然界的方式。只要我们使用二元论的语言——自然界与文化、城市与非环境、人类对生态系统的影响、增长与保护的平衡——只要我们持有这种思维，我们就不能将它们明显的对立面融合起来。绿色模式从非此即彼的逻辑转变成两者兼得的逻辑。它注重保持和保护城市的健康、安全和福利，还有当地的本土环境；它将人类栖居地与野生动物栖居地视为一个相互关联的整体环境。这样，我们就可以创建一个城市，将我们与生机勃勃的自然环境，以及共同体中的其他人联系起来。

生命系统的模式涵盖了自然界和人类系统两者的结构。但一个模式语言要想成功地使我们与自然界相连，它就必须与一种足够复杂，因此足以表达模式语言的强劲的形式语言连接和关联起来。亚历山大的 15 种特质描述的是形式语言的几何特性，而不是形式语言本身。形式语言是形式、元素和表面的集合，以及将这些部分组合成整体的规则。古典主义和现代主义都具有形式语言。把设计抽象简化为一种形式语言，没有结合模式语言，就叫作形式主义。

塞林格（Salingaros）认为伟大的建筑作品能够而且确实产生于形式语言和模式语言的结合。"形式语言包含的信息越丰富，建筑物在人类居住环境中的适应性就越强。"

（Salingaros，2000）同样地，这一道理也适用于形式语言适应自然环境的本质。模式语言将空间模式的适应性编码成以下几种模式：

1 人的运动与活动；

2 人在空间中的感知、情感和感觉；

3 物理、生物和生态过程。

模式语言并不支配形式语言，正如本章和前几章中许多不同的例子所显示的那样。

当设计由形式语言和模式语言共同组成，从而将自然模式表达为人类居住模式的子结构时，我们便与自然界取得了联系。如果一种模式语言直接连接了基于自然事件和社会事件的设计模式，那么运用与这种模式语言相关的形式语言进行设计时，我们就与自然界取得了更进一步的关联。当我们栖居于这里所描述的建成环境中时，一个单独的形式、空间、生命生存和过程的系统结构就会作为我们存在于世界的背景而显示出来，那么自然界就可以真正地嵌入文化和我们的意识中。这就是在最根本的层面上与自然界相连接的意义所在。

律令8：体现栖居生命系统的生态过程。

我们围绕自身所构建的世界，从结构上说是一种存在的媒介，体现着隐性的知识与信仰。当自然界的"流"通过设计的形式被组织起来，变得可见、可感、可示意与显现，并成为一种文化的表达时，我们就与自然发生了关联。由此，我们也在这样的认知中，对自身作为有意识的成员参与其中进行了确认。

将一种形式语言与一种模式语言结合，以体现出自然界的过程与事件，我们可以在多个层级上运用这个方法。律令7，"在宏大的秩序中探寻设计秩序"，以及"运用与形式语言相关联的模式语言，以此构成整体秩序"的策略，都是整体层级的方法。然而，这一律令也可以将我们与任何层级对自然界的理解关联起来。既然存在着多种可能的模式语言，那其中一种模式可能将我们与传统自然界相关联，另一种与现代自然界相关联，还有一种与后现代自然界相关联。在整体层级，自然界是作为一种复杂的生命系统而呈现的。

在第3章中，我们看到从系统视角来看待自然时，是如何思考可持续设计的。设计可以结合当地的生态系统，并将其以生命系统的模式组织起来。然后概述了生态系统的原则，即"自然界的语言"，以及生态系统的组织模式。这个观点将自然作为了一种设计模型。我们讨论了形式和过程相互作用的生态设计的基本认知，并且以其在六种设计意识路线中的应用作为结束。然而，正如建筑机械系统中的管道系统可以被隐藏或表达一样，构成设计的生态系统也是可以被隐藏或表达的。

> 整体可持续设计师们的一个重要任务就是，通过构建出体现这种整合的栖居场所，来将这四个视角重新关联起来。

　　根据整体理论，每一个象限视角都是同时产生的。也就是说，一个象限并不依赖于另一个象限，它们之间不以因果的线形顺序而先后发生。例如，我们并不是先通过包含生态系统的环境伦理来思考（左下象限），然后再运用复杂科学的工具，发现生态系统中存在着复杂的秩序（右下象限），再发现生态美学中有一种我们可以欣赏的美（左上象限），最后再用基础科学来描述生态系统中各个成员的行为（右上象限）。事实上，这些见解和观点是相互贯穿的。然而，由于我们在社会层面还没有广泛地发展到整体意识（有证据表明，这一比例不足 10%[1]），因此我们通常很难看到在高层级的建成环境中所呈现的，四个象限视角之间的相互作用。整体可持续设计师们的一个重要任务就是，通过构建出体现这种整合的栖居场所，将这四个视角重新关联起来。由此，我们使文化的其余部分跃进到整体意识层级，而大多数设计师已经在认知层面开始操作了（在认知发展路线上）。

　　由于前整体文化中四个基本视角的碎片化，我们很难看到从文化意义上通过设计来表达生态系统的案例。约翰·莱尔呼吁设计师们"塑造形式以体现过程"。这是一个"文化视角"的律令，它要求以可见的方式表达整体层级图景中系统视角的洞见，以及其中所发现的秩序。这种表达在当代设计中非常缺乏，包括大多数所谓的可持续设计。让我们首先从从系统层面回顾一下"整体可持续设计的原则"，如第 1 章所述：

　　·在全子体系的三种层级上设计：建构一个更大的整体，创造一个整体以及组织一个更小的整体。生态设计师在嵌套式网络的多种层级上思考。

　　·以生态学为模型设计生命系统。使"流"适应于当地的可再生系统，同时也支持技术-工业的生态系统。自然的组织模式意味着垃圾等同于食物，再循环地方化，资源本地化，以及太阳能供给全部的燃料。

　　·适应特定场所的设计解决方法，将本地场所、更大的社区以及区域纳入考虑。自然系统中的结构与功能模式，总是以场地的模式为基础的，而场地的模式又是构成社会模式的环境条件。

请记住，虽然这些原则从系统视角阐述了可持续设计整体层级的观点，但他们并不能确保由此所创造的作品具有文化的影响力、重要性或意义。因为这需要的不仅是复杂的生态理性，还需要深入探寻设计如何能在人们的生活中，呈现出对人类生态系统新的理解。

当设计呈现出生态原则时，我们就与自然界发生了关联。

策略：在设计中表达全子体系秩序

在系统视角下，自然界由全子构成，系统既是整体，也是部分。每个设计要素都是更大整体中的一个部分。每个建筑物也是更大整体中的一个部分。我们可以这样来看，在一系列嵌套的规模中，全子之间都存在相互作用，以促成建立更大的全子。当建筑物成就了生态系统中更大的社会全子整体时，自然界的全子体系就可以成为人类定向的一种生命结构。

在某种意义上，自然界的生命系统对于设计而言，就是全子体系的语境，这一理念指导我们去找寻设计如何有助于构成，或是参与构成到更大的自然界模式中。在另一个意义上，表达全子体系秩序不只是对自然环境的响应，而是将人类与自然界进行整合的设计，这也是新整体、新环境的创造发明。

就设计而言，对全子体系秩序本质的理解，可参考《太阳、风与阳光》一书中提到的为策略而创设模式图的例子（Brown & Dekay, 2001）。图 23.1 展示了从材料使用到房间布局的全子体系层级框架，这些层级不断递增其秩序等级，以构成整体建筑物和更大的建筑背景乃至其所在的区域。交叉通风模式被突出显示，其相关联的连接都置于突显位置，而那些未与交叉通风相关联的模式则被弱化。

这一案例中，模式图呈现出有关气候设计的知识结构。它们体现了许多设计模式中的潜在关系。这些模式图用来帮助我们揭示设计模式间最重要的关系，并且将那些设计策略进行等级划分。总体而言，这些模式间的关系依附于一套组织原则：当图中显示模式 A 高于模式 B 时，在 A 与 B 之间就有一条连线从 A 连到 B，而下面的各项均可成立，但反之则不然。下述是多种方式用于描述同一关系：

· A 是整体，B 是部分；

· A 促进 B 或多个 B 模式的组建；

· A 包裹、包含或包括 B；

· A 是 B 的即时语境，B 嵌入 A；

· B 可独立于 A 存在，而 A 却无法独立于 B，因此，如果所有 B 被破坏，A 也就被破坏；

·A 需要 B（或是至少一个 B）才得以存在；

·A 通过 B 得到强化；

·A 是由多个 B 之间相互作用而形成的突现模式；

·A 超越并包含 B；

·A 的层级越深（拥有更多嵌套层级），旗下成员则越少。B 的数量比 A 的数量多；

·A 比 B 复杂；

·B 可以参与多个 A。

　　比如，在建造系统复杂性层级中有屋顶、墙面、地面等要素。这些要素在相邻的高层级里构成了房间，你可以拥有不构成房间的墙，但无法拥有没有墙的房间。

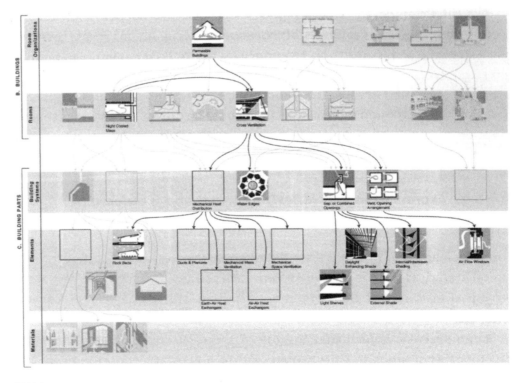

图 23.1
与交叉通风相关的设计策略草图

A 被看作一个比 B 更高级、更广泛、更深层的全子。更严格地说，它们都是个体或社会全子的加工产物，这些产物同样展示着全子的结构。尽管列表中每一条方式并不一定适用于个别模式，但以上原则仍然普遍正确。尽管还可以给出更多的联系，但我已竭力将气候设计模型中最重要的关系提炼展示出来。"全子体系"是一种系统化规则，这在亚历山大提出的几何特征与层级中也有表述。在这个案例中，尺度层级开始体现出生命系统建筑的层级。

策略：对限制或受制于生态过程的形式进行表达

该律令作为形式与过程的连接，强调了生态素养理论的重要性。以此揭示了转换、筛选、储存、收集、输送等方面的生态过程。

拉尔夫·诺尔斯曾提出，在城市中利用太阳罩（Solar Envelope）的方法作为一贯的可持续发展策略，能够为城市居民提供持续的保障。太阳罩是一种确保阳光进入的开发调控技术。这种场地的开发边界，受制于太阳在特定纬度的运行轨迹，以及社区内日光入射标准的评估结果。相较于其他常规体量模式，这种方法导致的结果是（就北半球而言），场地北侧比南侧允许更大的体量。

太阳的运行轨迹并无生态性可言，但却是为生态系统中的生命提供能量的过程。同样地，在生态语境下，可能显示出更为复杂的形式和过程关系。

> 建筑应该既不站在自然界的对立面，也不阻挠其居住者欣赏美好风景；建筑应该向居住者揭示其环境，并使他们得以在环境中生存……水、空气和阳光，这些生命体的基本元素，作为生存必需条件几乎是不可见的：所以我们面临的挑战则是使其可见、易辨、近乎可触，让它们在建筑中的任何地方都能被感知。（图 23.2）

> （Glenn Murcutt in Drew,1999）

中国四川成都的活水公园，园如其名，是一座伴有生态水域的市政公园，位于府河与南河流域——这是公元前 250 年建成的河流分流系统。公园本身是个水处理厂，它的组织结构就像鱼一样，是再生的象征（图 23.3 与图 23.4）。

> 其目的在于教育与激发，并且做得非常成功，游览者可以漫步公园各处，共享这片住区的鸟类、蜻蜓、蝴蝶等生物，也因看着一度的死水重返生机而愉悦。因为这些可视的、可理解的治理系统，让人们能清楚地看到河水日益清亮。

> （Keepers of the Waters，n.d.）

当设计表达、创造或修复现场的生态秩序时，我们就与自然界发生了关联。

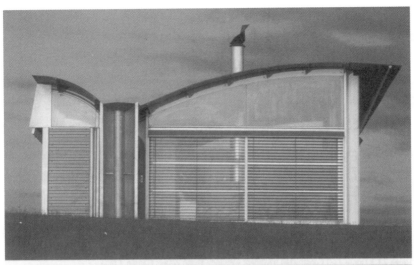

图 23.2
设计表达自然过程：麦格尼居所（Magney House），新南威尔士（NSW），澳大利亚，建筑师：格伦·马库特（Glenn Murcutt）

麦格尼居所所在处贫瘠而多风，面朝着大海，室内空间充分利用了自然界条件，阳光充足、通风良好。不对称的 V 形屋顶、超大的雨水斗和雨檐指探着地下水池，显示出这座建筑的水循环关系。可以听见雨水滴落在屋顶的声音，它们打着旋流入落水管。很深的出檐、百叶窗、面向赤道的高墙和倾斜的屋顶都表现出其对光、影、太阳和风的过程的精心契合。

图 23.3
结构化湿地治理，活水花园，中国

图 23.4
鸟瞰图：活水花园，成都，中国；贝齐·达蒙（Betsey Damon），艺术家，玛姬·拉迪克（Margie Ruddick），景观建筑师；由成都府南河综合复兴项目组兴建。

策略：表达场地的生态秩序

　　场地上的生态过程是我们有可能直接体验到的。大型景观和区域模式，则只能依靠随着时间和实践的积累，人们在体验中悄然感知，就像我们在脑海中所建构的一样。现场生态学既是全子体系的，同时也遵循着形式与过程的规律。表达现场的生态，一方面是对已有生态秩序的反映，另一方面也在构建着新的秩序。现有的生态秩序可能是坚强的，也可能脆弱的，可能是健康的，也可能是濒死的。在许多情况下，场地的生命系统都有必要被重建或更新（图23.5）。

图 23.5
提供和改善野生动物栖息地的建筑：鸟类中心，得克萨斯州项目，2004，建筑师：莱克/弗拉托
该建筑采用与鸟巢相仿的建造方式，利用可生物降解的可回收材料设计，以达到最大能效。这个项目创造了一个可作为生态旅游总部的人类栖居地，同时也通过搭建一系列与建筑结构交织一体的院落，并与室外格状的循环系统植物生长的构架，以及边缘区中受庇护的露台相连，在修复的农业用地上建立了新的鸟类栖息地。

场地的生态秩序包括人类活动。从整体层级上看，生态系统包含了人类生态系统的各个层级。人类活动与非人类的活动与过程交织在一起，在表达场地的生态系统秩序时，常常将其视为或表达为已经与自然界发生关联的人类生态系统。你无须去创造关联，因为你已经在关联之中，其结果是，你从不可能从实质上断开与自然界的关联。

同样，对生态秩序的表达需要种植、修复和清理等，尤其是在城市与工业区，但像那种栖息地碎片化，以及生态群落在复杂性与生态多样性上已经单一化、退化的郊区和农业区，也需要采取同样的措施。在一个场地上重建健康的生命系统，尽管同样是以人类的建筑和活动来占用同一片场地，但我们创造了一种全新的秩序。这一全新的生态秩序是自然界的一种创造，这并不是一个非人类的、修复的，尽可能不去碰触的"原始的"自然界，这是一种整体的自然界，栖息着人类创造力之下全新的自然产物：花园、绿顶、果林和公园，是的，还有建筑、街道与广场，共同形成 一个交织缠绕的生态模式。

注释

1 如果你查看任何关于心理发展的精密度量，从简·洛文格到克莱尔·格雷夫斯到苏珊·库克-格罗特到罗伯特·凯根再到唐·贝克，你会发现在黄色区域（早期整体阶段）的人数比例大概是 1.5%，在蓝绿色区域（晚期整体阶段）的人数比例大概是 0.5%。

[香巴拉转引肯·威尔伯（Wilber cited in Shambhalaken，n.d.）]

在来自美国广泛社会经济背景的人口复合样本中，79% 的人没有达到第四阶段（后现代/多元化阶段），这就意味着只有 21% 的人达到了自我创建或是更高的阶段，而且只有很小比例的人超越了第四阶段（整体阶段）。

[德博尔德转引罗伯特·凯根（Robert Kegan cited in Debold，2002）]

参考文献

Alexander, Christopher (2001) *The Nature of Order: An Essy on the Art of Building .and the Nature of the Universe, Book 1, The Phenomenon of Life*, CES Publishing, Berkeley, CA.
Alexander, Christopher; Ishikawa, Sara and Silverstein, Murray with Jacobson, Max; Fiksdahl-King, Ingrid and Shlomo, Angel (1977) *A Pattern Language: Towns, Buildings, Construction*, Oxford University Press, New York.
Debold, E. (2002) 'Epistemology, fourth order consciousness, and the subject-object relationship or ... How the self evolves, with Robert Kegan', *What Is Enlightenment*, issue 22 (fall-winter) .
Hejazi, Mehrdad (2005) 'Geometry in nature and Persian architecture', *Building and Environment*, vol 40, no 10, October, pp1413- 1427.
Keepers of the Waters (n.d.), 'Living Water Garden Model Project'.

Mehaffy, Michael W. and Salingaros, Nikos (2006) 'Geometical Fundamentalism', in Nikos Salingaros, *A Theory of Architecture*, Umbau-Verlag, Solingen, Germany.

Drew, Philip (1999) *Touch This Earth Lightly: Glenn Murcutt in His Own Words*, Duffy and Snellgrove, Sydney.

Salingaros, Nikos A. (2000) 'The struture of pattern languages', *Architectural Research Quarterly*, vol 4, pp149- -161.

Seamon, David (2005) 'Making better worlds: Christopher Alexander's *The Nature of Order*, Volumes 2- 4', book review, Traditional Building, October, pp186 -188.

Shambhala(n.d.) "On critics, Integral Institute, my recent writing, and other matters of little consequence:

A Shambhala interview with Ken Wilber, Part III'.

24　与超个人自然界相关联的设计

当我问学生，个人有过最为深刻经历的记忆情景时，他们几乎都会描述出由一种自然界美景带来的巅峰体验，而少有来自建筑物的体验。当我们调查人与自然界的关联时，也会即刻想到一些人类的巅峰体验。这并不是说巅峰体验是联系自然界的普遍结果，但这类报道如此普遍，以至于暗示出应该对自然界的力量引起重视。心理学家亚伯拉罕·马斯洛于 20 世纪 70 年代对巅峰体验进行了探索：

> 巅峰体验是心理健康的最佳状态，其范围涵盖了从毫无持续效应的瞬时事件，到带有生命转变后果的强烈神秘的境遇（Maslow，1962，1968）。它们往往用极度愉悦、纯理智以及同万物和谐融洽来形容，是一种对美与爱的深层感受，这种感受难以言喻。

（Davis，1999）

依据戴维斯（Davis，2004），"对巅峰体验频率与触发的调查结果显示，自然界是其最为普遍的触发器。他引用了以下四项研究的结果：

1　伍思诺（Wuthnow，1978）：82% 的普通民众都曾受到大自然界之美带来的深层触动，49% 的人感到有持续影响。

2　格里利（Greeley，1974）：45% 的普遍民众说"自然界之美"带来强烈的精神体验。

3　克鲁伊斯特（Keutzer，1978）：一个大规模的学生样本中，50% 的人认为"自然界美感"以及其他自然界相关的体验，曾导致了"强烈的精神体验"。在她的调查中，"自然界之美"是巅峰体验最频繁的触发器。

4　戴维斯（Davis，2004）：当问及描述发生在其身上的巅峰体验时，在城市高校学生样本中，78% 的人（样本容量 = 100）都给出了室外环境，或是提及了自然环境。这再一次表明，自然界是巅峰体验的最普遍环境。

从整体理论的角度来看这些巅峰体验，预示了比某一意识的普通层级更为高层级的一种状态体验。通常巅峰体验可以关联意识的更高层面，即我先前称为的"超个人层级"。高于常规状态的体验，扮演着吸引者的角色，把人们拉向一个新的意识层面，这种意识能最终成为一个固定习惯性的阶段状态。这些潜质使得建筑与景观能够将人与自然界的超个人认知理解联系在一起，同时也扮演着诸如巅峰体验的催化剂：可持续设计可以看作人类意识发展进化的燃料。

温德尔·贝里（Wendell Berry）在其《治愈》（*Healing*）一诗中这样描述："同万物生灵的交流"是大自然给独居者的礼物（恩赐）：

经由它，我们走进了孤独，却也失掉了孤独。

当试图分享孤独，不和谐也随之而来，

真正的孤独在野外，那没有人类义务的地方，

一个人内心的声音清晰可见，感受内在最亲密的源泉吸引。

由此，他对其他生命的回应更为清晰，与自身作为生灵的内在越一致，与万物生灵就愈加浑融一体。

满载着大自然的恩赐，从孤独中返回。

（Berry，1990）

思考一下：这样广阔且神秘的体验，可以由设计来实现吗？

律令 9：用美点燃炽热的火焰

或许没有什么比引发人类灵魂美的共鸣，从而产生深刻而真切的审美反应更能获得自我扩展的体验了。如果说由我们的至爱所激发的深沉的爱，是让我们得以洞察终极实相慈悲之爱的途径，那么美就是这样一种通道，让我们了解这个世界中所存有的秩序，在本质上即是精神的统一行动。由此，当我们在设计中感受到赋万物以生机的整体意识时，我们就与自然发生了关联。

在印度，人们常用火来指代意识，就像火可以只是余烬，也可以是不断跳跃的耀眼光亮，意识也可以收放自如。形象地说，火焰非但永不熄灭，还可以引出绚烂。

在平常清醒的意识里，我们大多数人发现周遭是与自身相分离的。事实上，是我们只看到了分离与差异，对我们来说，自然界由它的差异性来定义。主体与客体是我们意识最基本的认知属性。这世界看上去各式各样，如果不去自觉地思考，就会认为"我并非那个客体"。同样，我们也通常信奉"我不是自然界"。我们会感到与自然界——这个他物失去了联系，却又渴望重新与之关联。所有我们掩盖的，都会聚焦在人与自然界的关联上，就好像这种人与自然界的分离是真切而实在的。从前整体层级来看，"分离"是事实，且绝无其他可能；而在整体理论中，我们洞察到"所有事物都与其他事物相关联"，但各自又保持着独立性。

　　尽管如此，自然界常常被认为是美的，是人类艺术创造的基准与来源，自然界之美似乎被交织在了我们内心深处，以至于总是让我们被其宏伟壮丽所深深吸引。无论谁要将其品位定位得多么独特，都难免于此，没有谁可以脱离。自然界有着催生审美欣喜、崇敬以及印度美学中所指的"shanta rasa"，即深层平静或寂静的力量。就像我们可以沉浸在电影的情感力量中，以至于让电影成为我们的现实一样，我们也能打破已有的分离式观点，接纳新的认知，与自然连接在一起，让"设计结合自然"。我们在可持续设计中感受到的沉浸之美，就像鲜活的大自然一样，可以让我们超越原有的局限认知，为我们重新打开新的世界。

　　在这里，我们既可以是客观的、哲学的，也可以是个人的。以下是我个人的理解：在生命真实之美的呈现中，我不能再把我对世界的一般性认知架构强加到从意识中显化出来的世界之上。

　　我不再认为自己与自然界相分离、相区隔，因为我与普遍的意识并未分离。当我沉浸在美之中时，我发现自己也把自然作为外在客体的感觉收了回来。我每天早上写作时所见的日出之景正在褪去外在之象，而显露出越来越多的真实存在。对我而言，它即是如其所是，而我也毫无区别地与它同一，观者与被观者皆为一体。何谓一体？一种内在喜乐的整体意识的真实——由意识、意识中升起的以及被意识所感知和欣赏的所浑融而成的真实。

　　印度的圣人说得好，商羯罗大师曾言，"在半节诗文中，我将告诉你真相：个体灵魂与至高无上的灵魂间本无差别"。伟大的圣贤们总是说，世间万物都是整体普遍意识的显现。

设计、美、自然界与统一体

我们提及了美，尤其是自然界之美，将其作为感知世界统一性的途径，我们还进一步地探讨了这样一种可能，认为美是对我们自身、周遭世界，以及那种"统一体"的本源与实质，这三者之间"一致"的一种表达。

设计的问题就是：

1　我们如何才能设计出类似自然界之美的作品？

2　在深刻感知存在的世界里，建筑与自然的形式之间是如何关联的？

当美实实在在存在于世上，并且可以通过设计来实现，那么，对这一主题整体性的处理就需要做到对可持续设计进行同等深度的解读。审美的理论与阐释是多样的，然而，在目前的情况下，我们可以集中到一种更深刻的将我们与自然界相关联的美的问题上。考虑这样的可能性，以下内容也许是在超个人层面上，贯穿美的关联的一大总体原则。

当设计将建成环境与自然环境构成一个连续的整体时，我们就与自然界发生了关联。

如果我们存在的实质是意识，世界的基本实质是意识，并且最高或终极的现实也是意识，那么连续的整体性也同样能被视为意识。个体灵魂、世界以及世间灵魂都相互连接。在我们看来，自然界和文化不是各自分离、相互抗衡的，而是同样鲜活的生命精神的结构等级中，不同复杂性层级的产物。设计不仅是试图"轻度介入"或是"减少败笔"，设计作为人类对宇宙的表达，它与生物自然界的本质表达有着同样的秩序。

文化与自然界就在我们所知的超个人层级上，有了两个意义深远的关联：

1　由同样的实质构成，宇宙的根本实质，即是意识。

2　通过全子体系结构，将自然界置入文化中。

鉴于这些哲学主张，我们就能确定关联设计与自然界的更进一步的策略。这些律令的意图旨在创造某些秩序，来给人以体验意识的机会；或是经历一种洞察上述言论的可能性。引起此番体验的秩序，在几何之美、过程、生长以及产生自然之美的意识中都有迹可循。我们在此只是略论及皮毛而已。

图 24.1
自然界、美、统一体：荆棘冠大教堂（Thorncrown Chapel），尤里卡斯普林斯（Eureka Springs），阿肯色州，建筑师：E. F. 琼斯
教堂坐落在一个茂密的森林里。其结构和植被表达了主体与客体、内部与外部、个体与场所、自然界与精神的统一性。高耸的墙壁，纯静的透明性，森林状的顶棚，让人敬畏。细长的支柱、分支、柱子与树干，带来宁静、光明与生机。

策略：把设计设想为大地的延伸，与自然交织在一起。

正如我的同事兼好友汉斯约格·戈里茨（Hansjörg Göritz）所言，我们的意图无非是"完整的设计"。这条律令的基础，是通过形式与秩序来传达建筑与生物间的连续性与关系。在几乎所有的情况下，这都是通过我们将人类产物看作超越并包括自然界的一种秩序来得以实现的。在自然界将自身表达为生命之物的那些地方，如花园、果园、草地、田野和森林中，我们最能看清自然界的实质。

植被景观与建筑景观的交织，体现了一种相互关联的存在。这种体现存在于一个连续体上，从完全一致到有分歧的差异。我们应该建造那种会消失于生命世界中的建筑吗（图22.1）？还是应该建造与自然世界划清界限的作为文化产物的建筑（图21.4）？或者，我们是否应该以全子体系的思想来认知：人类可以既属于自然界，而同时又具有鲜明的人性？

我相信这就是为何位于海洋牧场（Sea Ranch）的"1号公寓"（Condominium One），作为一个既不融合于自然界，也不支配自然界的中间方，在20世纪60年代能够如此强有力，且影响深远的原因（图24.2）。唐林·林顿（Donlyn Lyndon）回想起MLTWs建筑师事务所的目的是在于创造：

> 整体"场所"的感觉，一种整体比局部更为重要的共同体的感觉。如果我们能够实现——如果能够将建筑与自然界关联为一个有机整体，而不仅仅是一群林林总总的房屋——那么，我们就会觉得自己创造了有价值的东西，没有破坏，反而是强化了我们所已有的自然界之美。
>
> （Lyndon et al.，2004，p19）

林顿在《为海洋牧场场所的设计》（*Designing For Place At the Sea Ranch*）一书的推荐中也写道：

> 即使存在区别，也要学着成为一个组成部分，大景观或建筑群的一部分，植根于场所的建造方式的一部分，一个立约维护其环境的共同体的一部分，一个不断寻找、发现自己的道路，并最终发展出自身独特场所的共同体的一部分。
>
> （Lyndon et al.，2004，p296）

图 24.2
一种大地的延伸，又明显归属于人类。海洋牧场，1号公寓，索诺玛郡，加利福尼亚州，1996，MLTW 建筑师事务所：（摩尔/林顿/特恩布尔/惠特克）

策略：通过在一个地方循序渐进地构建，来创造一种连续性

生命秩序很复杂，是成千上万种行为的产物。我断言这样的生命秩序，不可能一下子就被设计出来。一个场所衍生出我们称之为"美"的生命结构，要经历几十年甚至上百年的演变。它的过去为当下的建筑奠定了基础。自然界之美是生长与进化出来的，绝非区区数月的建设就能形成。因此所有那些能打动我们的场所，都是与自然界深度关联的场所：想想像查尔斯顿（Charleston）、萨凡纳（Savannah）和新奥尔良（New Orleans）的历史中心，再想想新英格兰的田园牧场或是意大利和希腊的山丘小城。每一项新的设计都谨慎地吻合了早前的模式，每一个行为都修复或更正了场地的所在物，并建造了一个更大的整体结构，使得越来越多的美在此产生。

策略：培养自觉的意识，在万物中去发现并表达人类建筑与生命世界的统一性

将意识带入世界需要意识的参与。要创造一个将其他事物与意识的统一性相关联的世界，就需要设计师们的思维能达到这种意识层次。一个表现超个人层级的设计，需要由一个拥有且能够通达超个人意识的个人、小组或团队来设计。只有在这样一种意识的基础上，设计师才能保持自觉的意图，来表达一种不间断的、连续的整体。

表达各种事物的统一性，将内部与外部、建筑物与自然界相连接。在戈里茨的住宅里，"房屋即花园，花园即房屋"计划，使一个人住在花园里也如同住在了房屋里。居住的界限延伸至花园，住宅就是室内与室外景观的总和（图 24.3）。

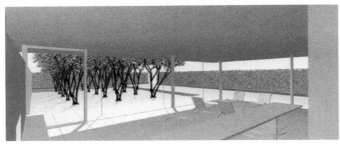

图 24.3
世界的统一性："房屋即花园，花园即房屋"系列，伊森哈根（Isernhagen），德国，2005—2006，汉斯约格·戈里茨建筑师工作室 HansjörgGöritzArchitektur Studio（Goeritz,2009）

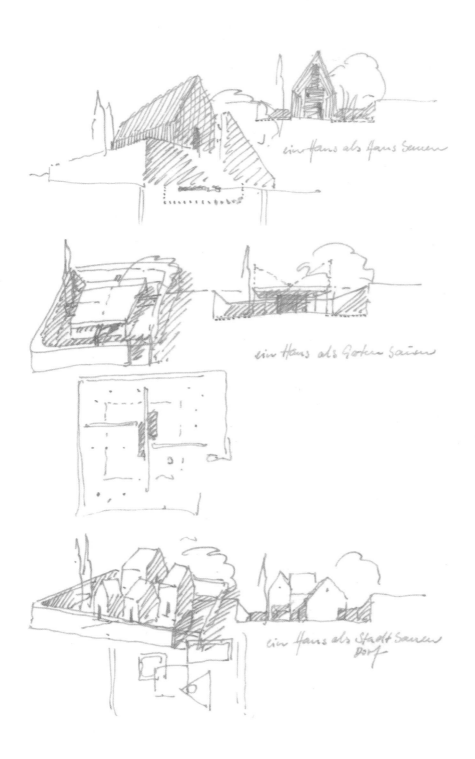

ein Haus als Haus bauen

ein Haus als Garten bauen

ein Haus als Stadt bauen
Dorf

人类创造的作品根植在产生该作品的意识里。因此，当其他人体验作品时，该作品就展现了其创作者的意识与价值观。这种意图是可持续设计在超个人层级的工作，这一工作呼唤我们以贯穿终生的个人发展，去创造一种崇高又平凡的美、自然、自我与精神的共鸣。

律令10：为静谧创造机会

对美真实而清晰的感知，是一种必须通过人的内在发展才能获得与培育的艺术。在"静谧"之地，我们的内在自我才能变得熟悉；经由沉思、反思、冥想，内在状态的意识才能升起。我们通过自我感知到"自我"（Self），我们也可以在万物中、在建筑中、在所有的自然界中认识到同样的"自我"。当设计将这样的回溯深植人心的时候，我们就与自然发生了关联。

就宁静而言，不论是字面的宁静，还是提升内在宁静的环境，我们都能获得深层本质与万物间恒久联系的学问。超越区别与差异，是我们体验世界作为一个连续体的机会。在一个内部平静的空间里，我们有更大的可能性进入一种内心平静的状态，而在紧张、焦虑和不安所构成的空间中，要寻找内心的平静就更加困难。

在自然界中，我们会发现由植物园、荒野和自然公园的环境所带来的内心宁静。在建筑中，无论是在图书馆、博物馆、教堂或是清真寺，要创造内心的宁静，传统的做法是从世俗中抽离出来，进入我们所创造的冥想圣地。在设计涵盖室内外的复合空间时，传统的做法也是将其设计为一个整体的省思性环境，如墓地、修行所、修道院以及寺庙等复合体。对内外空间之间、构筑物与场地条件之间连续性的表达，往往是对美最为深刻的表达。

可持续设计师所面临的挑战是：

·一步步地去推动一种连续性的营造，从荒野到建筑内部的圣所；

·即使处于最具物质性的人造建筑场所内，也要为我们带来对于生命世界的宁静体验；

·体现内在 / 外在、自我 / 自然界、自然界 / 文化之间的连续性，将我们通常从分离的、神圣的复合空间中所寻求到的这种体验，融入世俗的城市生活中。

当设计创造出有助于达成我们最深层、最真实自我的那份宁静时，我们就与自然界发生了关联。

对于将设计与自然界相关联的这最后一条律令，我给出几点假设，作为策略化的设计指令。

策略：像自然界一样，创造"没有自我的虚空"

提倡将自然界视为建筑理论中的一个模型，从根本上说是为了通过虚空或效仿上帝造物来追求其真实性，这两者都具有脱出或超越人类执愿与智慧的属性。

正是基于这一独立存在的根本现实，生命才得以延续。 （Benedikt，1987）

我认为本尼迪克特（Benedikt）写到的通过"虚空"来寻求"真实"与路易斯·康所谓的"静谧"异曲同工，正如爱默生、路易斯·康认为世间的"精神"呈现于自然界（作为世界，而非仅仅是生物域）之中。当现代主义分离了自然界与意识时，康的"秩序"观将两者重新关联。在康的作品中，我们可以发现自然界的秩序、思想的秩序，以及万物背后规则的秩序，这些秩序紧密相关且相互依存。

在这样的驱动之下去表达，你就能区别存在与在场。当你让某事物在场时，你必须向自然界请教，而这就是设计开始的地方。

形式包含着系统的和谐、秩序感以及将一种存在与另一种存在相区分的特性。形式是一种本质的实现，由不可分割的元素组成。……你须转向自然，来使其在场。

（Kahn in Lobell，1985）

因此，自然界是将"存在"转变为"在场"，将精神带入建筑世界的手段。不可测量的通过可测量的（自然界）来到我们身边，不可测量之存在也有了被感知的可能，如康所言，就像太阳"被赋予了阴影"。

更进一步来看，对康而言，建筑师是自然的工具，而设计本身就是自然，"静谧"（真实，却仅仅是世界的一种潜在可能）在设计中变成了"光"（世界的一种存在）。设计师按照自己独特的天性行事，自然界中的其他成员也同样如此。材料对于他来说，就是"浓缩的光"（condensed light）。

建筑师成为自然的拥抱者，并且带着对自然界最深的敬意来做每一件事。他这样做无关于模仿，也不放任自己把自己当作设计师——倘若他模仿自然的方式就像鸟儿为树木播撒种子一样。他必须作为一个人，作为一个有选择、有意识的个体来种树。

（Kahn in Lobell，1985）

图 24.4
静谧和虚空：索尔克学院（Salk Institute），拉由拉市，加利福尼亚州，1959—1965，建筑师：路易斯·康
在太平洋的悬崖上，中央庭院像一个"没有屋顶的大教堂"，一个"面向天空的立面"。宽阔的天空、无尽的地平线，看不见大海，但却能听见海浪声，能感受到阳光、白云、大海、微风。就像在草地上，周围被森林所环抱，周围是柚木棕色屏遮挡的科学家的私人办公室，面朝大海，有可供沉思的视野。在其中，是宁静，是静谧。

正如本尼迪克特所说，"超越人类的执愿"。康说："不放任自己把自己当作设计师。"都意味着要在某种意义上脱颖而出，成为通向永恒秩序的渠道。与爱默生将自然界视为精神显现的方式如出一辙，康认为所有的物质世界都源于秩序（某些人称为"道"或存在"）。人类——尤其是设计师——为精神与自然领域架起桥梁，将它们联系起来，使静谧在世界涌现出来，也就是……让自然界呈现出超越，而同时，也贯穿着超越。

另一个摘录自温德尔·贝里《治愈》的诗句，直指静谧的核心以及可持续设计的秩序：

从林中返回，我们才带着抱憾而忆起，它的宁静

所有的生灵都各归其位，寂然无声

在他们最剧烈的抗争中，或醒或眠，或生或死，悄无声息

在人类的圈子里，我们疲于抗争，永无止尽

秩序是止息的唯一可能

人为的秩序须追寻既定的秩序，并归位其中

田野须牢记森林，城镇须牢记田野，

唯其如此，生命之轮才得以转动

死亡才能迎来新生

散落的必被聚集

（Berry，1990）

如他所说，"秩序是止息的唯一可能"。自然界在其"最剧烈抗争"中的"止息"同样是静谧的。

策略：按照建筑的永恒原则来梳理你的设计工作，因为它们体现并回应了自然界的永恒原则。

在连续性的世界里，同样的原则贯穿始终。然而，这并非意味着去设计那些看上去像生命有机体或曲线的，又或是其他形态上有机的东西。如果我们将自然界视作嵌套在文化中的一个全子体系结构，文化又以同样方式嵌入在精神中，那么，能贯通自身身体各部分的人类，就能以一种统一的秩序来感知每个层级的秩序。

图 24.5
最高会议厅（Supreme House），列支敦士登公国国家议会，2009，议会厅（上图），多柱式大厅（下图），汉斯约格·戈里茨建筑事务所
秩序与静谧：即便充斥着国家层面的活动，也不失为一处宁静的场所。

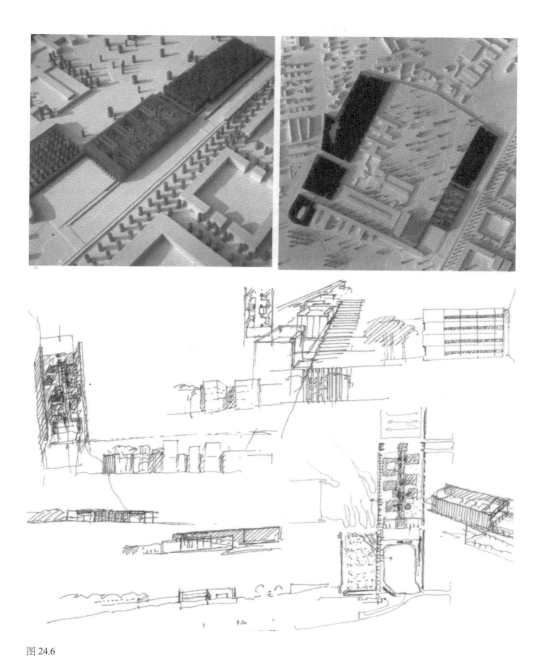

图 24.6

围合庭院（hortus conclusus），LBS 德国下萨克森储蓄银行（Savings Bank for Lower Saxony）总部办公室，汉诺威（Hannover），德国，1997，汉斯约格·戈里茨建筑事务所

建筑和景观的连续体：这个"新视角的主题"使用了厚厚的边界将研究中心和服务区分隔开来。边界自身既是多样的城市森林，也是城市入口广场和花园围栏内的办公室。在这里，自然界和文化以一种秩序优美的连续体形式呈现出来。

汉斯约格·戈里茨是一个真正意义上承袭了康的谱系的人（尽管他们并没有直接的师生关系），他常把"空间的永恒现象"挂在嘴边。他的建筑源于一种生命与场所语境下，永恒原则的"本质主义"视角。（图24.5与图24.6）

> 这种有意识的差异化选择（关于一个人想要如何审慎地生活），限制了空间与客观事物的生成，使它们以这样一种方式呈现，即它们与选择相对应，并促成了本真的生活方式。就体验的品质而言，具有静谧与难以察觉的特征，在刻意摒除无用之物后，空间因此呈现出单纯的丰富性。
>
> （Göritz，2009）

来源于内在宁静的秩序感和洞察力，能让人意识到，人的本真属性即是空间与自然界的永恒秩序。

参考文献

Benedikt, Michael (1987) *For An Architecture of Reality*, Lumen, New York.

Berry, Wendell (1990) 'Healing', in *What Are People For? Essays*, North Point Press, San Francisco, CA.

Davis, John (1999) 'The transpersonal dimensions of ecopsychology: Nature, nonduality, and spiritual practice', *The Humanistic Psychologist,* 1998 (Spring/Summer/Autumn), vol 26, no 1-3.

Davis, John (2004) 'Psychological benefits of nature experiences: An outline of research and theory, with special reference to transpersonal psychology', unpublished.

Göritz, Hansjörg (2009) 'Vast vicinity: Learning from essential settling and dwelling' in Brebbia, C. A., Neophytou, M., Beriatos, E., loannou, I. and Kungolos, A. G. (eds), *Sustainable Development and Planning IV*, Volume 1, WIT Press, pp339-352.

Greeley, A. (1974) Ecstasy: *A Way of Knowing*, Prentice-Hall, Englewood Cliffs, NJ.

Keutzer, C. (1978) 'Whatever turns you on: Triggers to transcendent experiences', *Journal of Humanistic Psychology*, vol 18, no 3, pp77-80.

Lobell, John (1985) *Silence and Light, Spirit in the Architecture of Louis I. Kahn*, Shambhala, Boston, MA.

Lyndon, Donlyn; Alinder, James; Canty, Donald and Halprin, Lawrence (2004) *The Sea Ranch*, Princeton Architectural Press, New York.

Maslow, A. (1962) 'Lessons from the peak-experiences', *Journal of Humanistic Psychology*, vol 2, no 1, pp9-18.

Maslow, A. (1968) *Toward a Psychology of Being*, 2nd edition, Harper & Row, New York, pp60-100.

Wuthnow, R. (1978) 'Peak experiences: Some empirical tests', *Journal of Humanistic Psychology*, vol 18, no3, pp59 -75.

结论

现在你能够理解人类发展的五个层级，能够看到它们在自然界中如何表达，以及每个层级中通过设计与自然界发生关联的种种意图。我们也介绍了将人与自然界关联起来的十条设计律令，在每条律令下，都列举了部分可能的策略与案例。下表可以总结我们的这一趟旅程。

在这一过程中，我自己也获益良多。尽管我认为自己一开始对这一主题就有所涉猎，但写作中所必须的重新思考，必须重建的新知识结构，以及自身有限视角的释放与打开等还是不断冲击着我的认知。我希望你们能以自己的方式开展设计，让你的客户、居住者与使用者都能经由你的设计与自然界相关联。我也希望你无论持有何种观点与认知，无论处于事业的何种阶段，这里所述的观点都能有所启发，并有助于你自己去建构与自然界之间的关联。

通过设计与自然界相关联的总体意图

1　通过设计阐释各种与自然界相关的发展性世界观。

2　通过设计在我们与自然界的关系上给予突破性的体验。

3　通过设计体现出当地文化中主导性自然观的下一个层级。

层级： 复杂性层级	隐喻： 将自然界隐喻为……	意图： 使人类与作为……的自然界发 生关联
层级 1：传统的	宏大的原始花园	原始力量与结构
层级 2：现代的	宏大的生物域	资源与服务
层级 3：后现代的	宏大的生命之网	共同体
层级 4：整体的	宏大的视角矩阵	复杂生命系统
层级 5：超个人的	宏大的自我展现	精神统一体通道

在世界观的五个层级下提出的十条律令——设计出与自然界的关联

传统层级：与传统自然界相关联的设计

律令 1：为人类的习惯性活动设计符合自然节奏的空间

当各种室内外以及其间的气候体验有利于迁移时，我们就与自然界发生了关联。

策略：根据日夜和季节的周期性更替，为人类在不同空间和场地之间的适应性提供迁徙的可能。

当设计创造出室内气候的空间模式时，我们就与自然界发生了关联。

策略：将建筑物的新陈代谢以建筑热力空间的方式呈现出来。

当设计鼓励人们与建筑元素相互作用来应对条件变化时，我们就与自然界发生了关联。

策略：通过动态适应的转换性设计，回应不断变化的外在环境。

当设计被用来支持特定空间中人类的习惯性活动，使自然节奏的动态显而易见时，我们就与自然界发生了关联。

策略：为遵循自然节奏的人类日常或季节的习惯性活动而设计。

律令 2：体验产生关系，关系产生意义

当设计放大环境状态间的差异和自然进程的两极化时，我们就与自然界发生了关联。

策略：栖居的三种界域：地下、地表、天空。

策略：为体验对比而设计。

当设计使我们在自然界中获得愉悦丰富的感官体验时，我们就与自然界发生了关联。

策略：谱写出感官汇集的交响乐章。

现代层级：与现代自然界相关联的设计

律令3：材料的使用依循其自然本质与来源

当设计区分出材料的来源、形状、本质和短暂性时，我们就与自然界发生了关联。

策略：在"自然"状态下利用材料，以便能显示出材料的本质与来源。

策略：用一种能真实传达材料本质属性的方式来使用材料。

策略：尽可能地揭示出材料的塑形和加工过程。

策略：通过将材料的使用与材料的形式相匹配，进一步拓展材料的真实感。

策略：为磨损与风化而设计。

律令4：轻度介入，表达丰盛

当设计呈现出必需品必要的减少时，我们就与自然界发生了关联。

策略：让资源节约的设计明确可见

当设计表达出建筑及其部件的可回收性、再利用性、适应性、生物降解性和生命周期时，我们就与自然界发生了关联。

策略：赞美自然界的丰盛供给

当设计以一种与视觉资源的共存方式，在景观中为一系列丰富的视觉关系与视角提供机会时，我们与自然界发生了关联。

策略：用好视觉资源，轻度介入。

后现代层级：与后现代自然界相关联的设计

律令5：让场地与"我们所有的关系"共存

当设计区域成为栖息地时，我们就与自然界发生了关联。

策略：在生活环境中与其他物种共存。

当设计通过促进我们彼此互惠的活动，指向我们的生态过程与关系时，我们就与自然界发生了关联。

策略：创建与其他物种的功能性联盟（例如遮阳藤等）。

当设计与场地的栖息地模式以及环境尺度相呼应时，我们就与自然界发生了关联。

策略：在多重尺度下整合栖息地结构。

律令6：运用自然界的隐喻力量

当设计能表达出我们对自然界的认知，并将我们置身于这种与自然界的认知关系中时，我们就与自然界发生了关联。

策略：设计包含神话、原型的自然界（传统层级）。

策略：设计揭示自然界的内在秩序（现代层级）。

策略：设计向人类展现出多重自然界与环境（后现代层级）。

整体层级：与整体自然界相关联的设计

律令 7：在宏大的秩序中探寻设计秩序

当设计拥有某种几何结构特性，并且这种特性所体现出的秩序在自然界中有迹可循时，我们就与自然界发生了关联。

策略：运用自然界的几何学来设计。

当设计运用生态几何时，我们便与自然界发生了关联。

策略：运用生态系统几何学来设计。

当设计运用丰富有效的、能整合社会和自然过程的模式语言时，我们便与自然界发生了关联。

策略：运用与形式语言相关联的模式语言，以此构成整体秩序。

律令 8：栖居环境中呈出来生态过程

当设计呈现出生态原则时，我们就与自然界发生了关联。

策略：在设计中表达全子体系秩序。

策略：对限制或受制于生态过程的形式进行表达。

当设计表达、创造或修复现场的生态秩序时，我们就与自然界发生了关联。

策略：表达场地的生态秩序。

超个人层级：与超个人自然界相关联的设计

律令 9：用美点燃意识的火焰

当设计将建成环境与自然环境构成一个连续的整体时，我们就与自然界发生了关联。

策略：把设计设想为大地的延伸，与自然界交织在一起。

策略：通过在一个地区循序渐进地构建，来创造一种连续性。

策略：培养自觉的意识，在万物中去发现并表达人类建筑与生命世界的统一性。

律令 10：为静谧创造机会

当设计创造出有助于达成我们最深层、最真实自我的那份宁静时，我们就与自然界发生了关联。

策略：像自然界一样，创造"没有自我的虚空"。

策略：按照建筑的永恒原则来梳理你的设计工作，因为它们体现并回应了自然界的永恒原则。

结语

这时，野雁在蔚蓝的天空中高飞

再次返家

无论你是谁，孤独与否

世界都在你的想象之中呈现

召唤你，像野雁那般，尖锐而激昂

一遍又一遍地宣告万物中你的所在

（Mary Oliver）, from "Wild Geese"

对普遍的整体设计理论的需求

本书的主要内容是关于可持续设计整体方法的探索。虽然我认为可持续性是当今设计行业面临的最关键问题，但我们对整体可持续设计的讨论，开启了将整体理论更广泛地应用于整体设计、应用于每一个设计学科，以及其他设计议题与主题之中的思考。

回到第 7 章中的主题，似乎设计世界观中每一个序列的广泛发展（传统、现代与后现代）都部分地解决了前人的一些问题，但又因为排斥前人许多行之有效的原则而产生出了新的问题。新兴的后现代设计理论的本质是什么？整体设计理论可以超越并包含前一种方法吗？

尽管还没能完整阐述整体理论框架的全部奥妙以及它在设计上的意义，本书还是为建立一个更宏大的整体理论提供了前期框架。而这样一个综合详尽的理论正在逐渐被研究和发展。后现代多元论者坚持认为，这种定向的视野或者综合详尽的框架是不可能出现的。但在本书中，显然我是持有这种"地图"来展开我的论述的，我认为，有地图比没地图要好，当然，好的"地图"又要强于差的"地图"。虽然地图永远不可能变为领土，但是我们仍然可以努力去创造更好的地图，去成为设计领域中优秀的导航员。

如果你愿意，请假设一下，这本书仅仅是促成一个有远见的完整设计愿景中的一步，它能促进我们对整体可持续设计的理解。那不妨来看看，都是什么样的问题留了下来。在理想状况下，一种定向的理论或像这样的整体设计理论架构会进行怎样的阐述呢？许多设计领域最基础往往也最急迫的问题仍然遗留着没有解决。那些许多常年存在的理论问题，或者伴随现代主义出现而提出的问题，是被主流的设计理论与设计实践忽略得最严重的。我断言，在未来，整体设计理论的发展会针对以下内容：

· 整体设计理论将会通过包含传统、现代、后现代方法中的真／善／美（所有象限的视角），同时拒斥它们的缺陷，来创造一个新的整体层级。

· 它必须创造一种新的、更包容、更紧密关联的"设计知识生态学"，它必须为绘制设计知识地图提供一种实践的方法，用于识别已知和未知。

· 这种元理论将有助于我们对当前相对局部的设计理论中那些碎片化或解构的景观进行有效的重构和重新整合。怎样的理论或框架能强有力地将各种部分正确的论断融合在一起呢？

· 它需要提供一种强有力的方法，将这些论断的真实性以及设计的片面性进行区分和分级。

· 在人们对美学、视觉观、设计体验偏好有不同理解时，比如当代专业设计师与群众在审美与风格上出现矛盾时，整体设计理论会消除这种状况下的对峙氛围。

· 它可能会探讨复杂性在当代的众多呈现，例如：信息系统、多元文化、方法论、价值域与世界观。我们是否会有一种设计系统，能回应这样的复杂性？以及找到一种方法，让设计的多样性能得以实现，并且在保持差异的独特属性的同时追求更多的整体性。

· 通过在实践中真实有效的反馈，它能帮助设计师们理解和解决使用者、客户以及投资者们各自的需要，包括他们不同的需求、价值观与世界观。

· 整体设计理论也许会在很大程度上加深我们对设计地域性的理解。

· 它能够同时解释应用性知识和专门性知识。是否有可能从通用范围、局域范围到具体现场范围中，规划出整个设计模式的范畴和路径？

· 它至少要从广义上解释形式的本质和起源，以及它是如何出现的，包括多种因素间的影响和相互作用。

·它需要同时理解乡土作品与高阶设计，能用于处理专业设计与大众设计的工作。

·它需要统筹多个尺度上模式与策略的相互关联，并在一个共同的专业框架内连接特定尺度的学科，如城市规划、景观设计、建筑与室内设计。

·它将涉及人类内心以及发展心理学的广泛知识，以便能解读人类心理，及其发展阶段，与建成环境之间的关系。

·整体设计理论不仅要具有解释性，还要具有分析性、生成性和评估性。它必须能提供各种理解设计问题语境的方法，理解设计问题本身的方法，以及生成和评估设计解决方案的方法。

在今天的设计理论中，这些问题中的大多数都没有得到很好的阐释。方法论，尤其是任何形式化的方法论，在设计院校都已不再受青睐。在大多数教育工作者看来，它在某种程度上似乎压缩和限制了创造的机会。然而所有找到自己"声音"或"艺术之眼"或"创意之手"的设计师都知道，每个作品都不是全新的。每一个设计师都在发展自己与众不同的工作方法和步骤模式，以便解决各种重复出现又不断变化的设计问题。事实上正是我们的方法构筑了我们的问题、可能性以及我们的解决方案：我们的工具与我们使用它们的方式、我们所谓的先例、语境问题与灵感，揭示了设计在我们眼前呈现的方式。

·因此，整体设计理论的方法将是清晰明确的。

·这些方法将会公开分享，以建立一个可以检测和完善这些方法的整体实践的共同体。在法律、医疗、工程和科学等方面，都有开放给同行的专业共同体进行审查的相对透明的方法。

·它将区别各种视角的方法，以防它们相互覆盖，并且不断推进设计师整体多元主义的方法论。

·最重要的是，整体设计需要开发和测试能整合不同视角和图景的多种方法与途径。

所有这些都需要得到进一步的研究，而所有这些都为今后设计师们的贡献、对话以及创造提供了机会。

整体可持续设计的主张

本书一方面是具有探索性的，透过整体理论的视角打开了可持续设计可能的问题。另一方面，它也是具有创造性和建设性的。我已经为整体可持续设计提供了一些初步框架，无论它最后采取这种形式还是经历其他的演变，在普遍意义上的设计领域以及可持续设计中，一定会出现一个后—后现代理论或者是一个整体元理论。在本书中我所提到的这些理论方法（或是类似说法），已经清楚地呈现了我对可持续设计整体理论的基本认知。在此，也欢迎读者朋友们提出补充意见。

1　整体可持续设计尊重所有可持续设计主要方法的贡献，体现在关于整体可持续设计的"一个总体原则和 12 条子原则"[1] 中。

2　整体可持续设计从所有象限着手，4 个基本视角是：行为、系统、文化和体验。

3　整体可持续设计承认每一个视角都有其特征，它是唯一的，不能被其他视角的方法所取代。

4　整体可持续设计从一种发展观出发，至少尊重四种当代的意识结构、价值观和世界观：传统层级（我们所定义的包括古代的早期阶段、魔幻的、神话的和专制的 / 传统习俗的），现代层级、后现代层级、整体层级，以及超个人层级。

5　整体可持续设计认为，设计者个人内部的发展对于他所具备的可持续设计才能以及所能做出的贡献起着关键的作用。

6　整体可持续设计致力于生态效益的最高层级和设计性能的最高层级，当两者发生冲突时，优先考虑生态效益。

7　整体可持续设计认为，体验和文化的内部视角和外部视角一样重要，而且这对于外部视角如何能有效解决问题也是极为重要的。可持续设计意味着什么，以及它给人的感觉与它的实施方式同样重要。

8　整体可持续设计要求具备生态素养，包括对生态系统行为和组织原则的熟练掌握，以及至少在"生态设计思维的六种认知转换"中把握设计的生态认知和思考。

9　整体可持续设计阐释了关于自然所有范畴的发展世界观。

10　整体可持续设计旨在提供与自然关系上的一种突破性的状态体验。

11　整体可持续设计是一个不断发展的知识和行为系统。

12　整体可持续设计致力于 _____。

（因为它是一个发展的理论，所以请将您将关于第 12 条的建议发给作者 mdekay@utk.edu）

整体可持续设计未来发展的关键问题

正如前面开放式的第 12 条主张所展现的，本书已经开启了一场关于整体可持续设计的对话，但还远未完善。它关注的是整体理论的两个主要方面，视角（象限）和层级（发展结构）。目前还不太清楚到底整体可持续设计将怎样发展，以及设计学中更为整体的观点和理论将如何整合在一起。本书提出的框架是建议性的，可以根据需要进行修订。我希望能获得其他人的见解、建议、批评和发现，这样可以不断更新和完善这个理论框架。如果整体可持续设计要取得高水平的成就，就需要一个实践的共同体：学生、老师、研究者、从业人员、施工人员和设计者的的共同体。大家在项目中的集体合作会比我们的单独实践要强。从这个角度来看，我提出以下几点，作为未来发展的重点问题。正如所有的新理论一样，它也有自身的漏洞，甚至是相当大的漏洞。

1　整体可持续设计需要但目前还没有一个像"整体设计瑜伽"这样的方法理论来指引开展一系列的转换实践，以使设计师们产生认知转换。

2　整体可持续设计需要但目前还没有一种设计教育模式，能够支持可持续发展的十六种图景以及设计专业学生应具有的六种重要的设计师意识路线。

3　整体可持续设计需要但目前还没有一种结合了各种实践、方法以及技巧的设计过程模型，能将四种视角和四个（甚至更多）层级中的方法和律令进行联系、排序并相关联起来。

4　整体可持续设计需要但目前本书中还没有涉及的整体理论的其他主要论题，还有必要进行进一步的探讨。

a　状态，作为一种现实，会在每一个象限中相对暂时的出现，尤其是意识状态（左上象限），比如冥想的状态、创造的状态、感知或知识的状态，当然在其他象限也有状态，例如物质的阶段性状态（右上象限）。多数设计学者似乎只是把对设计师有益的状态视为一个设计师的内心世界却很少有研究触及。

b　类型，作为相对稳定的模式，可以出现在发展的任何阶段，比如个性类型、男性 / 女性类型等（左上象限），也可以出现在其他象限中，例如材料类型（右上象限），形式设计类型（右下象限）。在每个象限的视角中都有类型。在左上象限，整体理论能识别出与其他视角有关的健康和病态的类型表达。但目前关于类型与可持续设计关系的研究还较为缺乏。

c　发展路线，作为一个理论命题，我们主要是从设计师的六个关键意识路线来进行简要讨论的，在这方面还需要进行进一步的研究。

d 整体方法论多元主义（IPM），我们在书中并没有进行正式的定义和讨论。在威尔伯整体模式发展的后期阶段，他把 IPM 定义为一种帮助理解任何事件的复合型方法。每一个象限的视角都有两种类型或是两种方法论，它们可以对每个象限的内部和外部进行检查。图 C.1 展示了 8 个方法论区域中的各种分类情况。在 IPM 与可持续设计的交叉领域，还有很多问题值得研究。

e 整体理论能识别出每一个层级中健康和病态的表达。虽然我们通过四个层级揭示出整体可持续设计"光辉"的一面，但我们在思考"传统""现代"和"后现代"设计中的"灾难"时，我们也触碰到了价值观和世界观的"黑暗"表达。可持续设计以及它的"整体层级"，也将会不可避免地出现它黑暗或病态的倾向，虽然现在我们还没有发现。

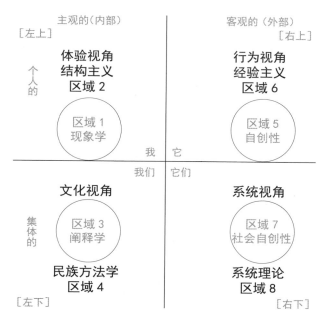

图 C.1
整体方法论多元主义中的八个方法论区域

整体可持续设计：一种观点

正如我在本书前言中所提到的，本书的写作意图是为了在可持续设计的发展中进行突破性的探索，从而在人和自然界的关系上，使可持续设计发挥出更切实、更强大、更富于意义和更积极的影响力。到目前为止，我一直尝试为整体可持续设计的 AQAL 潜能做一个严谨的呈现。当我提出自己的推断、观点或者假设时，偶尔才会用到"我认为"或"我断言"这样的词汇。现在，我以一篇显然是个人观点与推论的文章作为结束，所以，我会避免使用在此之前所用的那些学术语言。

2000 年，当我在印度旅游的时候，我参观了甘地位于赛塔拉姆（Sevagram）的最后一处修行所，深受触动。它让我对这个经过扩展的整体世界观有了更深刻的认识。这里处处是富于效率的绿色生活，再加上丰富的感知、对美的体验、有韵律的舞蹈，以及与这片土地和这里的每个人都息息相关的文化。以下是从我当时写的文章中摘录的一段话（Dekay，2004）[2]。正如纯朴的赛塔拉姆教给我的，我们期望掀起一场整体可持续设计的热潮。

> 在我的家里，既有自然的环境又有建成的环境，难以置信的是，这些不相关的分离物产生出了各种棘手的二元论。我们带着这种现代的分化，进入了概念性的困境……
>
> 然而在这里，土地是有生命力的，它具有一种复合性的能量，从基岩流向建筑物，再流向上面的鸟类。这些是维持生命的力量，是主张资源保护的生物学家们鼓吹但城市居民却从未体验过的生态循环流。我也可以把这里的土地看作是一个滋养思想和灵魂的地方，在这里，大自然让我们得以恢复，我们在环境中参与，也在环境中得以发展。这里的人们已经改变了他们的观念，将这片土地视为自己生命的延续。而我们如何才能不仅把土地视为我们居住的场所，还将其视为一个有助于我们认清自我的场所，一个我们无法与之分割的场所呢？
>
> 甘地之家带给我的启示是关于便捷的非必要性，以及生活和工作、自我和他人的不可分割性。按照我在设计学校所受的训练，我认为建筑物的装饰是体现其品质的要素。以我固有的文化观念看来，舒适意味着奢华，生活的品质随居住面积的增大而得以提升。然而在这里，我看到了仁爱的极简主义中的美与善，这种不方便过滤掉了无关紧要的东西，让我们内心永恒的品质得以显现。很明显，这里有一种独特的时间节奏。虽然这里有钟表，但也有报时的钟声，有日出和

日落、夏天和冬天、外出和归家、做饭和享用、照顾和被照顾，这些生活的元素直接呈现出来，无须外在的包裹与保护。

我自己的家——它与场地的节奏是相分离的——与这里天空、太阳、树荫和微风之间无处不在的关联形成了巨大的对比。在这里，没有机器来征服中午的酷热，所以有了休息与反思的时间；在这里，没有家那样标准的居住空间，只要你想要，你可以在每一平方英尺中感受到光、热与清凉；在这里，空间的功能可以发生转换，从休息场所到工作场所，再到社交活动场所。而各种活动也随着树荫和微风进行迁移，从幽隐的静修室到外部的开敞空间。特定的场所并非只有单一的功能，各种实际的活动都在合理的矩阵空间中得以安排。虽然这里通了电，但并不用于照亮夜空。在黑暗中，人们可以促膝交谈，也可欣赏夜空的深邃与神秘。

这是属于休息与宁静的时间。

当我在松散的建筑群之间的花园里看到一个公共水泵时，我深切地感受到了这种不可分割性与大自然的整体非二元性。通过一个手泵，一条简单而优雅的溢流通道引导废水沿着地面引流到沟渠中，环绕着一棵大树底部的护根物。每次摇泵时，树就得到了灌溉。这种直接可视的连接让我对"关系"开始了认真思考。当天气炎热时，大树也回馈我们，为人们提供凉快的午后小憩、阅读或冥思之处。我想象着像这样的一个城市，每一种形式的生成，都是我们在与自然共同创造的过程中各种关系的展现。

可持续设计的出现，使高性能建筑、景观和城市得以产生。当可持续设计运动觉醒到整体意识时，就会发现它的目的是让建筑像树木一样，让社区像森林一样。它的高度表现力将带给人们深刻的、突破性的改变生活的自然体验。它将揭示其自身在关联人与自然界，以及给予我们一个充满智慧和丰饶意义的环境中所具有的内在作用。我们会发现自然界并非只有一种价值，而是有多种价值。自然是资源，是我们的共同体，是一个复杂的生命系统，也是通往精神统一体的入口。

整体可持续设计的意义超越了生态技术的表达，超越了以最小的影响实现最佳的性能。只要在一个更大的目标中适当地加以运用，这些都是强大的工具。整体可持续设计的目的不仅仅是拯救我们自己免受迫在眉睫的生态灾难，它甚至超越了恢复人类文化所破坏的原本结构这一巨大的作用。事实上，整体可持续设计就是所有的这些东西；而同时，它的意图又超越并包含了这一切。如果我们像一行禅师（Thich Nhat Hahn）所说的那样，"用觉醒者的眼睛去看"，可持续设计师所要做的就是重构这个世界的生命活力，而我们面对它的衰退已经习以为常了。正如我的一位老师所说，"一个人站在污水里也可以很舒服"。整体可持续设计师致力于保持觉醒，看到生态碎片的本质，走出它，并选择一条创造生命场所的道路。

整体可持续设计呼吁我们重新整合而不是瓦解，呼吁我们从解构中开始成长，并从现在开始逐渐重组我们与自然界的关系。要做到这一点，不是通过回到神话般浪漫的过去，而是通过一种全新的经过转换的整合性视角，来弥合当前后现代主义的碎片化认知。整体可持续设计可以通过远远超越生命之网的视角，来构建起一个始终内在于文化中的自然界，一个人类不再是其天然对立面的自然界，由此体现其巨大的作用与启发性价值。在这样的愿景中，可持续设计的意图是与自然界相融合，不是通过消除差异，也不是通过一种前理性的自我崩塌，而是通过有意识地创造自然得以达成。正如威尔伯所说，前现代主义瓦解了自我、文化和自然界，现代主义区分了这"三大领域"，而后现代主义则使它们完全分离。整体思考者致力于将它们重新整合，来达到一种整体性。

借用系统思维中的一个概念，所有的复杂系统都有整合和分化，或者用威尔伯的话来说，"代理和交流"、同一性与统一性。文化作为一个高级别的全子，其身份既超越自然界，又依赖于自然界，就像心智超越生命一样。自然作为一个较低的全子，是文化的基础，是它们统一的领域。同时，文化又是自然的进化，是超越生物自然界的一种不断展开的转换层级，是对自然界的超越和包容。然而，文化的产物却在自然的世界中生存和存在。在物质的或是客观的世界中开拓、建造房屋、社区和城市，就是在自然的领域中行动。我们所建造的每个事物都包含其中。正如比尔·麦克多诺（Bill McDonough）所说，"我们无法置身其外。"在这个有限的星球上，"外部"就在我们身边。因此，我认为当整体可持续设计师进行创造时，就是以自然为依凭，在自然中创造，我们创造着自然。

鉴于此，我们需要超越自然界"在那之外"，即不是我们人类栖息地的二元论观点；需要超越将我们人类与土豚、蚂蚁、茴芹或者阿米巴虫等同的生命之网的还原论观点；我们也需要超越各种当代文化合谋构建的，存在多种可选自然的多元论观点。在这个整体可持续的当下，一体性再次成为可能，融合与统一也是可能的。等级和价值差异重新出现，而复杂性也有了秩序。

在本书中，我们探讨了设计与自然在发展谱系中的诸多关系：

1　从传统的崩塌而融汇的"设计 / 自然"，以及更为古典的"设计—非—自然"。

2　到现代的"自然—为—设计"或"自然—与—设计"。

3　到健康的后现代绿色"设计—与—自然"和"自然—中的—设计"。

4　再到现在，"设计—中的—自然"的整体观和 (全子体系中的)"设计—即—自然"。

在整体层级，整体性是一种现实，充满了结构和秩序。正如律令 7 所描述的，设计秩序可以从宏大秩序中探寻。整体可持续设计寻求的就是这种文化与自然秩序的整合，两者相互贯穿，是一种统一的根本结构的反映。这种统一的结构不是僵化的，它是一种由全子、系统、网络、模式及模式语言、形式语言和几何组成的更深层次的结构，可以整合社会与自然过程。这样一个世界，包孕在可持续发展或再生设计之中；这样一个世界，当然也包括作为人类栖居生活系统与生态系统的生态过程。整体可持续设计将会体现这种经过扩展的包含人类及其构筑物的生态秩序观。

当我们在设计中感知到赋予万物生命的意识时，它也将揭示出我们与自然相关联的洞察与领悟。当设计创造出能帮助我们触及内心平静的作品时，我们最深刻、最真实的自我就会敏锐地呈现出来。谁没有过在大自然的体验中找到真实自我的经历呢？万物都源自同一个整体——你和我、建筑、树木与河流。这样的设计唤起了一种状态，在这种状态下，我们可以感知到建成环境与自然环境是一个连续的整体，从土地的共同体中生长出来，并在一个统一的根本结构中发展。

在我们对性能标准必要而更高的追求中，隐藏着一种动机，即增加城市生活的密度和强度，点燃城市之美、活力、整体性和完整性的火焰。在体验大自然的过程中，能认知自身的真实自我悄悄告诉我们，生命的秩序和生态系统的秩序，城市和农场的秩序，以及我们作为个体的发展，都以某种神秘而又可知的方式联系在一起。我们充满了好奇心和挑战欲，谁不想揭示出这样的秩序，并为之创建一幅地图呢？

这个真实的自我与存在于所有真实事物整体中的生命之火相连，呈现于"含摄万有的自然"中。威尔伯将这种自然称为"NATURE"，或许多人所称的"宇宙"（不只是物质层面的宇宙，而是包含内部和外部所有层级的整体存在）。NATURE 具有"全象限和全层次"，这就是整体生态学家的方法。难道我们不该在人类的构筑与生机勃勃的土地的统一体中来点燃他人的生命之火吗？通过这样做，为了我们自己，也为了所有生物，我们展现出那些丰富而复杂的生态秩序，这些秩序恢复和再生了场地生态，将生命过程体现为我们栖居的生命系统。在那个世界里，椅子和植物园是自然、荒野和城市建筑也都是自然。通过将自己沉浸在可持续设计创造出的生机勃勃的自然之美中，我们可以打开自己，去获得我们是谁的更为全然的体验。我们如何贡献于这个有生命的世界，是我们生而为人的使命。我们和我们的孩子，以及他们的孩子，会有一个什么样的未来？我们是否会共同地生活在一个生机盎然的世界？这，就是现在召唤我们去创造一个整体可持续设计世界的意义所在。

注释

1　这12条原则并不是最终列表，还可以有更多的原则。

2　德凯·马克（DeKay，Mark）（2004）.《受教于巴普蒂》（*teachings from Bapu Kuti*），发表于 E. 久班 （E. Dziuban）主编的《移民者与偷渡客：旅行的选集》（*Migrants and Stowaways: An Anthology of Journeys*），诺克斯维尔作家协会出版，诺克斯维尔。

附录 全书摘要：高质量的问题

在整本书中，我一直使用提问作为一种工具来展开讨论。问题的形式常常是"如果……是真的，考虑到这种视角或层级，那设计的问题将会是……"。毫无疑问，人们会说，我提出的问题肯定比我回答要多。有些人担心可持续设计会成为一种标准或规范，在行业和市场中占主导地位。从这个角度来说，那些没有回答的问题和它们的开放性或许会给他们带来一些安慰。无论如何，这些从书中提取出的设计中的问题以及设计师们的问题，都是对各个主要论点很好的总结，值得你去认真思考。

第一部分 整体可持续设计的四种视角：可持续设计世界的全面探析

第一部分介绍了整体理论的四种基础视角，并检视了它们对可持续设计的意义：

· 什么是真正的可持续设计？

· 这一经过扩展的、更加整体的镜头会给可持续设计带来什么样的视野？

第1章提出整体理论中的每一种基础视角在形式塑造方面都有不同的意图，也对好形式有不同的标准。

· 作为设计师，我们应该如何塑造一种可持续的形式？

· 从任一象限视角出发，什么是设计师的意图，以及什么是与可持续性相关的好形式的标准呢？

· 我们应该如何塑造形式以使（生态）性能最大化？（UR）

· 我们应该如何塑造形式来引导生态流？（LR）

· 我们应该如何塑造形式来体现生态系统的意义，以及我们与它们的关系？（LL）

· 我们应该如何塑造形式来激发对自然与过程的体验？（UL）

第1章特别关注了从四种视角出发的更为整体的场地观：

· 场地中可观察到的作用力是什么？（UR）

· 场地环境中的自然与社会系统是什么？（LR）

· 场地对我们这个共同体意味着什么？（LL）

· 我如何体验并理解这个场地？（UL）

第2—5章介绍性地对整体可持续设计的四种视角逐一进行了深入探讨。其中，**第3章**审视了系统视角：

· 如果我们采用有助于组织可持续生态系统的设计模式，会怎么样呢？

· 我们能使我们的思想与生命之网相匹配吗？

· 我们如何才能找到或生成一种既能本能地秩序化进程，又能被过程所秩序化的形式呢？

第4、5章试图回答以下问题，"在可持续设计中忽略了什么？什么是内部？"

体验视角

· 从长远来看，如果一座高性能建筑看起来与当代的其他消耗性建筑并无二致，无法识别出是否可持续，这是否是好的现象？

· 如果以设计来激发自然中的乐趣，才是可持续性的关键所在呢？

· 什么样的所见所想可以创造出有助于自然欣欣向荣的人类系统？

· 重要的生态关系——以及设计创造这些关系的方式——如何才能进入意义深远的人类感受体验中呢？

· 什么样的空间才能引发人对自然的丰富体验呢？

· 如果可持续设计的美学有所不同呢？

· 如果某种东西摧毁了我们的生命系统，还能称之为美的吗？

· 考虑到那些喜欢或具有丰富审美感知的观众，我们如何设计才能赋予其丰富多样的审美体验呢？

文化视角

· 关于我们与自然的关系以及我们的文化信仰，可持续设计是否有所涉及？

· 可持续设计如何才能恰如其分地适应其文化语境？

· 可持续设计如何才能传达文化与自然之间的象征性意义？

· 我们应该如何通过可持续设计表达对生态过程的理解及其重要性？

· 如何将可持续性融入建筑文化的认知与实践之中？

· 我们应该如何在可持续设计伦理的推动之下进行实践？

· 如何使建筑所参与的生态关系模式具有文化上的重要性与适宜性？

· 什么是个人？什么是社区？以及什么是两者各自的责任？

· 什么是文化？什么是自然？它们是如何关联的？由此，我们通过设计应该对自然负起什么样的责任？与此相关的权利又是什么？

· 我们如何理解不同的环境策略之间相互矛盾的主张？

· 设计可以表达我们对自然的观念吗？

· 它能体现我们对人类所承担的自然伦理责任的理解吗？

· 设计可以超越"我们是伟大的生命之网中的一根链条"这一观念吗？

· 设计可以体现出"生态系统作为共同体"这一观念吗？

· 设计可以有意味地体现出自然过程吗？

· 可持续设计可以教给人们关于生态系统的原则与秩序吗？

· 什么更重要，部分还是整体？有一种关于设计的整体主义伦理吗？

第二部分　可持续设计中的复杂性层级：四种当代结构

第6章介绍了个人与社会的发展观以及世界观，应用了根据四种当代世界观层级以及它们对可持续设计的意义而构成的框架：传统的、现代的、后现代的以及整体层级的。

第7章简要介绍了关于设计史的发展观，探讨了每一个阶段中较为突出的优势与弊端。

第8章提出了关于知识与能力的六种基本路线，个体设计师可以通过四种层级结构来进行发展与超越。

· 什么样的人类发展路线对设计师而言至关重要？或者更进一步，对整体可持续设计师至关重要？

· 什么是设计师的基本意识路线?

这些路线包括形式与空间、场所与环境、建造系统、使用、体验与观念。

第 9 章阐述了这一观念,即四种视角都是在发展的复杂性中展开的,也探讨了它们对可持续设计的意义所在。通过对四种视角中四个层级的发现,生成了 16 种图景。

第 10、11 章增加了层级的其他两个特点:

· 每一种视角是如何在不断提升的复杂性中得以展开,并超越、涵盖前一个层级的?

· 可持续设计的每一种图景是如何与其他三种视角在同一层级出现的图景相关联的?

接下来是一些来自不同图景的例子:

· (LL 文化:整体的 / 一体的自然)在自然产物与文化产物共存于同一时间、同一空间的前提下,我们应该如何设定文化的产物呢?我们要如何设计才能在一个生命星球上继续生存?

· (UR 行为:传统的 / 嵌印的实践)我们如何才能以一种(传统)方式了解自然界与自然力量,从而实现一种深度的体验形式,并在设计响应中将其体现出来呢?

· (LR 系统:现代的 / 逻辑的系统)设计如何寻求、设定可以提升性能的模式,以及连接场地与建筑、连接建筑各个部件、连接人与场地的模式呢?

· (UL 体验:后现代 / 环境调节)个人的可持续设计体验是如何通过他 / 她所处的环境、文化等来生成并得以阐释的呢?

第 12 章通过探讨我们如何从一个层级提升至另一层级,明确了整体层级意识在可持续设计与生态思考中的关键作用。

· 我们如何转换自身,如何创造一种可以沿螺旋形发展路线转化的建筑文化?

· 如果以上的相关能力是每种层级意识中所必需的,那么,什么样的实践才能允许人们以这种方式转化呢?

第三部分　生态设计思维:六种认知转换

这部分探讨了从生态学的角度去感知和思考的新方法。这些方法出现在整体认知层级,需要用于对可持续设计整体认知层级的生态系统思考中。

· 我们假设,为了解决各种复杂的环境问题,需要意识发展到整体阶段,那么从这一角度来思考,世界、自然界、生态系统、环境问题以及可持续设计会是什么样子呢?

· 这种生态思维模式如何要求设计师们转变和拓展他们的视角呢?

・不同的思想和观点会怎样影响我们的信仰、价值观和决策，由此形成人口、财富、技术的不同种类与比例，以及不同的环境影响呢？

・我们如何构建出有益生态化设计的组织体系呢？

第 13 章

・我们更关注哪一个呢：是孤立的事物，还是事物之间的关联？

・怎样利用空间关系模式的设计来辅助和加强人类活动之间的关系？

・由设计产物（例如房间、建筑物、花园、景观、城市等）所构建的生态关系，其模式是什么？

・建筑形式的模式（关系的配置）又如何与重要生态关系的模式相契合？

・如何使这些关系具有文化意义和适宜性？

・这些重要的生态关系，以及设计创造这些关系的方式，是怎样内化为宝贵的人类经验的？

第 14 章

・我们究竟是将整体解构成了部分，还是将其置于更大的整体之中？

・设计所介入的更为庞大的文脉系统——社会的、文化的、生态的、建筑学的或物理的——究竟是什么？

・为了创建一个更大的整体，除设计本身的范畴之外，设计还会与哪些事物进行对话与合作？

・我应该如何塑造形式，才能最大限度融入、支撑和修复这个包含了设计产物的生态系统？

・是什么包含了这些相互对立的状态呢？是什么既包含了分析，又包含了文脉？涵盖实与虚的场域是什么？承载网络中的节点与链接的矩阵又是什么？

第 15 章

・我们看见的是我们设计的形式与结构？还是它的"流"和生理机能？

・我们如何设计随时间演进的建造形式系统，当它们所引导的过程也因时而变的时候？

・我们如何将这些不断更新的可再生能源技术应用到建筑上？

・我们如何依据社会和文化演变的方式去进行设计？

・什么样的设计可以既体现用户现阶段的价值观（现代的理性主义），又支持他们下一层级的价值观（后现代的多元论）？

・我们如何设计，才能既体现用户关于自然界的现有价值观（用现代主义的话说：自然界如何让我获益？），又支持用户更为复杂的生态价值观的发展呢？（用后现代主义的话说：我如何保护物种的多样性）？

第 16 章

・我们是从构成之物还是从模式来看待我们设计的产物呢？

・哪些模式可以有效促进人类生态系统中各种过程之间的相互关联？

・在相互关联的类语言关系中，哪些组构而成的模式有助于建立最健康的人类生态系统呢？

第 17 章

・我们看到的是设计中各个组成部分所呈现出的特征，还是它们构成整体时所展现出的独特性呢？

・我们怎样设计才能：

1 为每一个个体提供整体性的体验；

2 在群体中体现出对整体性的共有认知；

3 以系统性的组织来创造出各种整合的系统，以适应自然界的整体性。

・我们怎样才能设计出与自然界的自然造物和系统（如物种和生态系统）相互作用的人类世界的人造物和系统（以建筑和城市的形式）？

第 18 章

・我们把自己的设计模式看作是树型结构，还是多层级的网络或栅格结构呢？

・对一个给定的设计情形来说，什么是网络的秩序？什么是模式体系中组织结构的秩序？

・有没有可以加速整体层级的意识认知发展进程的练习？

・能培育出整体生态认知的设计教育将会如何呈现？

- 设计师是否可快速提升其意识，从而为解决生态危机作出贡献？
- 设计本身是否能成为一种将生态意识植入建成环境中的整体实践呢？

第四部分　设计出与自然界的关系：深度关联的隐喻与律令

第19章

针对"如何设计，才能使人们与自然界建立起丰富而有意义的关联？"这一问题，这一部分在设计观点、隐喻以及可操作策略上进行了理论与概念性的探索。

- 什么是自然界？我们对于这个我们想与之关联的"自然界"的理解是什么？
- 我们想要使用可持续设计／绿色设计／生态设计来进行维持、保护、控制、再生或治愈的究竟是什么？
- 考虑到我们所认知的自然界以及我们看待它的方式——我们之间的关系是人类与自然界（还是自然界中的人类？或是人类中的自然界？）——我们怎样用设计来讲述这些关系的故事呢？
- 其他设计师是怎样进行空间组构，以建立人与自然界的重要关系的呢？有没有可供设计师使用的一些主题或是可复制的策略呢？
- 设计如何表达出在某个环境中，自然界的意义所在？与当地文化相关的，涉及自然界的叙事和隐喻有哪些机会？

第20—24章探讨了与自然界发生关联的十条律令，以及每条律令中的一系列策略和论述。在第四部分的结语中对此已经作了完整的总结，在此我不再复述。相反，这里我将重申每个阶段的主要意图。

- **第20章**：设计师们怎样将人与作为原始力量和结构的自然界关联起来？
- **第21章**：设计师们怎样将人与作为资源和服务的自然界关联起来？
- **第22章**：设计师们怎样将人与作为共同体的自然界关联起来？
- **第23章**：设计师们怎样将人与作为复杂生命系统的自然界关联起来？
- **第24章**：设计师们怎样将人与作为通往精神统一体通道的自然界关联起来？

在这些章节中还有一些重要的问题如下：

- 如果自然界是我们的家园和共同体，包含了其他物种和生命系统，那么我们如何设计才能与它发生关联呢？

·针对"自然界可能是什么"这一问题，你能看到设计中的形式和秩序是如何进行隐喻性阐释的吗？

·我们的设计能为建立物种之间有意义的关系提供怎样的机会呢？

·如果我们要设计出与自然界的关联，那我们就需要思考我们所能看到的几何特征与自然界的生命之间有什么关联？

·这些不同的自然观对我们如何设计与自然界的关系有什么启示呢？

·设计能否促进它与自然界之间关系的对话，从而在人类之间形成共享的理解与意义？

·设计能支持广阔而神秘的体验吗？

·我们怎样设计才能创造出与大自然的美相似的效果呢？

·从全子体系来看，我们是否能发现人类既属于自然界，同时又是人类本身？

·在形式中体现出的与自然界的关系，是否是一种宇宙观的表达？

·设计作为一种非二元的现实，是否可以"自然地"展开并"成为自然"，即将我们已经且总是与自然相关联的事实呈现出来？

参考书目

以下是按照本书的各个主题进行分类的部分资源列表：整体理论、四个视角、发展的复杂性和模式。各章引用的具体参考文献，请参见各章后的参考文献。

关于整体理论的资源
General Resource on Integral Theory

Combs, Allan (2002) *The Radiance of Being: Understanding the Grand Integral Vision: Living the Integral Life*, Paragon, St. Paul, MN.

Combs, Allan (2009) *Consciousness Explained Better: Towards an Integral Understanding of the Multifaceted Nature of Consciousness*, Paragon, St. Paul, MN.

Esbjörn-Hargens, Sean (2005) 'Integral ecology: A post-metaphysical approach to enviro-mental phenomena', *AQAL Journal of Integral Theory and Practice*, spring, vol 1, no 1.

Esbjörn-Hargens,Sean (2009) 'An overview of Integral Theory: an all-inclusive framework for the 21st century', available at www.integralresearchcenter.org/source.

Esbjörn-Hargens, Sean and Zimmerman , Michael E. (2008) *Integral Ecology: Uniting Multiple Perspectives on the Natural World*, Shambhala, Boston, MA.

Ghose, Aurobindo (1993) *Integral Yoga: Sri Aurobindo's Teaching & Method of Practice*, Lotus Press, Twin Lakes, WI.

Habraken, N. John, (1996) 'Tools of the trade: Thematic aspects of designing', available at www.habraken.com.

Habraken, N. John, (1998) *The Structure of the Ordinary: Form and Control in the Built Environment*, MIT Press, Cambridge, MA.

Habraken, N. John, (2002) 'The use of levels', *Open House International*, vol 27 no 2.

Hamilton, Marilyn (2008) *Integral City: Evolutionary Intelligences for the Human Hive*, New Society Publishers,

Gabriola Island, BC.

Journal of Integral Theory and Practice (JITP), available at www.aqaljournal. integralinestitute.org.

Integral Research Center (2009) ' References of MA theses & PhD dissertations using integral theory', available at www. integralresearchcenter.org.

Koestler, Arthur (1967) *The Ghost in the Machine,* MacMillan, New York.

Sen, Indra (1986) *Integral Psychology: The Psychological System of Sri Aurobindo*, Sri Aurobindo Ashram Trust, Pondicherry, India.

Visser, Frank and Wilber, Ken (2003) *Thought as Passion*, SUNY Press, Albany, NY.

Wilber, Ken (2000a) *A Theory of Everything: An Integral Vision for Business, Politics, Science, and Spirituality*, Shambhala, Boston, MA.

Wilber, Ken (2000b) *Sex, Ecology, and Spirituality: The Spirit of Evolution*, 2nd edition, revised, Shambhala, Boston (1st edition published 1995).

Wilber, Ken (2000c) *Integral Psychology: Consciousness, Spirit, Psychology, Therapy,* Shambhala, Boston, MA.

Wilber, Ken (2000d) *The Marriage of Sense and Soul, One Taste,* The Collected Works, vol 8, Shambhala, Boston, MA.

Wilber, Ken (2001) 'Environmental ethics and non-human rights', *New Renaissance*, vol 10, no 34 Autumn.

Wilber, Ken (2006) *Integral Spirituality: A Startling New Role for Religion in the Modern and Postmodern World*, Integral Books (Shambhala), Boston.

Wilber Ken (2007) *The Integra/ Vision*, Shambhala, Boston, MA.

Wilber, Ken (n.d.) 'Introduction to lntegral Theory & Practice: IOS basic & the AQAL map', available at www. integralinstitute.org.

Zimmerman, Michael E. (2004) 'Integral Ecology: A perspectival, developmental, and coordinating approach to environmental problems', *World Futures*, vol 61, no 3, pp50-62 (issue dedicated to Integral Ecology).

可持续设计的多重视角
Multi-perspective Sustainable Design

Alexander, Christopher (2001) *The Nature of Order: An Essay on The Art of Building and The Nature of The Universe; Book 1, The Phenomenon of Life*, Center for Environmental Structure, Berkeley, CA.

Coates, Gary J.(1981) *Resettling America: Energy, Ecology and Community*, Brick House Andover MA.

Coates, Gary J. (1997) *Erik Asmussen, Architect*, Byggförlagte, Stockholm.

Dinep, Claudia and Schwab, Kristin (2009) *Sustainable Site Design: Criteria, Process and Case Studies for Integrating Site and Region in Landscape Design*, Wiley, Hoboken, NJ.

Drew, Philip (1999) *Touch This Earth Lightly: Glen Murcutt in His Own Words*, Duffy 8 Snellgrove, Sydney.

Koh, Jusuck (1988) 'An ecological aesthetic, *Landscape Journal*, vol 7, no 2, pp177-191.

McLennan, Jason F. (2004) *Philosophy of Sustainable Design: The Future of Architecture.*Ecotone, Kansas City, MO.

Prigann, Herman; Strelow, Heike and David, Vera (2004) *Ecological Aesthetics: Art in Environmental Design: Theory and Practice*, Birkhäuser, Boston, MA.

Van der Ryn, Sim (2005) *Design For Life: The Architecture of Sim Van der Ryn*, Gibbs Smith Layton, UT.

Wines, James (2000) *Green Architecture*, Taschen, Köln.

文化视角：与自然界的关系
Cultures Perspective: Relationships to Nature

Ambasz, Emilio (1999) *Architettura & Natura/Design & Artificio; Architecture & Naturel Design and Artifice*, Electa, Milan.

Ambasz, Emilio; Alassio, Michele and Buchanan, Peter (2005) *Emilio Ambasz Casa Retiro Espiritual*, Skira, Milan.

Anderson, William (1990) *The Green Man: The Archetype of Our Oneness with the Earth* Harper San Francisco, CA.

Anker, Peder (2010) *From Bauhaus to Eco-House: A History of Ecological Design*, Louisian State University Press, Baton Rouge, LA.

Barrett, R.(2006) *Building a Values-driven Organization: A Whole System Approach to Cultural Transformation*, Butterworth-Heinemann, Burlington, MA.

Brulle, Robert J.(2000) *Agency Democracy and Nature: The US Environmental Movement from a Critical Theory Perspective*, MIT Press, Cambridge, MA.

Casey, Edward (1997) *The Fate of Place: A Philosophical History*, University of California Press. Berkeley CA.

Coates, Gary J. (2007) The Architecture of Carl Nyrén, Architektur, Stockholm.

Contal-Chavannes, Marie-Hélène and Revedin, Jana (2009) *Sustainable Design: Towards a New Ethic in Architecture and Town Planning*, Birkhäuser Architecture, Boston, MA.

Crowe. Norman (1995) *Nature and the Idea of a Man-Made World*, MIT Press, Cambridge MA.

DeKay, Mark (2004) 'Teachings from Bapu Kuti', in Emily Dziuban (ed.) *Migrants and Stowaways, an Anthology of Journeys*, The Knoxville Writer's Guild, Knoxville, TN.

Emerson, Ralph Waldo (1883) 'Nature', in Atkinson, Brooks (ed.) (2000) *The Essential Writings of Ralph Waldo Emerson*, Random House, New York.

Fisher, Thomas (2008) *Architectural Design and Ethics: Tools for Survival*, Elsevier / Architectural Press, Boston, MA.

Hochachka, G.(n.d.) *Developing Sustainability, Developing the Self: An Integral Approach to International and Community Development*, Drishti, Victoria, Canada.

Knowles, R. (2006) *Ritual House, Drawing on Nature's Rhythms for Architecture and Urban Design*, Island Press, Washington, DC.

Kull, Kalevi and Nöth,Winfried (2001) *Semiotics of Nature*, Kassel University Pres, Kassel.

LaVine Lance (2001) *Mechanics and Meaning in Architecture*, University of Minnessota Press, Minneapolis, MN.

Leopold,Aldo (1970 [194]) 'The land ethic', *A Sand County Almanac: With Essays on Conservation from Round River*, Ballantine Books, New York.

Light, Andrew (1995) 'From classical to urban wilderness', *The Trumpeter, Journal of Ecosophy*, vol 12, no 1, pp19-21.

Lorch, Richard and Cole, Raymond J.(2003) *Buildings, Culture and Environment: Informing Local and Global Practices*, Blackwell Publishing, Oxford, UK.

Lyndon, Donlyn; Alinder James; Canty, Donald and Halprin, Lawrence (2004) *The Sea Ranch*, Princeton Architectural Press, New York.

McDonough, William (1993) 'Design, ecology, ethics, and the making of things', a centennial sermon at the Cathedral of St. John the Divine, 7 February, New York.

Meisner, Mark S. (1995) 'Metaphors of Nature, old vinegar in new bottles?', *The Trumpeter Journal of Ecosophy*, vol 12, no 1. pp11-18.

Nassauer, Joan lverson (ed.) (1997) *Placing Nature: Culture and Landscape Ecology*, lsland Press, Washington, DC.

Orr, David W. (2002) *The Nature of Design: Ecology, Culture, and Human Intention*, Oxford University Press, New York.

Papanek, Victor (1995) *The Green Imperative: Ecology and Ethics in Design and Architecture*, Thames and Hudson, New York.

Slaughter, R. (2004) *Futures beyond Dystopia: Creating Social Foresight*, Routledge Falmer London.

Spirn, Anne (1998) *The Language of Landscape*, Yale University Press, New Haven, CT.

Steele, James (1997) *Sustainable Architecture: Principles, Paradigms, and Case Studies*, McGraw-Hill, Blacklick, OH.

Steele, James (2005) *Ecological Architecture: A Critical History*, Thames and Hudson London.

Thompson, Ian (2000) *Ecology, Community and Delight: An Inquiry into Values in Landscape Architecture*, E & FN Spon, New York.

Van der Ryn, Sim and Cowan, Stuart (1996) *Ecological Design*, lsland Press, Washington DC.

Vogel, Steven (1996) *Against Nature: The Concept of Nature in Critical Theory*, SUNY Press, Albany, NY.

Walker, Stuart (2006) *Sustainable by Design: Explorations in Theory and Practice* Earthscan, Sterling, VA.

Watson, Donald (1984) 'Model, metaphor and paradigm', *Journal of Architectural Education*, vol 37, no 3/4, Energy (Spring-Summer). pp4-9.

Wilber, Ken (2001) 'Environmental ethics and non-human rights', *New Renaissance*, vol 10 no 3, issue 34, Autumn.

Wines, James (2000) *Green Architecture*, Taschen, Köln.

Wright, Frank Lloyd (1939) *An Organic Architecture: The Architecture of Democracy*, Lund Humphries, London.

Zimmerman, Michael (2009) 'Interiority regained: Integral ecology and environmental ethics', in Swearer, Donald K. (ed.) *Ecology and the Environment: Perspectives from the Humanities*, Harvard University Press, Cambridge, MA.

系统视角
Systems Perspective

Bachman, Leonard, R. (2003) *Integrated Buildings: The Systems Basis of Architecture*, John Wiley & Sons, Hoboken, NJ.

Bateson, G. (1972) *Steps to an Ecology of Mind: Collected Essays in Anthropology Psychiatry, Evolution, and Epistemology*, University of Chicago Press, Chicago, IL.

Benyus, Janine (1998) *Biomimicry: Innovation Inspired by Nature*, Harper Collins, New York.

Berkebile, Bob and McLennan, Jason (2003) 'The living building: Biomimicry in architecture, integrating technology with nature', available at http://elements.bnim.com/resources/livingbuildingright.html.

Biomimicry Institute (2010) www.biomimicryinstitute.org.

Brand, Stewart (1994) *How Buildings Learn: What Happens After They're Built*, Viking New York.

Capra, Berndt Amadeus (director) (1990) *Mindwalk: A Film for Passionate Thinkers*.

Capra, Fritjof (1994a) 'From parts to whole, systems thinking in ecology and education' Seminar Text, Center for Ecoliteracy, Berkeley, CA.

Capra, Fritjof (1994b) 'Ecology and community', seminar text, Center for Ecoliteracy Berkelev CA.

Capra, Fritiof (1996) *The Web Of Life: A New Scientific Understanding of Living Systems,* Anchor Books, New York.

Capra, Fritjof (2010) 'Ecology and community', and 'Life and leadership', online essays, available at www.ecoliteracy.org.

Capra, F (n.d.) 'Ecoliteracy: The challenge for education in the next century', Center for Ecoliteracy, Berkeley, CA.

Center for Ecoliteracy (2010) 'Explore ecological principles', available at www.ecoliteracy org/nature-our-teacher/ecological-principles.

DeKay, Mark and Moir-McClean, Tracy (2003) 'Green center: Planning for environmental quality in downtown Chattanooga, TN', a report to the Chattanooga Downtown Planning and Design Center.

Doxiadis, Constantinos A. (1969) *Ekistics: An introduction to the science of human settlements*, Hutchinson, London.

Dramstad, Wenche E.; Olson, James D. and Forman, Richard T. (1996) *Landscape Ecology Principles in Landscape Architecture and Land-Use Planning*, Island Press, Washington, DC.

Eddy, B. (2002) *A Comparative Review of Ecosystem Modeling and 'Integral Theory': A Theoretical Basis for Modeling Human-Environment Interaction in Geography*, unpublished manuscript, Carleton University, Ottawa, Ontario, Canada.

Farr, Douqlas (2008) *Sustainable Urbanism: Urban Design with Nature*, Wiley, Hoboken, NJ.

Forman, Richard T.T. (1995) *Land Mosaics: The Ecology of Landcapes and Regions* Cambridge University Press, Cambridge, UK.

Hillier, Bill and Hanson, Julienne (1984) *The Socia Logic of Space*, Cambridge University Press, Cambridge, UK.

Hillier, Bill (1996) *Space is the Machine*, Cambridge University Press, Cambridge, UK.

Hough, Michael (1984) *City Form and Natural Process: Towards a New Urban Vernacular,* Routledge, New York.

Jantsch, Erich (1980) *The Self-organizing Universe: Scientific and Human Implications of the Emerging Paradigm of Evolution*, Pergamon Press, New York.

Kelly, Kevin (1994) *Out of Control: The New Biology of Machines, Socia Systems and the Economic World*, Addison Wesley, Reading, MA.

Koestler, Arthur and Smythies, J.R. (eds) (1969) *Beyond Reductionism: New Perspectives in the Life Sciences*, Alpbach Symposium, Macmillan, New York.

LaGro, James A. (2008) *Site Analysis: A Contextual Approach to Sustainable Land Planning and Site Design*, John Wiley & Sons, Hoboken, NJ.

Laszlo, Ervin (1972) *The Systems View of the World: The Natural Philosophy of New Developments in the Sciences*, George Braziller, New York.

Laszlo, Ervin (1994) *The Choice: Evolution or Extinction, a Thinking Person's Guide to Global Issues*, G.P. Putnam, New York.

Laszlo, Ervin (1996) *The Systems View of the World: A Holistic Vision for Our Time*, George Braziller, New York.

Lyle, John T. (1994) *Regenerative Design for Sustainable Development*, John Wiley, New York.

Lyle, John T.(1999) *Design for Human Ecosystems*, Island Press, New York.

Marsh, William M.(1998) *Landscape Planning: Environmental Applications*, Wiley, New York.

Mazria, Ed (1979) *The Passive Solar Energy Book*, Rodale Press, Emmaus, PA.

McDonough, William & Partners (1992) 'The Hannover principles: Design for sustainability', prepared for EXPO 2000, The World's Fair Hannover, Germany.

McDonough, William and Braumgart, Michael (2002) *Cradle to Cradle: Remaking the WayWe Make Things*, North Point Press, New York.

Miller James Grier (1978) *Living Systems*, McGraw Hill, New York.

National Institute of Building Science, *Whole Building Design Guide*, available at www.wbdg.org.

Orr, David W.(1992) *Ecological Literacy: Education and the Transition to a Post-Modern World*, State University of New York Press, Albany, NY.

Prigogine, llya and Stengers, lsabelle (1984) *Order out of Chaos: Man's New Dialoque with Nature*, Shambhala, Boston, MA.

Sendszimir, Jan and Guy, G. Bradley (2002) *Construction Ecology: Nature as a Basis for Green Buildings*, Spon Press, New York.

Smith, Dianne (2007) *Urban Ecology*, Routledge, New York.

Spirn, Anne Whiston (1984) *The Granite Garden: Urban Nature and Human Design*, Basic Books, New York.

Steiner, Frederick R. (1991) *The Living Landscape: An Ecological Approach to Landscape Planning*, McGraw-Hill, New York.

Van der Ryn, Sim and Cowan, Stuart (1996) *Ecological Design*, lsland Press, Washington DC.

Von Bertalanffy, Ludwig (1950) 'The theory of open systems in physics and biology' *Science*, vol 111, no 2872, p23-29.

Williams. Daniel E. (2007) *Sustainable Design: Ecology Architecture, and Planning*, Wiley. Hoboken, NJ.

Yeang, ken (1995) *Designing with Nature: The Ecological Basis for Architectural Design.* McGraw-Hill, New York.

行为视角
Behaviours Perspective

ASHRAE (2006) *ASHRAE Greenguide: The Design, Construction, and Operation of Sustainable Buildings*, 2nd edition, American Society of Heating, Refrigerating, and Air-conditioning Engineers, Atlanta, GA.

Barntt, Dianna Lopez and Browning, William D. (2004) *A Primer on Sustainable Building,* Rocky Mountain Institute, Snowmass, CO.

Bechte, Robert B. and Ts'erts'man, Arzah (2002) *Handbook of Environmental Psychology* J. Wiley and Sons, New York.

Brown, G.Z. and DeKay, Mark (2001) *Sun, Wind & Light: Architectural Design Strategies*, 2nd edition, John Wiley & Sons, New York, see www.ecodesignresources.net.

Drake, Scott (2007) *The Elements of Architecture: Principles of Environmental Performance in Buildings*, Earthscan, London.

Environmentai Building News, www.buildinggreen.com.

Environmental Design and Construction, www.edcmag.com.

GBI (2010) Green Building Initiative, availabel at www.thegbi.org.

Interrational Institute for Bau-Bioloqie & Ecology (IBE), available at buildingbiology.net.

Keeler, Marian and Burke, Bill (2009) *Fundamentals of Integrated Design for Sustainable Buiiding*, John Wiley Hoboken, NJ.

Kibert, Charles J. (2005) *Sustainable Construction: Green Building Design and Delivery,* John Wiley, Hoboken, NJ.

Kwok, Alison and Grondzik, Walter (2007) *The Green Studio Handbook: Environmental Strategies for Schematic Design*, Oxford, Burlington, MA.

Lechrer Norbert (2008) *Heating, Cooling, Lighting: Sustainable Design Methods for Architects*, John Wiley, Hoboken, NJ.

NAHB (2006) *NAHB Model Green Home Building Guidelines*, National Asociation of Homebuilders, Washington, DC.

National Institute of Builcding Science, *Whole Building Design Guide*, available at www wbdg.org.

Schmitz-Günther, Thomas: Abraham, Loren E.; Fisher, Thomas A. and Hessmann, karin (1999) *Living Spaces: Sustainable Building and Design*, Köemann Verlag GmbH. Köln.

Spiegel, Ross and Meadows. Dru (2006) *Green Building Materials: A Guide to Product Selection and Specification*, 2nd edition, Wiley, Hoboken, NJ.

SSI (2009) 'Sustainable sites initiative: Guidelines and benchmarks', available at www.sustainablesites. org (The SSI is a project of the American Society of Landscape Architects (ASLA), The Lady Bird Johnson Wildflower Center at the University of Texas at Austin and the U. Botanic Garden).

Sustainable Buildings Canada (2010) www.sustainablebuildings.gc.ca.

Thompson, J. William and Sorvig, Kim (2007) *Sustainable Landscape Construction: A Guideto Green Building Outdoors*, 2nd edition, Wiley, Hoboken, NJ.

Turner, Cathy and Frankel, Mark (2008) 'Energy performance of LEED® for new construction buildings, final report', 4 March 2008, New Buildings Institute, Vancouver, WA.

USGBC (2007) 'LEED reference quide, new construction, version 2.2', 3rd edition, October USGBC, Washington, DC.

USGBC (2008) 'LEED for new construction and major renovations', version 3.0, November available at www. usgbc.org/LEED.

USGBC (2010) 'US Green Building Council', available at www.usgbc.org, pages for LEED Watson, Donald and Labs, Kenneth (1983) *Climatic Design*, McGraw-Hill, New York.

体验视角
Experiences Perspective

Barbara, Anna and Perliss, Anthony (2006) *Invisible Architecture: Experiencing Places Through the Sense of Smell*, Skira, Milano, Italy.

Berleant, Arnold (1992) *The Aesthetics of Environment*, Temple University, Philadelphia, PA.

Blesser, Barry and Salter, Linda-Ruth (2007) *Spaces Speak, Are You Listening? Experiencinc Aural Architecture*, MIT Press, Cambridge, MA.

Dillard, Annie (1982) *Teaching a Stone to Talk: Expeditions and Encounters*, Harper Collins New York.

Drew Philip (1999) *Touch This Earth liahtly: Glen Murcutt in His Own Words*, Duffy & Snellgrove.Sydney.

Gibson, James (1979) *The Ecological Approach to Visual Perception*, Houghton Mifflin, Boston, MA.

Grey, A.(2001) *Mission of art*, Shambhala, Boston MA.

Hawthorne, Christopher (2001) 'The case for a green aesthetic', Metropolis, October, available at www. metropolismag.com/html/content_1001/grn/index.html.

Heschong, L.(1979) *Thermal Delight in Architecture*, MIT Press, Cambridge, MA.

Hosey, Lance (forthcoming) *The Shape of Green: Aesthetics, Ecology and Design*.

Housen, Abigail (1983) 'The eye of the beholder: Measuring aesthetic development', doctoral dissertation, EdD, Harvard University, University Microfilms, Int., Ann Arbor, MI.

Jacobson, Max; Silverstein, Murray and Winslow, Barbara (1990) *The Good House: Contrast as a Design Tool*, Taunton Press, Newtown, CT.

Jacobson, Max; Silverstein, Murray and Winslow, Barbara (2002) *Patterns of Home: TheTen Essentials of Enduring Design*, Taunton Press, Newtown, CT.

Kellert, Stephen R. (1997) *Kinship to Mastery: Biophilia in Human Evolution and Development*, Island Press, Washington, DC.

Kellert, Stephen R. and Wilson, Edward O. (1993) *The Biophilia Hypothesis*, Island Press Washington, DC.

Knowles, R. (2006) Ritual House: *Drawing on Nature's Rhythms for Architecture and Urban Design*. Island Press, Washington. DC.

Koh, Jusuck (1998)' An ecological aesthetic', *Landscape Journal*, vol 7, no 2, pp177-191.

Malnar. Joy Monice and Vodvarka, Frank (2004) *Sensory Design*, University of Minnesota Press, Minneaplois, MN.

Millet, Marietta (1996) *Light: Revealing Architecture*, Van Nostrand Reinhold. New Yort.

Norberg-Schulz, Christian (1979) *Genius Loci:Towards a phenomenology of Architecture, Rizzoli*, New York.

Pallasma, J. (2005) *The Eyes of the Skin: Architecture and the senses*, John wiley, Hoboken.

Prigann, Herman; Strelow, Heike and David, Vera (2004) *Ecological Aesthetics: Art in Envitonmental Design: Theory and Practice,* Birkhäuser, Boston, MA.

Plusummer, Henry (1987) *Poetics of Light*, E and Yu, Tokyo.

Rasmussen, Steen Eiler (1962) *Experiencing Architecture*, MIT Press, Cambridge, MA.

Seamon, David and Mugerauer, Robert (2000) *Dwelling, Place and Environment: Towards a Phenomenology of Person and World*, Krieger, Malabar, FL.

Smith, Peter F. (2003) *The Dynamics of Delight: Architecture and Aesthetics*, Routledqe New York.

Susanka, Sarah (2004) *Home by Design: Transforming Your House into Home*, Tauntor Press, Newtown, CT.

Tanazaki, J. (1977) *In Praise of Shadows*, Leete's Island Books, New Haven, CT.

Thwaites, Kevin and Simkins, Ian (2007) *Experimental Landscapes: An Approach to People, Place and Space*, Routledge, New York.

Tuan, Yi-Fu (1974) *Topophilia: A Study of Environmental Perception, Attitudes and Values* Columbia Universitv Press,New York.

复杂性的发展和层级
Development and Levels of Complexity

Beck, Don Edward and Christopher C. Cowan (1996). *Spiral Dynamics: Mastering Values, Leadership, and Change: Exploring the New Science of Memetics*, Blackwell, Malden MA.

Combs Alan (2002) *The Radiance of Being: Understanding the Grand Integral Vision: Living the Integral Life*, Paragon, St. Paul, MN.

Cook-Greuter, Susanne R. (2004) 'lndustrial and commercial training: Making the case for a developmental perspective', *Industrial and Commercial Training*, vol 36, no 7, available at www.harthillusa.com.

Cook-Greuter, Susanne R. (2005) 'Ego development: Nine levels of increasing embrace', adapted and expanded from S. Cook-Greuter (1985) 'A detailed desription of the successive stages of ego-development', unpublished manuscript.

Debold, E. (2002) 'Epistemoloay, forth order consciousnes, and the subject-object relationship or ...How the self evolves with Robert Kegan', *What Is Enlightenment*, issue 22 (fall-winter) available at www.enlightennext.org/magazine/j22/kegan.asp?page=3.

Gardner, Howard (1993) *Frames of Mind: The Theory of Multiple Intelligences*, Basic Books, New York.

Gardner, Howard (2006) *Multiple Intelligences: New Horizons*, Basic Books, New York.

Gebser, Jean (1985[1949]) *The Ever-Present Origin [Ursprung und Gegenwart]*, translated by Noe Barstad and

Algis Mickunas, Athens, Ohio University Press, OH.

Gidley, J. (2007) 'The evolution of consciousness as a planetary imperative: An integration of integral views', *Integral Review: A Transdisciplinary and Transcultural Journal for New Thought, Research and Praxis*, Issue 5, pp4-226.

Graves, Clare; Cowan, Christopher C. and Todorovic, Natasha (2005) *The Never Ending Quest: A Treatise on an Emergent Cyclical Conception of Adult Behavioral Systems and Their Development*, ECLET Publishing, Santa Barbara, CA.

Graves, Clare and Lee, William R. (2002) 'Graves: Levels of human existence: Transcription of a seminar at the Washington School of Psychiatry', 16 October 1971 ECLET Publishing, Santa Barbara, CA.

Grey, Alex (2001) *The Mission of Art,* Shambhala, Boston, MA.

Grof, Stanislav (2010) 'A brief history of transpersonal psychology', available at www.StanislavGrof.com, p11 (last accessed January 2010).

Housen, Abigail, (April, 1983) 'The eye of the beholder: Measuring aesthetic development' doctoral dissertation, EdD, Harvard University, University Microfilms, Int., Ann Arbor, MI.

Ingersoll, R. Elliott and Zeitler, David M.(2010) *Integral Psychotherapy: Inside Out/Outside In* (Suny Series in Integral Theory), SUNY Press, Albany NY.

Jantsch, Erich (1975) *Design for Evolution: Self-organization and Planning in the Life of Human Systems* (The International Library of Systems Theory and Philosophy), George Braziller Inc.,New York.

Kegan, Robert (1982) *The Evolving Self: Problem and Process in Human Development,* Harvard University Press, Cambridge, MA.

Kegan, Robert (1994) *In over Our Heads: The Mental Demands of Modern Life*, Harvard University Press, Cambridge, MA.

Lovejoy, Arthur O. (1964) *The Great Chain of Being*, Harvard University Press, Cambridge. MA.

Mclntosh, Steve (2007) *Integral Consciousness and the Future of Evolution*, Paragon House, St. Paul, MN.

Murphy, Michael (1992) *The Future of the Body: Explorations into the Further Evolution of Human Development*, J.P Tarcher, Los Angeles, CA.

Reed, Bill (2006) 'The trajectory of environmental design', lntegrative Design Collaborative, Inc., Regenesis Inc., available at www.regenesisgroup.com.

Torbert, William R. (2004) *Action Inquiry: The Secret of Timely and Transforming Leadership*, Berrett-Koehler, San Francisco, CA.

Walsh, Roger (1999) *Essential Spirituality: The 7 Central Practices to Awaken Heart and Mind*, John Wiley & Sons, New York.

Wilber, Ken (2000d) *Integral Psychology: Consciousness, Spirit, Psychology, Therapy,* Shambhala, Boston, MA, p144.

Wilber, Ken (2000b) *Sex, Ecology, and Spirituality: The Spirit of Evolution*, 2nd edition, revised, Shambhala, Boston, MA.

克里斯托弗·亚历山大／模式和模式语言
Christopher Alexander/Patterns and Pattern Language

Alexander, Christopher (1979) *The Timeless Way of Building*, Oxford University Press, New York.

Alexander, Christopher (2001) *The Nature of Order: An Essay on the Art of Building and the Nature of the Universe*, 4 vols. Oxford University Press, New York.

Alexander, Christopher; Ishikawa, Sara and Silverstein, Murray (1977) *A Pattern Language: Towns, Buildings, Construction*, Oxford University Press, New York.

Alexander, Christopher; Neis, Najo; Anninou, Artemis and King, Ingrid (1987) *A New Theory of Urban Design*, Oxford University Press, New York.

Jacobson, Max; Silverstein, Murray and Winslow, Barbara (2002) *Patterns of Home: The Ten Essentials of Enduring Design*, Taunton Press, Newtown, CT.

Mehaffy, M.W.and Salingaros, Nikos A. (2006) 'Geometical fundamentalism', in *Nikos Salingaros: A Theory of Architecture*, Umbau-Verlag, Solingen, Germany.

Salingaros, Nikos A. (2000) 'The structure of pattern languages', *Architectural Research Quarterly*, vol 4, pp149-161.

Salingaros, Nikos A. (2006) *A Theory of Architecture*, Umbau-Verlag, Solingen, Germany.

Seamon, D. (2005) 'Making better worlds: Christopher Alexander's *The Nature of Order, volumes 2-4'*, book review, *Traditional Building*, October, pp186-188.

Susanka, Sarah (2004) *Home by Design: Transforming Your House into Home*, Taunton press, Newtown, CT.

图书在版编目（CIP）数据

整体可持续设计：转换的视角 /（美）马克·迪凯
（Mark DeKay）著；马敏，肖红译 . -- 重庆：重庆大学
出版社，2023.11
（绿色设计与可持续发展经典译丛）
书名原文：Integral Sustainable Design：
Transformative Perspectives
ISBN 978-7-5689-0292-2

Ⅰ . ①整⋯ Ⅱ . ①马⋯ ②马⋯ ③肖⋯ Ⅲ . ①设计 –
研究 Ⅳ . ①TB21

中国版本图书馆CIP数据核字（2016）第327134号

绿色设计与可持续发展经典译丛

整体可持续设计：转换的视角
ZHENGTI KECHIXU SHEJI: ZHUANHUAN DE SHIJIAO
[美] 马克·迪凯 著
马 敏 肖 红 译
策划编辑：张菱芷
责任编辑：李桂英 装帧设计：张菱芷
责任校对：姜 凤 责任印制：赵 晟
*
重庆大学出版社出版发行
出版人：陈晓阳
社址：重庆市沙坪坝区大学城西路 21 号
邮编：401331
电话：（023）88617190 88617185（中小学）
传真：（023）88617186 88617166
网址：http://www.cqup.com.cn
邮箱：fxk@cqup.com.cn（营销中心）
全国新华书店经销
重庆亘鑫印务有限公司印刷
*
开本：787mm×1092mm 1/16 印张：30 字数：583 千
2023 年 11 月第 1 版 2023 年 11 月第 1 次印刷
ISBN 978-7-5689-0292-2 定价：128.00 元